高等院校实习实训教材

建筑工程类专业实习实训全程指导

企业实习分册

牛彦磊　主　编

陈瑞波　孙庆霞　副主编

中国环境出版社·北京

图书在版编目（CIP）数据

建筑工程类专业实习实训全程指导. 企业实习分册 / 牛彦磊主编. —北京：中国环境出版社，2014.8
高等院校实习实训教材
ISBN 978-7-5111-1805-9

Ⅰ. ①建… Ⅱ. ①牛… Ⅲ. ①建筑工程—实习—高等学校—教学参考资料 Ⅳ. ①TU-45

中国版本图书馆 CIP 数据核字（2014）第 064707 号

出 版 人　王新程
责任编辑　张于嫣
责任校对　唐丽虹
封面设计　金　喆

出版发行　中国环境出版社
（100062　北京市东城区广渠门内大街 16 号）
网　　址：http://www.cesp.com.cn
电子邮箱：bjgl@cesp.com.cn
联系电话：010-67112765（编辑管理部）
010-67150545（建筑图书出版中心）
发行热线：010-67125803，010-67113405（传真）
印　　刷　北京市联华印刷厂
经　　销　各地新华书店
版　　次　2014 年 8 月第 1 版
印　　次　2014 年 8 月第 1 次印刷
开　　本　787×1092　1/16
印　　张　16.75
字　　数　366 千字
定　　价　42.00 元

出版说明

依据《关于加强建设类专业学生企业实习工作的指导意见》（住建部建人[2012]9号）的通知精神，为了完善建设类专业在校生的实习实训教学体系，全方位指导学生参加企业顶岗实习，切实提高学生们的实践技能水平，我们组织部分有实习指导管理经验的专家与教师编写了本套实习实训教材。

增强建设类专业在校学生的实践能力和就业能力，提高实践教学环节，尤其是提高实习实训环节的教育质量至关重要。毋庸置疑的是，提高教育质量，规范的过程管理和全面的专业指导是基础是保障。由于大多数普通高等院校，尤其是高职高专院校建设类专业的实习实训时间比较长，而且，不少院校在实习实训期间由于缺乏足够的教师跟踪全程指导，常常会在专业指导和过程管理方面显得力不从心，因此，编写一套建筑工程类专业的实习实训全程指导教材便成为了规范管理的和全面专业指导的有效方法之一。

本套实习实训教材以山东城市建设职业学院的建筑工程专业和建筑工程管理专业的实习实训过程为基础，综合了部分以建设类专业为主体的高等院校的实习实训特点，着眼于学生在校的认识实习、生产技能实习和毕业（企业顶岗）实习的三个实习过程，详细地介绍了建筑工程（含建筑工程管理）类专业的学生实习实训全程管理的内容，讲解了实习实训过程中应知应会的部分专业知识。在内容方面注重教学的实践性、学生的主体性、教材的可查性和职业情景的真实性。力图通过教材的全程指导，增强学生对专业的感性认识，较熟练地掌握专业岗位所需技能，使学生具有明显的专业特长和良好的职业道德，初步具有岗位迁徙能力和岗位创新能力。

根据《高职高专建筑工程技术和建筑工程管理专业的培养方案》，建筑工程类专业的学生需要经过认识实习、生产技能实习和毕业（企业顶岗）实习三部分实习内容。其中，认识实习与生产技能实习属于校内实习部分，且生产技能实习以技能训练为主；

毕业（企业顶岗）实习一般安排一年左右，以企业实习或企业顶岗实习为主。针对高职高专实习实训的特点，本套实习实训教材分两本，第一本是管理分册，第二本是企业实习分册。管理分册以实习整个过程中的管理知识和安全常识为主，无论是在校内还是在企业或现场实习，老师和同学们都必须了解或者熟悉的内容。例如：对专业和岗位的再认识，实习实训的流程，每一步骤的注意事项，岗位工种的选择，必须遵守的纪律，安全常识，需要提供的表格与资料，必要的标准与要求等。企业实习分册以企业顶岗实习的内容为主。学生们通过教材的指导，首先能够了解到建设工程项目的构成和流程，了解工程项目的参与单位，熟悉建筑施工企业的格局和运作的基本模式，以及建筑工程类专业在企业中涉及的主要岗位的性质与内容。然后，我们精选了 4 个最常用的岗位，介绍了各个岗位应该把握的理论知识要点、实践过程的注意事项、与岗位相关的流程职责、实习过程中应该完成的相关任务等。并且学生们可依据教材内容，选择最常用的 4 个岗位中的 1 ~ 2 个进行实习。

需要说明的一点是，生产实习过程中的工种技能训练部分，不少学校是校内组织的，也有学校是安排在企业实施的。对于相关工种的技能培训与鉴定，由于建筑行业专业工种较多，而且大都有针对各个工种的技能培训与鉴定教材，在经过了多年的使用之后，多数技能培训与鉴定教材已经比较实用，而且内容更新也比较快，因此，本套实习实训教材不再考虑单独编写相关岗位工种的技能实训指导书，只对现在已经使用的部分相关工种的技能培训与鉴定教材进行推荐。

在编写本套教材过程中，遇到专业课程中已经学过的内容时，我们力求减少理论陈述，如果必须介绍理论，也只讲要点。另外，本书多数内容是通过示意图、实物图、实景图、表格、流程图等形式展现的，以达到新颖直观、通俗易懂、流程清晰、便于查阅和自学的目的。

本套实习实训教材是高职高专建筑工程专业和建筑工程管理类专业学生的实习实训用书，鉴于普通高等院校的土木工程、工程管理等本科专业的实习安排和内容与之接近，故它也可作为本科相关专业的实习实训配套教材使用。同时，本书还可作建筑业从业人员在职业技能培训与鉴定活动中开展职业培训活动的教材，也是本专科毕业生参加岗前培训、建筑业干部职工学习岗位技能提高业务水平的参考读物。

前　言

坚持“以就业为导向，以服务为宗旨，以实习实训为中心，通过实习实训带动就业，带动教学改革”的办学理念，培养适应生产、管理、服务第一线需要的高级技术应用型人才是高职教育的根本任务。因此，建立以培养学生能力为本位的教学模式，体现以技术应用能力为主体的教学特色，逐步形成教学、生产、科研相结合，既相对独立，又相互渗透、相互衔接的理论教学体系和实践教学体系是高等职业技术院校可持续发展的必然选择。

为解决本专科院校尤其是高职院校的教学内容脱离实际、教学方法落后、实践教学环节薄弱、学生的能力和素质培养不够、专业面偏窄、适应性差等问题，同时也为了缩小学生与社会的距离，为学生就业提供更多的机会，我们依据自身的社会工作经验和在高职院校多年任教的经验编写了本书。

《建筑工程类专业实习实训全程指导——企业实习分册》以高职高专建筑工程和建筑工程管理类专业的实践性教学大纲为基础，以参与企业顶岗实习的全过程为背景，讲述了常见岗位应该把握的理论知识要点、实践过程的注意事项、与岗位相关的流程职责、实习过程中应该完成的相关任务等内容。该书共分七章，第一章讲述了建筑的概述、工程建设项目的流程、参加单位和施工项目管理等基本知识；第二章介绍了项目经理责任制、建筑类专业岗位选择及培训等内容；第三章介绍了单位工程的施工流程；第四章到第七章分别介绍了施工员、资料员、质量员和材料员的顶岗实训内容。

本书针对建筑类高等院校的专业特点，以建筑业企业为职业情景，突出了教学的实践性和学生的主体性，注重真实体现岗位情景，文字简练易懂，图文并茂。一书在手，不仅能加深学生对本专业的感性认识，明确专业岗位所需技能的基本要求，还可方便读者对实习过程中常见的问题和常用的知识快速地查阅，更能帮助学生及时完成实习过程中的各项报告和表格等内容。

本书由山东城市建设职业学院牛彦磊任主编，山东城市建设职业学院陈瑞波、孙庆霞任副主编，济南四建（集团）有限责任公司于建增、邹城市市政工程公司吴锋参加了编写。

本书虽经反复推敲，仍难免有疏漏，恳请广大读者提出宝贵意见。

编　者

2014 年 1 月

目 录

第一章　基本知识

第一节　建筑概述和基本建设工程项目的构成

一、建筑的概述

1．建筑的定义

建筑是人们用土、石、木、钢、玻璃、芦苇、塑料、冰块等一切可以利用的材料建造的，为了满足社会生活需要，利用所掌握的施工技术手段，并运用一定的科学规律和美学法则创造的人工环境。

2．建筑的分类

建筑是一个统称，包括建筑物和构筑物。

建筑物是指凡供人们在其内部进行生产、生活或其他活动的房屋或场所，如学校、医院、办公楼、住宅、厂房等。

构筑物是指人们不能直接在其内部进行生产、生活的工程设施，如桥梁、烟筒、水塔、水坝等。

建筑的分类如图 1-1 所示。

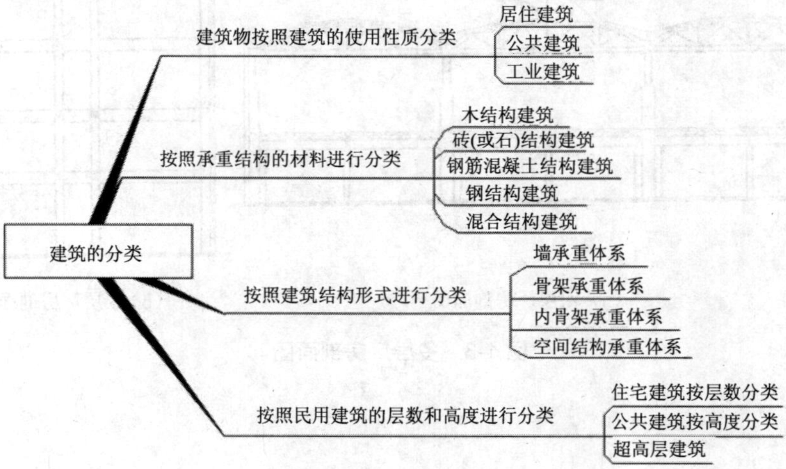

图 1-1　建筑的分类

（1）建筑物按照建筑的使用性质分类

建筑物按照使用性质通常分为民用建筑和工业建筑，民用建筑又包括居住建筑和公共建筑。

1）居住建筑：指提供家庭和集体生活起居用的建筑物，如住宅、宿舍、公寓等。

2）公共建筑：供人们进行社会活动的建筑物，如办公楼、体育馆、教学楼等。

3）工业建筑：指为满足生产服务的各类建筑，如工业厂房、锅炉房等。

工业建筑按厂房层数分类：

① 单层厂房，如图 1-2 所示。

② 多层厂房，如图 1-3 所示。

③ 层次混合厂房，如图 1-4 所示。

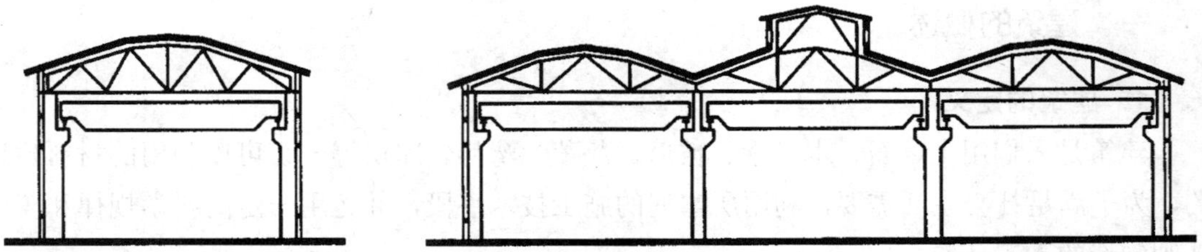

（a）单跨厂房　　（b）多跨厂房

图 1-2　单层厂房剖面图

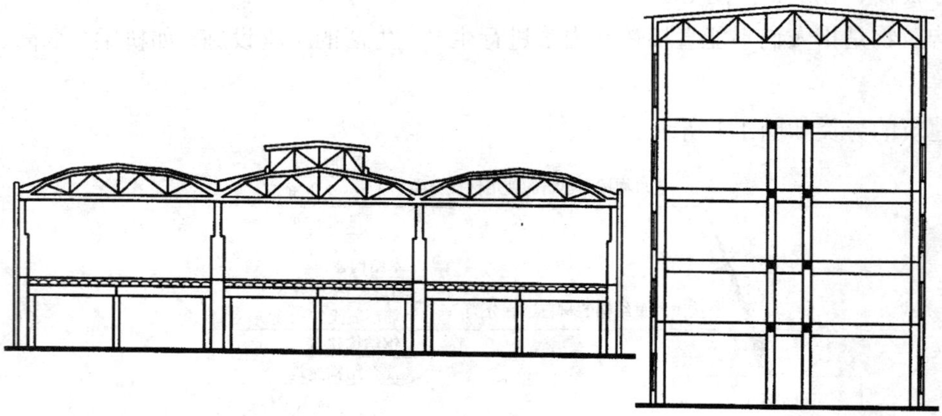

（a）双层厂房剖面图　　（b）5 层厂房剖面图

图 1-3　多层厂房剖面图

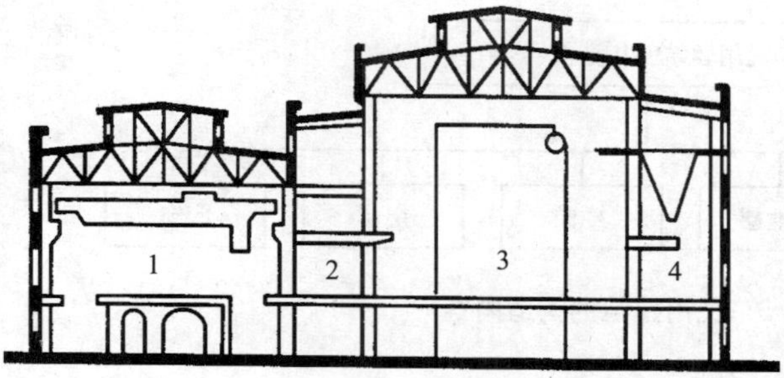

（a）热电厂

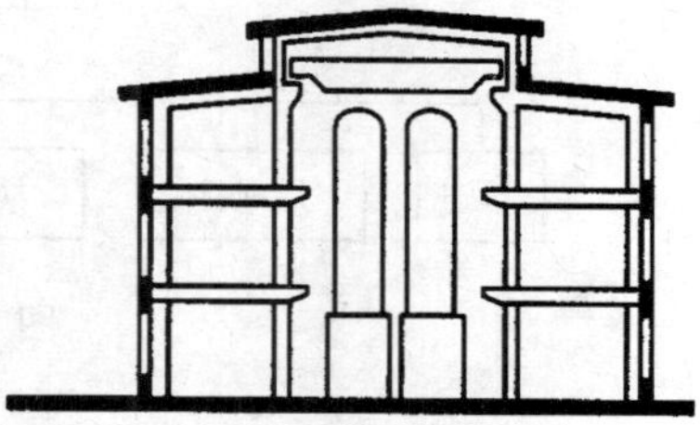
（b）化工车间

图 1-4　层次混合厂房

1. 气机间；2. 除氧间；3. 锅炉间；4. 煤斗间

（2）按照承重结构的材料进行分类

1）木结构建筑：指主要结构构件采用标准化的木材或工程木产品，构件连接节点采用金属连接件连接的建筑。

2）砖（或石）结构建筑：指以砖或石材作为承重墙柱和楼板（砖拱或石拱）的建筑。

3）钢筋混凝土结构建筑：指以钢筋混凝土作承重结构的建筑。

4）钢结构建筑：指以型钢作房屋承重骨架的建筑。

5）混合结构建筑：指用两种或两种以上材料作承重结构的建筑，如砖木结构建筑、砖混结构建筑等。

（3）按照建筑结构形式进行分类

1）墙承重体系：由墙体承受建筑的全部荷载，并把荷载传递给基础的承重体系。

2）骨架承重体系：由钢筋混凝土或型钢组成的梁柱体系承受建筑的全部荷载，墙体只起围护和分隔作用的承重体系。

3）内骨架承重体系：建筑内部由梁柱体系承重，四周用外墙承重。

4）空间结构承重体系：由钢筋混凝土或型钢组成空间结构承受建筑的全部荷载。

（4）按照民用建筑的层数和高度进行分类

1）住宅建筑按层数分类：1～3 层为低层；4～6 层为多层；7～9 层为中高层；10 层以上为高层。

2）公共建筑按高度分类：《民用建筑设计通则》（GB 50352—2005）、《高层民用建筑设计防火规范》[GB 50045—95（2005 版）]将高度超过 24 m 的公共建筑和综合性建筑称为高层建筑（但不包括高度超过 24 m 的单层建筑）。

3）超高层建筑：建筑物高度超过 100 m 的建筑（不论是住宅建筑还是公共建筑）。

3．民用建筑的构造组成

民用建筑的构造内容及示例，如图 1-5、图 1-6 所示。

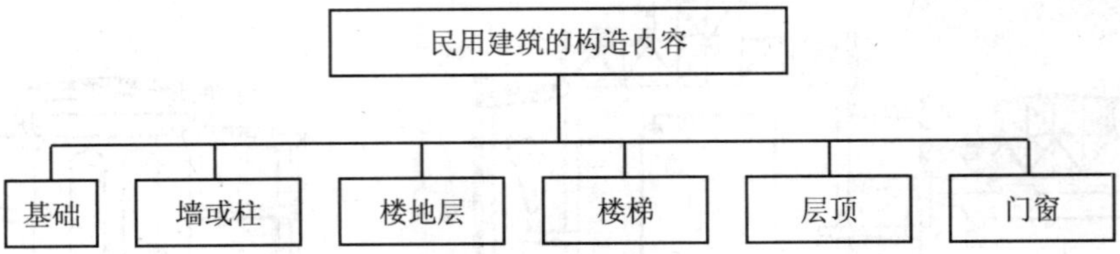

图 1-5　民用建筑的构造内容

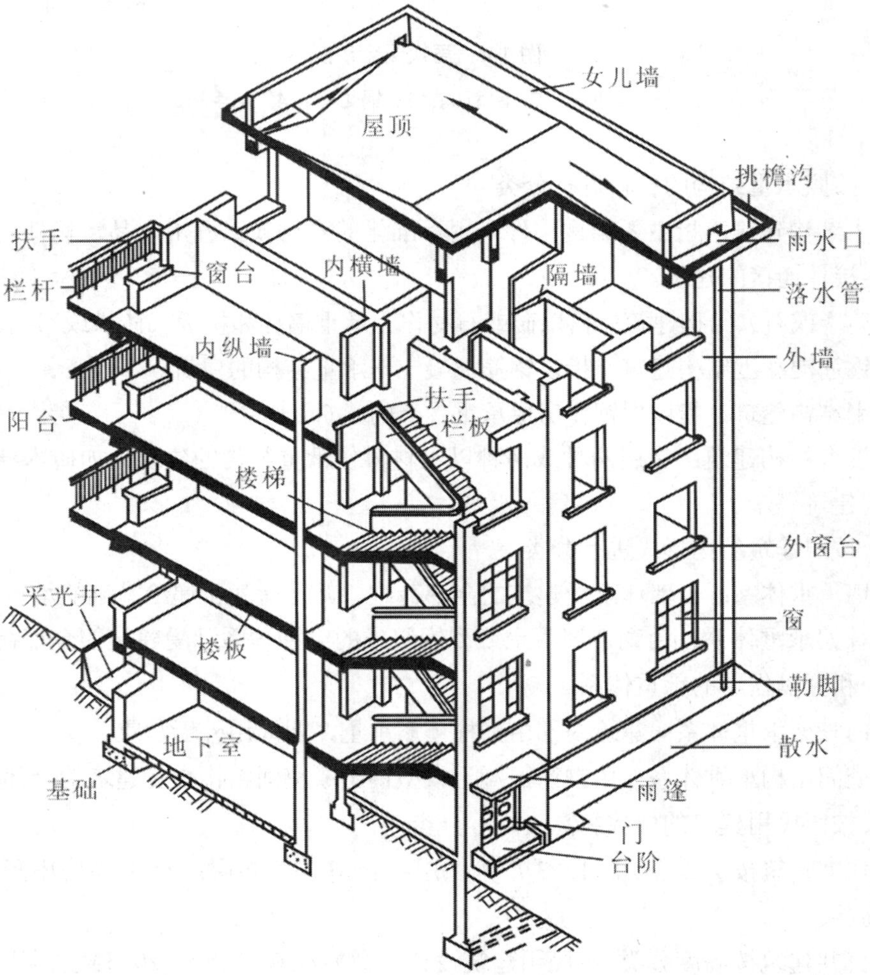

图 1-6　民用建筑的构造组成示例

（1）基础

基础是建筑物最下部的承重构件，其作用是承受建筑物的全部荷载，并将这些荷载传给地基。因此，基础必须具有足够的强度，并能抵御地下各种有害因素的侵蚀。

（2）墙或柱

墙或柱是建筑物的承重构件和围护构件。作为承重构件的外墙，其作用是抵御自然界各种因素对室内的侵袭；内墙主要起分隔空间及保证舒适环境的作用。框架或排架结构的建筑物中，柱起承重作用，墙仅起围护作用。因此，要求墙体具有足够的强度、稳定性，保温、隔热、防水、防火、耐久及经济等性能。

（3）楼地层

楼地层包括楼板层和地坪层。

楼板层是水平方向的承重构件，按房间层高将整幢建筑物沿水平方向分为若干层；楼板层承受家具、设备和人体荷载以及本身的自重，并将这些荷载传给墙或柱；对墙体起着水平支撑的作用。因此要求楼板层应具有足够的抗弯强度、刚度和隔声、防潮、防水的性能。

地坪层支承着家具、设备和人体荷载并将这些荷载传给地基。它应有足够的强度和刚度并满足相应的使用要求。

（4）楼梯

楼梯是楼房建筑的垂直交通设施。供人们上下楼层和紧急疏散之用。故要求楼梯具有足够的通行能力，并且防滑、防火，能保证安全使用。

（5）屋顶

屋顶是建筑物顶部的围护构件和承重构件。抵抗风、雨、雪霜、冰雹等的侵袭和太阳辐射热的影响，又承受风雪荷载及施工、检修等屋顶荷载，并将这些荷载传给墙或柱。故屋顶应具有足够的强度、刚度及防水、保温、隔热等性能。

（6）门窗

门主要起内外交通联系和分隔房间的作用；窗主要起通风、采光、分隔、眺望等围护作用。处于外墙上的门窗又是围护构件的一部分，要满足热工及防水的要求；某些有特殊要求的房间，门、窗应具有保温、隔声、防火的能力。

4．单层厂房的结构组成

在单层厂房建筑中，支承各种荷载作用的构件所组成的骨架，通常称为厂房结构。厂房结构的坚固、耐久是靠结构构件组成的一个结构空间来保证的（图 1-7、图 1-8）。

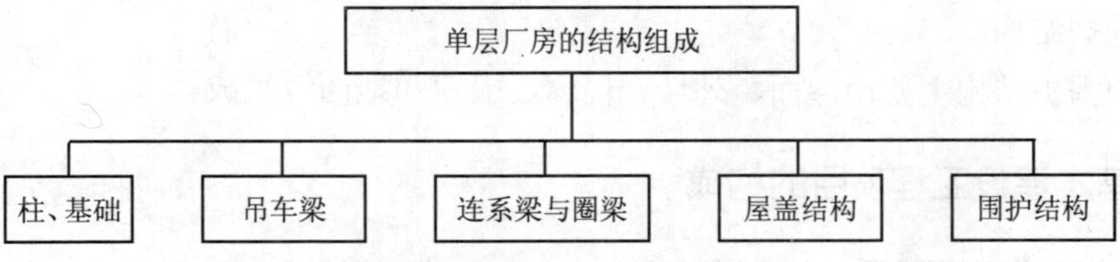

图 1-7　单层厂房的结构组成

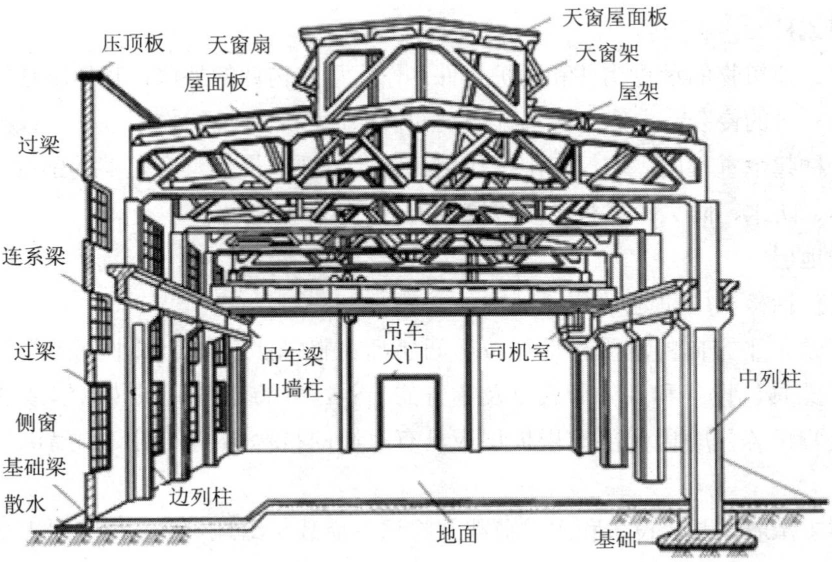

图 1-8　单层工业厂房的组成

（1）柱、基础

1）柱的截面形式常采用矩形柱、工字形柱和双肢柱。

2）基础梁截面形式常采用矩形基础梁和梯形基础梁，国家有统一编制的基础梁标准图集，可供选用和参考。

（2）吊车梁

吊车梁主要采用 T 形吊车梁、工字形吊车梁和鱼腹式吊车梁。

（3）连系梁与圈梁

1）连系梁是厂房纵向列柱的水平连系构件。连系梁的断面形式有矩形（用于一砖厚墙）及 L 形（用于一砖半厚墙）两种。它支撑在牛腿上，与柱的连接采用螺栓连接或焊接的办法。

2）圈梁的作用是将墙体同厂房排架柱、抗风柱等箍在一起，以加强厂房的整体刚度和墙体的刚度及其稳定性。

（4）屋盖结构

屋盖结构主要包括屋面大梁、屋架和屋面板。

（5）围护结构

厂房的围护结构主要由屋面、外墙、门窗、天窗和地面等组成。

二、基本建设工程项目的构成

1. 基本建设工程项目

（1）定义

基本建设工程项目亦称建设项目，是指按一个总体设计组织施工，建成后具有完整的系统，可以独立地形成生产能力或者使用价值的建设工程。一般以一个企业、事业或行政单位作为一个基本建设项目。

如工业建设中的一座工厂、一个矿山，民用建设中的一个居民区、一幢住宅、一所学校等均为一个建设项目。

（2）分类

建设项目按建设性质分类如图 1-9 所示。

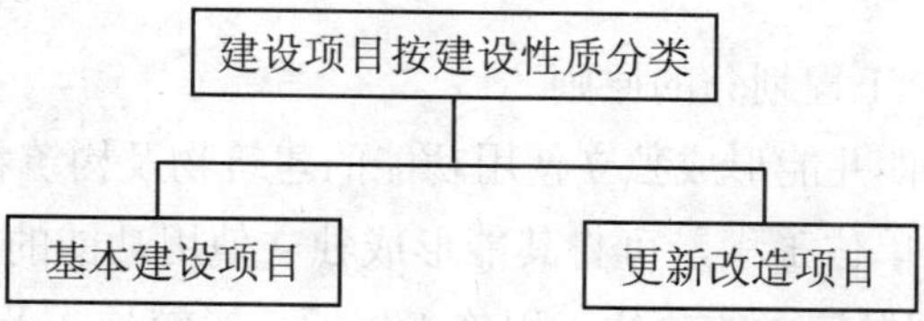

图 1-9 建设项目按建设性质分类

1）基本建设项目是投资建设用于进行以扩大生产能力或增加工程效益为主要目的的新建、扩建工程及有关工作。

2）更新改造项目是指建设资金用于对企、事业单位原有设施进行技术改造或固定资产更新，以及相应配套的辅助性生产、生活福利等工程和有关工作。

2. 单项工程

单项工程是建设项目的组成部分，是指具有独立的设计文件，竣工后能单独发挥设计所规定的生产能力或效益的一组配套齐全的工程项目。

单项工程从施工的角度看是一个独立的系统，在工程项目总体施工部署和管理目标的指导下，形成自身的项目管理方案和目标，依照其投资和质量要求，如期建成并交付使用。如民用建筑工程中，某建设项目中的生产车间、办公楼、住宅等均可称为单项工程；某学校建设项目中的教学楼、食堂、宿舍等也均可称为单项工程。

3. 单位工程

单位工程是单项工程的组成部分，指具有独立的设计文件，具备独立施工条件并能形成独立使用功能，但竣工后不能独立发挥生产能力或工程效益的工程。只要具备独立施工条件并能形成独立使用功能的建筑物及构筑物我们可以划归为一个单位工程。如生产车间的厂房土建工程、机械设备安装工程等。

单位工程与单项工程的区别主要是看它竣工后能否独立地发挥整体效益或生产能力，不能独立发挥其生产能力或价值的是单位工程。

根据《建筑工程施工质量验收统一标准》（GB 50300—2013），建筑工程质量验收划分如图 1-10 所示。

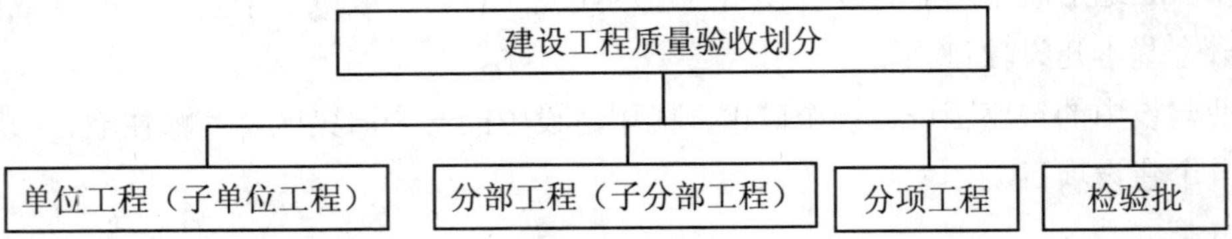

图 1-10　建筑工程质量验收划分

（1）单位（子单位）工程划分的原则

1）具备独立施工条件并能形成独立使用功能的建筑物及构筑物为一个单位工程。

2）建筑规模较大的单位工程，可将其能形成独立使用功能的部分作为一个子单位工程。其主要原因在于，规模较大的单位工程施工周期一般较长，受多种因素影响，如后期资金不足，部分停缓建，已建成可使用部分需投入使用，以发挥投资效益；投资者为追求最大投资效益，在建设期需将其中一部分提前建成使用；规模特别大工程，一次性验收不方便等原因。因此，为保证部分工程提前建成投入使用，可将单位工程划分成若干子单位工程，这样更方便施工、验收。

（2）单位工程的内容

室外工程划分见表 1-1。

表 1-1　室外工程划分

单位工程	子单位工程	分部工程（子分部工程）
室外建筑环境	附属建筑	车棚，围墙，大门，挡土墙，垃圾收集站
	室外环境	建筑小品，道路，亭台，连廊，花坛，场坪绿化
室外安装	给排水与采暖	室外给水系统，室外排水系统，室外供热系统
	电气	室外供电系统，室外照明系统

4．分部工程

（1）定义

分部工程是单位工程的组成部分，一般按单位工程中的主要结构、主要部位来划分的，如土建工程中的地基基础、主体结构分部工程等。

（2）分部工程（子分部工程）的划分原则

1）分部工程的划分应按专业性质、建筑部位确定。

2）当分部工程较大或较复杂时，可按材料种类、施工特点、施工程序、专业系统及类别等划分为若干子分部工程。

（3）分部工程划分内容

1）地基与基础分部：主要包括±0.000 m 以下结构（包含地下室、半地下室结构）及防水工程。

2）主体结构分部工程：主要包括±0.000 m 以上承重构件；凡使用板块材料经砌筑、焊接的非承重隔墙。但采用轻钢、木材等用铁钉、螺丝或胶类黏结的板材或骨架隔墙均纳入建筑装饰装修分部工程。

3）建筑装饰装修分部：主要包括楼地面工程、门窗工程、幕墙工程、室内外装饰装修项目。

4）建筑屋面分部工程。

5）建筑给水排水及采暖工程。

6）建筑电气安装工程。

7）通风与空调工程。

8）电梯安装工程。

9）智能建筑。

分部工程划分具体内容见表 1-2。

表 1-2 建筑工程土建分部工程、分项工程划分

序号	分部工程	子分部工程	分项工程
1	地基与基础	无支护土方	土方开挖、土方回填
		有支护土方	排桩，降水、排水、地下连续墙、锚杆、土钉墙、水泥土桩、沉井与沉箱，钢及混凝土支撑
		地基处理	灰土地基、砂和砂石地基、碎砖三合土地，土工合成材料地基，粉煤灰地基，重锤夯实地基，强夯地基，振冲地基，砂桩地基，预压地基，高压喷射注浆地基，土和灰土挤密桩地基，注浆地基，水泥粉煤灰碎石桩地基，夯实水泥土桩地基
		桩基	锚杆静压桩及静力压桩，预应力离心管桩，钢筋混凝土预制桩，钢桩，混凝土浇筑桩（成孔、钢筋笼、清孔、水下混凝土浇筑）
		地下防水	防水混凝土，水泥砂浆防水层，卷材防水层，涂料防水层，金属板防水层，塑料板防水层，编辑部构造，喷锚支护，复合式衬砌，地下连续墙，盾构法隧道；渗排水、盲沟排水，隧道、坑道排水；预注浆、后注浆，衬砌裂缝注浆
		混凝土基础	模板、钢筋、混凝土，后浇带混凝土，混凝土结构缝处理
		砌体基础	砖砌体，混凝土砌块砌体，配筋砌体，石砌体
		劲钢（管）混凝土	劲钢（管）焊接，劲钢（管）与钢筋的连接，混凝土
		钢结构	焊接钢结构、栓接钢结构，钢结构制作，钢结构安装，钢结构涂装

序号	分部工程	子分部工程	分项工程
2	主体结构	混凝土结构	模板，钢筋，混凝土，预应力、现浇结构，装配式结构
		劲钢（管）混凝土结构	劲钢（管）焊接，螺栓连接，劲钢（管）与钢筋的连接，劲钢（管）制作、安装，混凝土
		砌体结构	砖砌体，混凝土小型空心砌块砌体，石砌体，填充墙砌体，配筋砖砌体
		钢结构	钢结构焊接，紧固件连接，钢零部件加工，单层钢结构安装，多层及高层钢结构安装，钢结构涂装，钢网架结构安装，压型金属板
		木结构	方木和原木结构，胶合木结构，轻型木结构，木构件防护
3	建筑装饰装修	地面	整体面层：基层，水泥混凝土面层，水泥砂浆面层，水磨石面层，防油渗面层，水泥钢（铁）屑面层，不发火（防爆的）面层；板块面层：基层砖面层（陶瓷锦砖、缸砖、陶瓷地砖和水泥花砖面层），大理石面层和花岗岩面层，预制板块面层（预制水泥混凝土、水磨石板块面层），料石面层（条石、块石面层），塑料板面层，活动地板面层，地毯面层；木竹面层：基层、实木地板面层（条材、块材面层），实木复合地板面层（条材、块材面层），中密度（强化）复合地板面层（条材面层），竹地板面层
		抹灰	一般抹灰，装饰抹灰，清水砌体勾缝
		门窗	木门窗制作与安装，金属门窗安装，塑料门窗安装，特种门安装，门窗玻璃安装
		吊顶	暗龙骨吊顶，明龙骨吊顶
		轻质隔墙	板材隔墙，骨架隔墙，活动隔墙，玻璃隔墙
		饰面板（砖）	饰面板安装，饰面砖粘贴
		幕墙	玻璃幕墙，金属幕墙，石材幕墙
		涂饰	水性涂料涂饰，溶剂型涂料涂饰，美术涂饰
		裱糊与软包	裱糊、软包
		细部	橱柜制作与安装，窗帘盒窗台板和暖气罩制作与安装，门窗制作与安装，护栏和扶手制作与安装，花饰制作与安装
4	建筑屋面	基层与保护	找坡层、找平层、隔气层、隔离层、保护层
		保温与隔热	板状材料保温层、纤维材料保温层、喷涂硬泡聚氨酯保温层、现浇泡沫混凝土保温层、种植隔热层、架空隔热层、蓄水隔热层
		防水与密封	卷材防水层、涂膜防水层、复合防水层、接缝密封防水
		瓦面与板面	烧结瓦和混凝土瓦铺装、沥青瓦铺装、金属板铺装、玻璃采光顶铺装
		细部构造	檐口、檐沟和天沟，女儿墙和山墙，水落口，变形缝，伸出屋面管道，屋面出入口，反梁过水孔，设施基座，屋脊，屋顶窗

5．分项工程

分项工程是分部工程的组成部分，是根据分部工程划分的原则，再进一步将分部工程分成若干分项工程。

一般是按照不同的施工方法、不同的工程部位、不同的材料、不同的质量要求和工作的难易程度来划分的，分项工程是概预算定额的基本计量单位，如路基土石方分为松土、软石等。

分项工程可划分成检验批验收，其目的是细分后可分段验收，有助于及时纠正施工中出现质量问题，方便施工，也符合施工实际需要。

6．检验批

（1）定义

检验批是分项工程的组成部分，指按同一生产条件或按规定的方式汇总起来供检验用的，由一定数量样本组成的检验体。检验批是工程质量验收的最小单元。

（2）检验批划分的原则

1）检验批内质量均匀一致，抽样应符合随机性和真实性的原则。

2）贯彻过程控制原则，按施工次序、便于质量验收和控制关键工序的需要划分检验批。

（3）检验验收批的划分

1）多、高层主体分部分项工程按楼层或施工段划分。

2）单层建筑工程中分项工程可按变形缝划分。

3）地基基础分部中分项工程，一般划分为一个检验批，有地下层的基础工程按不同地下层划分。

4）屋面分部工程中分项工程，不同楼层屋面可划分为不同检验批。

5）其他分部工程中分项工程，一般按楼层划分检验批。

6）对于工程量较少分项工程可统一划为一个检验批。

第二节 工程建设项目的流程

我国的基本建设程序分为项目决策阶段、设计准备阶段、设计阶段、施工阶段、动用前准备阶段和保修阶段 6 个阶段。如图 1-11 所示。

一、基本建设的步骤

按照基本建设的技术经济特点及其规律性，规定基本建设程序主要包括 8 项步骤。这些步骤的先后顺序如图 1-12 所示。

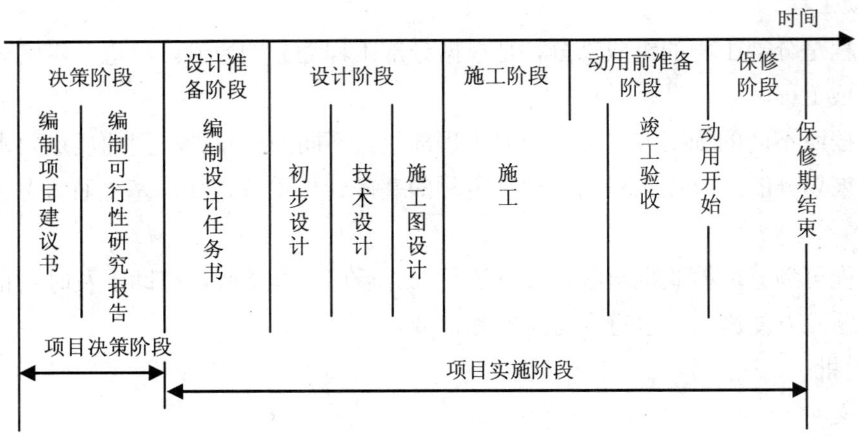

图 1-11 基本建设的组成阶段

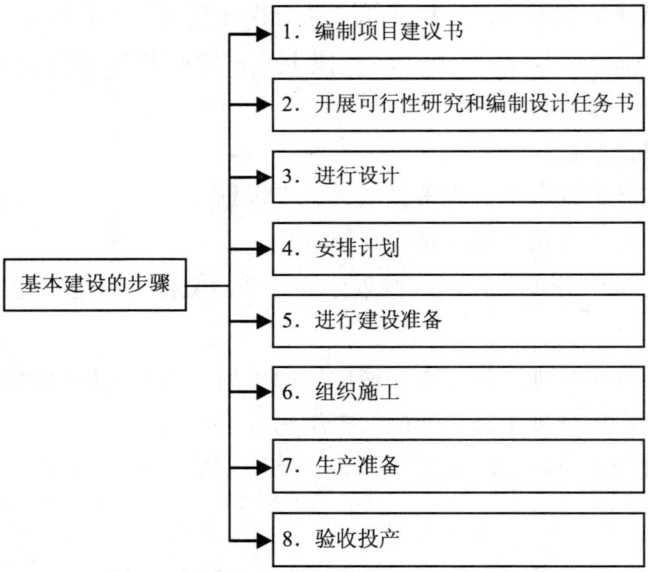

图 1-12 基本建设的步骤

二、基本建设的流程图

基本建设的流程图如图 1-13 所示。

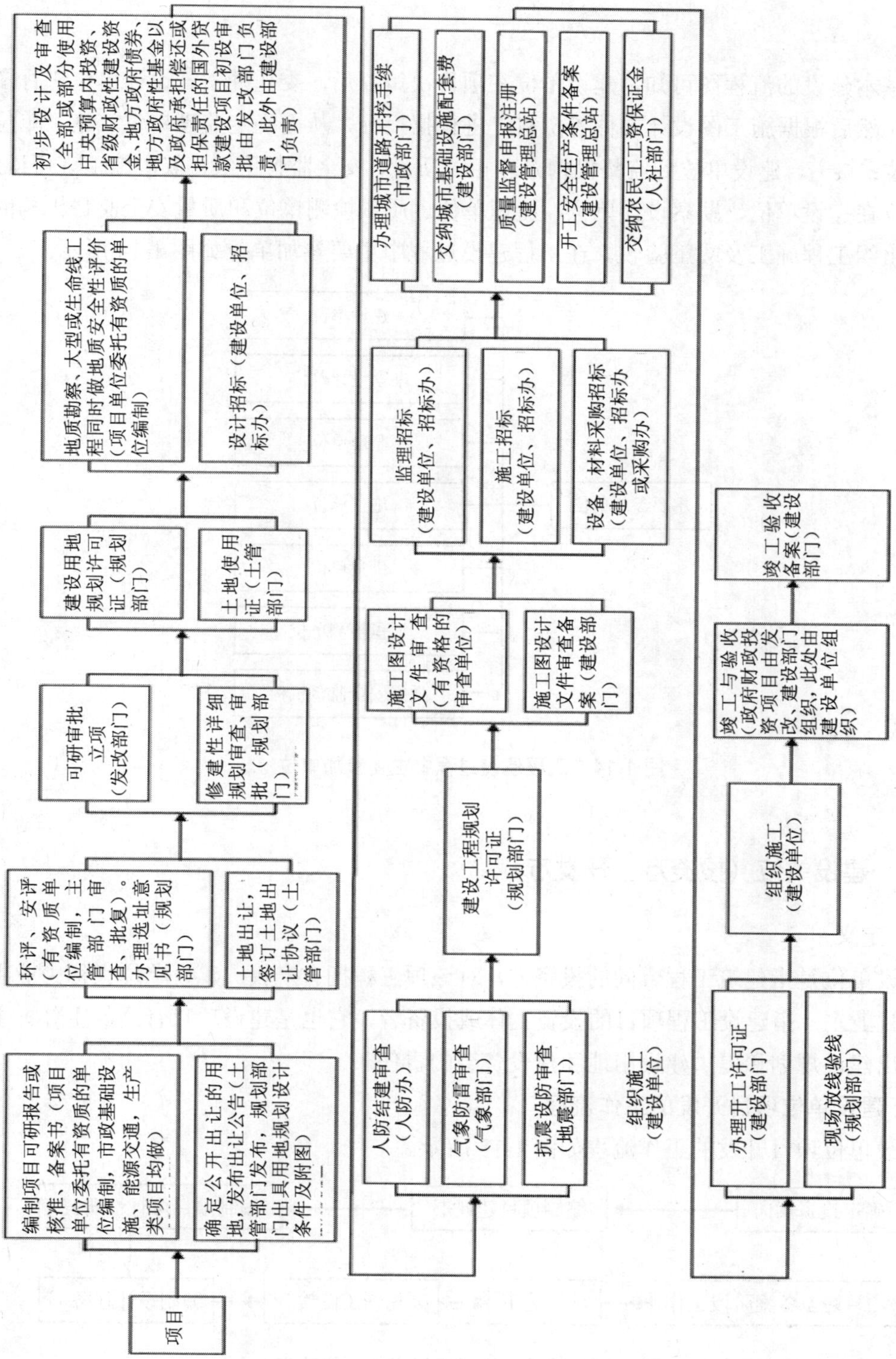

图 1-13 基本建设的流程图

第三节 建设工程的参加单位

由基本建设的流程图可知，建设单位在项目决策以后，委托勘察、设计单位进行图纸的设计；然后根据施工图设计文件等资料，进行招投标，从而确定监理单位、施工单位和供货单位；接着，建设单位到监督机构办理相关质量、安全监督手续；取得施工许可证后，施工单位在建设单位、勘察设计单位、监理单位、质量检测单位和质量安全监督机构的监督下，组织工程施工及竣工验收。在工程建设过程中主要参加单位如图 1-14 所示。

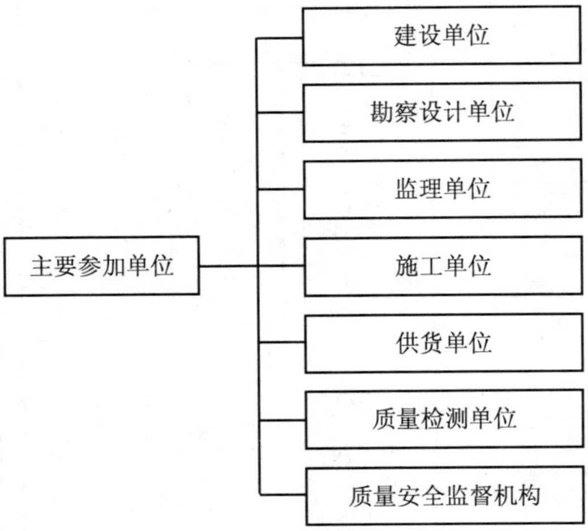

图 1-14 工程建设过程中主要参加单位

一、建设单位（投资方、开发方）

1. 定义

建设单位是指建筑工程合同的投资方，对该项工程拥有产权。建设单位也称为业主单位或项目业主，指建设工程项目的投资主体或投资者，它也是建设项目管理的主体。主要履行提出建设规划和提供建设用地和建设资金的责任。

2. 建设单位项目开发的工作流程

建设单位项目开发的工作流程如图 1-15 所示。

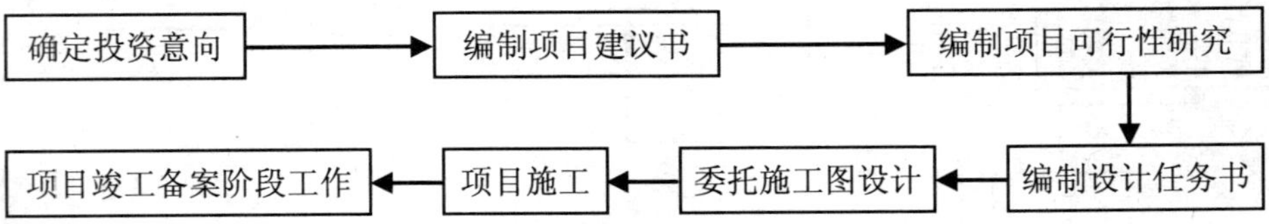

图 1-15 建设单位项目开发的工作流程

3．建设单位在工程实施阶段的主要工作

1）确定建设项目的监理单位和施工单位。

2）施工前办理质量监督注册、施工图设计文件审查、施工许可手续。

工程开工前，建设单位应依法办理工程规划许可、质量监督注册、施工图设计文件审查和施工许可手续，工程建设的规模应与许可的规模相一致，否则不得开工建设。

3）审定承包单位提交的开工报告、施工组织设计、技术方案、进度计划。

4）组织图纸会审、设计交底、设计变更工作情况。

5）审核签署承包单位的申请、支付证书和竣工结算；审查和处理工程变更。

6）参加监理工作会议，检查和监督监理人员的工作。

7）主持或参与工程质量事故的调查；调解建设单位与承包单位的合同争议、处理索赔、审批工程延期；审核签认分部工程和单位工程的质量检验评定资料。

8）审查承包单位的竣工申请，组织工程项目的竣工验收。

9）办理备案等手续。

二、勘察、设计单位（勘察设计方）

1．定义

勘察、设计单位是指从事建设工程勘察和建设工程设计工作的单位。

1）建设工程勘察是指根据建设工程的要求，查明、分析、评价建设场地的地质地理环境特征和岩土工程条件，编制建设工程勘察文件的活动。

2）建设工程设计是指根据建设工程的要求，对建设工程所需的技术、经济、资源、环境等条件进行综合分析、论证，编制建设工程设计文件的活动。

2．勘察、设计单位在工程实施阶段主要工作

1）施工图交底（图纸会审）。

2）签发设计修改变更、技术洽商通知，参加有关工程质量问题的处理情况。

3）参加地基验槽、地基处理验收。

4）参加基础工程验收。

5）参加主体结构验收。

6）参加节能专项验收。

7）参加其他分部工程验收。

8）参加竣工阶段验收。

三、监理单位

1．定义

监理单位是受建设单位委托对工程建设进行第三方监理的具有经营性质的独立的企业单位。它以专门的知识和技术，协助用户解决复杂的工程技术问题，并收取监理费用，

同时对其提供的建筑工程监理服务承担经济和技术责任。

监理单位必须在施工现场设置监理机构，包括总监、专业监理师和监理员，必要可配备总监代表。机构人员专业配套、数量满足工程项目监理工作需要，且均应具有相应资格。监理工程师是指取得国家监理工程师执业资格证书并经注册的监理人员。监理员是指经过监理业务培训，具有同类工程相关专业知识，从事具体监理工作的监理人员。

2．监理工作流程

监理工作流程如图 1-16 所示。

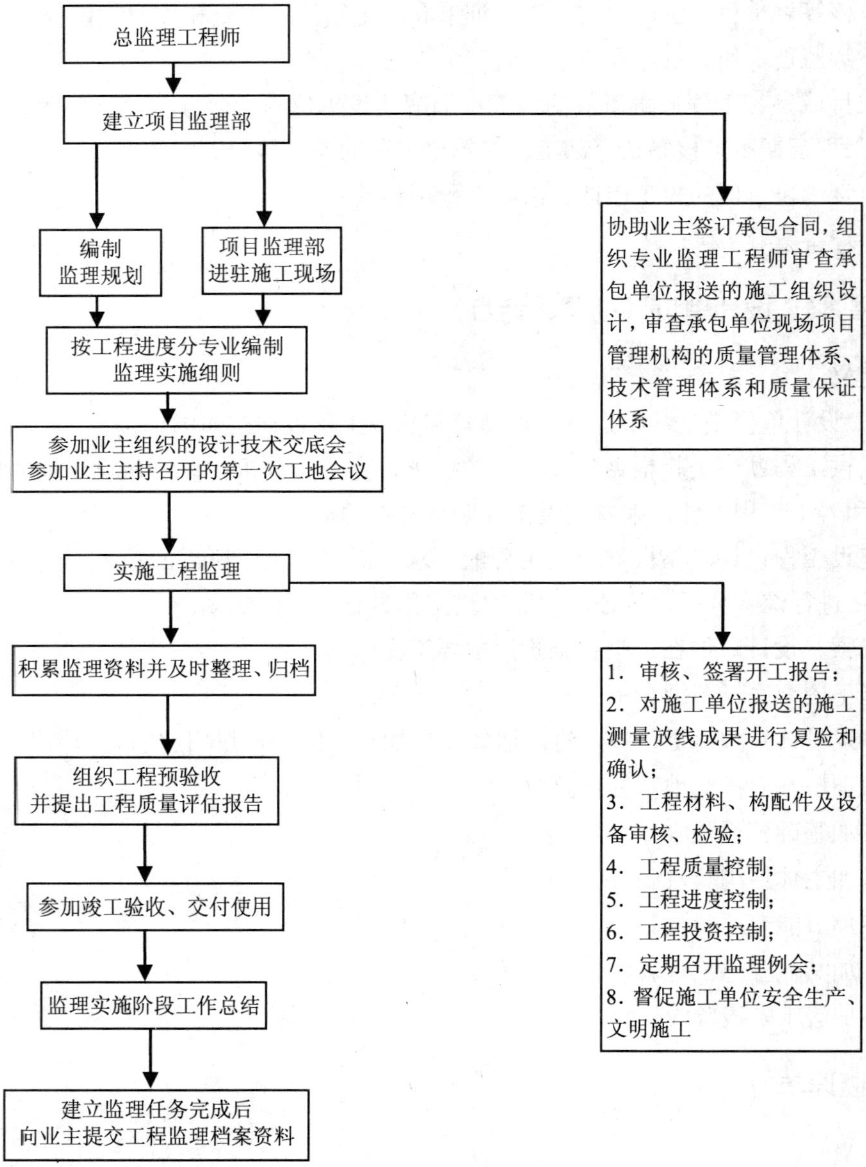

图 1-16　监理工作流程

3. 监理单位在工程实施阶段的主要工作

1）监理规划的编制、审批和执行。

2）监理实施细则的编制、审批和执行。

3）对材料、构配件、设备投入使用或安装前进行审查的情况。

材料、构配件、设备进场后，施工单位应向监理工程师申报工程材料、构配件、设备报审表，经监理工程师验收合格后方可使用。监理资料中应具有材料、构配件、设备合格证书及有关有检（试）验报告。

4）对分包单位的资格审核情况。

5）见证取样制度的实施。

在监理单位或建设单位监督下，由施工单位有关人员现场取样并送至具备相应资质的检测单位进行的检测。

监理单位应严格按照规定，对用于工程的主要原材料、构配件实行见证取样和送检，并应有见证取样送检记录及有关的试验资料。

6）对重点部位、关键工序实施旁站监理。

监理单位对工程重点部位、关键工序实施旁站监理，并有旁站监理记录。例如混凝土浇筑。

7）质量问题通知单签发及质量问题整改结果的复查情况。

8）组织工程质量验收。

监理单位应及时组织隐蔽工程验收、检验批验收、分项工程验收、分部工程验收和参加单位工程的验收，并及时签认。

四、施工单位（施工方）

施工方是承担施工任务的单位的总称谓，它可能是施工总承包方、施工总承包管理方、分包施工方、建设项目总承包的施工任务执行方或仅是提供施工劳务的参与方。当施工方担任的角色不同，其项目管理的任务和工作重点也会有差异。

1. 施工总承包方

施工总承包方是对所承包的建设工程承担施工任务的执行和组织总执行者和总组织者，它除了完成自己承担的施工任务以外，还负责组织和指挥它自行分包的分包施工单位和建设单位指定的分包施工单位的施工，并为分包施工单位提供和创造必要的施工条件。

施工总承包方的主要管理任务：

1）负责整个工程的施工安全、施工总进度控制、施工质量控制和施工的组织等。

2）控制施工的成本（这是施工总承包方内部的管理任务）。

3）负责施工资源的供应组织。

4）代表施工单位与建设单位、设计勘查单位、监理单位等外部单位进行必要的联系和协调等。分包施工方承担合同所规定的分包施工任务，以及相应的项目管理任务。若采用施工总承包或施工总承包管理模式，分包方必须接受施工总承包方或施工总承包管理方的工作指令，服从其总体的项目管理。

2. 施工总承包管理方

施工总承包管理方是指建设单位委托一个或多个施工单位组成的施工联合体或施工合作体作为施工总承包管理单位，建设单位另委托其他施工单位作为分包单位进行施工。

3. 施工单位在施工现场应具备的条件

（1）单位资质、项目经理部管理人员资格及配备

施工单位应在其资质等级允许的范围内承揽工程任务，项目经理、施工员、质量员、资料员等项目管理人员配备应齐全、到位、专业配套，并应具有相应的资格证书。

（2）主要专业工种操作上岗证、配备及到位

测量工，起重、塔吊等垂直运输司机，钢筋、机械、混凝土、焊接、瓦工、防水等主要工种的工人，应具有相应的操作上岗证书，人员配备应满足施工的需要。

（3）施工组织设计或施工方案审批及执行

施工组织设计或施工方案制订完成后，首先经过施工单位技术负责人审批，然后报请总监理工程师（建设单位项目负责人）审批，并应严格按照审批通过的施工组织设计或施工方案进行施工。如施工组织设计或施工方案需作较大的变动，应重新报审。

（4）施工现场施工操作技术规程及国家有关规范、标准的配置及实施

施工现场应具有该工程施工涉及的施工操作技术规程及国家有关规范、标准和标准图集等。参见第四章第五节岗位实务问答。

（5）检查工具

施工现场应具有砂浆稠度仪、混凝土坍落度筒、靠尺等检查工具，并应有效运行。

（6）现场标养室设置及试块的标注

1）标养室温度、湿度条件应符合下列要求：

① 混凝土和水泥砂浆试块标养条件为温度20℃±3℃，相对湿度90%以上的环境或水中的标准条件。

② 水泥混合砂浆试块标养条件为温度20℃±3℃，相对湿度60%～80%的标准条件。

2）混凝土和砂浆试块应标注的内容为：工程名称、强度等级、试件代表的详细工程部位（楼层、轴线）、制作日期、养护方式等。

（7）搅拌站、计量设置、配比标志

严格控制混凝土、砂浆的各种材料配合比，在搅拌机旁挂牌公示，并应设专人进行计量，计量均应采用重量比，计量误差不得超过规范的规定。

五、供货单位

1．定义

供货方作为项目建设的一个参与方，其项目管理主要服务于项目的整体利益和供货方本身的利益。其项目管理目标包括供货方成本目标、供货进度目标和供货的质量目标。

2．供货方项目管理的主要任务

供货的安全管理；供货方的成本控制；供货的进度控制；供货的质量控制；供货合同管理；供货信息管理；与供货有关的组织与协调。

六、质量检测单位

根据国家相关规范要求，在建工程都需进行对工程所用材料设备及施工过程中施工项目进行质量检测。一般由施工单位选择上报符合规定并备案的检测单位，经建设单位、监理单位认可，并符合质量监督机构等部门的要求。

1．定义

检测单位是指从事工程质量见证取样检测及专项检测业务的检测机构。该检测机构应取得相应检测资质，并在资质范围内开展检测工作。检测机构不得承担与其有隶属关系或其他利害关系的设计、施工、监理等单位机构的委托的质量检测业务。

2．质量检测的业务内容

质量检测主要包括专项检测和见证取样检测，如图 1-17 所示。

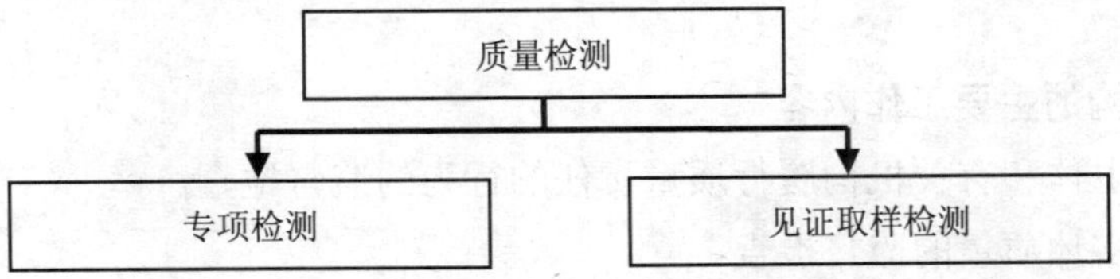

图 1-17 质量检测的业务内容

3．质量检测的工作流程

质量检测的工作流程如图 1-18 所示。

七、工程质量安全监督机构

1．定义

工程质量安全监督是建设行政主管部门或其委托的工程质量安全监督机构（统称监督机构），根据国家的法律、法规和工程建设强制性标准，对责任主体和有关机构履行质量责任的行为以及工程实体质量进行监督检查、维护公众利益的行政执法行为。

工程质量安全监督机构负责建筑安全生产监督工作，实施建设工程质量监督管理和工程竣工验收备案管理。

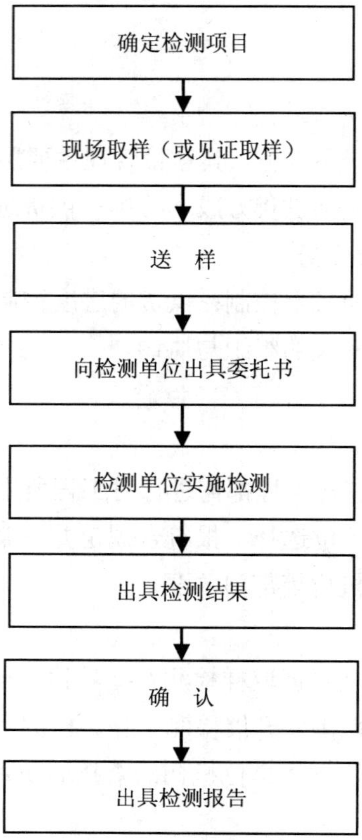

图 1-18　质量检测的工作流程

2．监督机构的主要工作内容

1）对责任主体和有关机构履行质量责任的行为的监督检查。

2）对工程实体质量的监督检查。

3）对施工技术资料、监理资料以及检测报告等有关工程质量的文件和资料的监督检查。

4）对工程竣工验收的监督检查。

5）对混凝土预制构件及预拌混凝土质量的监督检查。

6）对责任主体和有关机构违法、违规行为的调查取证和核实，提出处罚建议或按委托权限实施行政处罚。

7）提交工程质量监督报告。

8）随时了解和掌握本辖区工程质量状况。

3．建设工程质量安全监督工作流程

建设工程质量安全监督工作流程如图 1-19 所示。

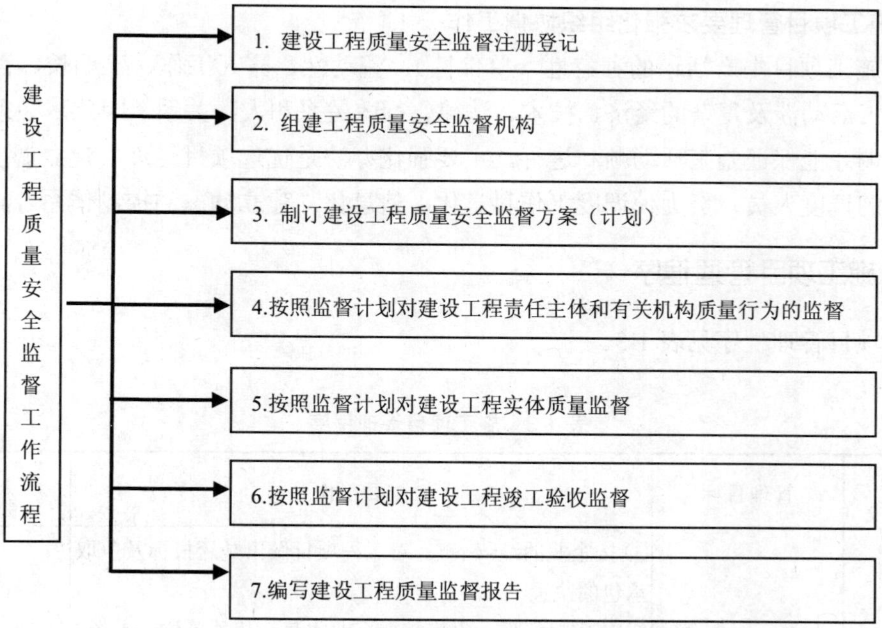

图 1-19　建设工程质量安全监督工作流程

第四节　建设工程施工项目管理

施工项目是指建筑企业自施工承包投标开始到保修期满为止的全过程完成的项目。施工项目管理是指建筑企业运用系统的观点、理论和方法对施工项目进行的决策、计划、组织、控制、协调等全过程的全面管理。

一、施工项目管理特点

1．施工项目管理的主体

施工项目管理的主体是施工单位。建设单位和设计单位都不进行施工项目管理，它们对项目的管理分别称为建设项目管理和设计项目管理。

2．施工项目管理的对象和周期

施工项目管理的对象是施工项目。施工项目管理周期包括工程投标、签订施工合同、施工准备、施工以及交工验收、保修等。

3．施工项目管理的内容是按阶段变化的

由于施工项目各阶段管理内容差异大，因此要求管理者必须进行有针对性的动态管理，要使资源优化组合，以提高施工效率和效益。

4．施工项目管理要求强化组织协调工作

由于施工项目生产活动的独特性（单件性）、流动性、露天工作、工期长、需要资源多，且施工活动涉及复杂的经济、技术、法律、行政关系和人际关系，因此，必须通过强化组织协调才能保证施工活动顺利进行。主要强化办法是优选项目经理，建立调度机构，配备称职的调度人员，努力使调度工作科学化、信息化，建立动态的控制体系。

二、施工项目管理程序

施工项目管理程序见表1-3。

表1-3　施工项目管理程序

<table>
<tr><th>序号</th><th>管理阶段</th><th>管理目标</th><th>主要工作</th><th>工作负责执行者</th></tr>
<tr><td>1</td><td>投标、签订合同阶段</td><td>中标签订工程承包合同</td><td>① 按企业的经营战略，对工程项目做出是否投标及争取承包的决策
② 决定投标后，收集掌握企业本身、相关单位、市场、现场及诸方面信息
③ 编制《施工项目管理规划大纲》
④ 编制既能使企业经营盈利又有竞争力，可能中标的投标书，在投标截止日期前发出投标函
⑤ 若中标，与招标方谈判，依法签订工程承包合同</td><td>企业决策层
企业管理层</td></tr>
<tr><td>2</td><td>施工准备阶段</td><td>使工程具备开工和连续施工的基本条件</td><td>① 企业正式委派资质合格的项目经理，项目经理组建项目经理部，根据工程管理需要建立机构，配备管理人员
② 企业管理层次与项目经理协商签订《施工项目管理目标责任书》，明确项目的管理应承担的责任目标及各项管理任务
③ 编制施工项目管理实施规划
④ 做好施工各项准备工作，达到开工要求
⑤ 编写开工申请报告，上报，待批开工</td><td rowspan="2">项目经理部
企业管理层</td></tr>
<tr><td>3</td><td>施工阶段</td><td>完成合同规定的全部施工任务，达到验收、交工条件</td><td>① 进行施工
② 做好动态控制工作，保证质量、进度、成本、安全目标的全面实现
③ 管理施工现场，实行文明施工
④ 严格履行合同，协调好与建设单位、监理、设计及相关单位的关系
⑤ 处理好合同变更及索赔
⑥ 做好记录、检查、分析和改进</td></tr>
</table>

序号	管理阶段	管理目标	主要工作	工作负责执行者
4	验收交工与结算阶段	对项目成果进行总结、评价，对外结清债权债务，结束交易关系	① 工程收尾 ② 进行试运转 ③ 接受正式验收 ④ 整理移交竣工的文件，进行工程款结算 ⑤ 总结工作，编制竣工报告 ⑥ 办理工程交接手续，签订工程质量保修书 ⑦ 项目经理部解体	项目经理部 企业管理层
5	用后服务阶段	保证用户正确使用，使建筑产品发挥应有功能，反馈信息，改进工作，提高企业信誉	① 根据工程质量保修书的约定做好保修工作 ② 为保证正常使用提供必要的技术咨询和服务 ③ 进行工程回访，听取用户意见，总结经验教训，发现问题，及时维修和保修 ④ 配合科研等需要，进行沉陷、抗展性能观察	企业管理层

三、施工项目管理的内容

施工项目管理的内容如图 1-20 所示。

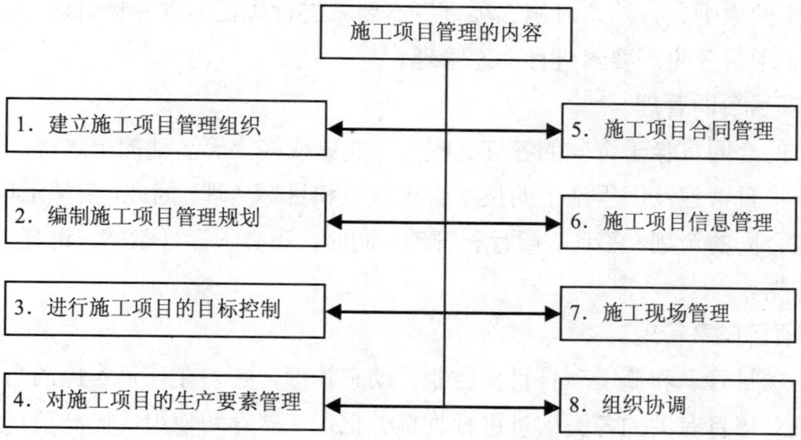

图 1-20　施工项目管理的内容

1. 建立施工项目管理组织

1）由企业法人代表采用适当的方式选聘称职的施工项目经理。

2）根据施工项目管理组织原则，结合工程规模、特点，选择合适的组织形式，建立施工项目管理组织机构，明确各部门、各岗位的责任、权限和利益。

3）在符合企业规章制度下，根据施工项目管理的需要，制定项目经理部管理制度。

2．编制施工项目管理规划

1）在工程投标前，由企业管理层编制施工项目管理大纲（或以“施工组织总体设计”代替），对施工项目管理自投标到保修期满进行全面的纲领性规划。

2）在工程开工前，由项目经理组织编制施工项目管理实施规划（或以“施工组织设计”代替），对施工项目管理从开工到交工验收进行全面的指导性规划。

3．进行施工项目的目标控制

在施工项目实施的全过程中，应对项目的质量、进度、成本和安全目标进行控制管理，以实现项目的各项约束性目标。

控制的基本过程如下：

1）确定各项目标控制标准。

2）在实施过程中，通过检查、对比，衡量目标的完成情况。

3）将衡量结果与标准进行比较，若有偏差，分析原因，采取相应的措施以保证目标的实现。

4．对施工项目的生产要素管理

施工项目的生产要素主要包括劳动力、材料、设备、技术和资金（即5 M）。

生产要素管理的内容有：

1）分析各生产要素的特点。

2）按一定的原则、方法，对施工项目生产要素进行优化配置并评价。

3）对施工项目各生产要素进行动态管理。

5．施工项目合同管理

建设项目的合同贯穿于合同的签订、履行、变更或终止等活动的全过程。合同管理的水平直接涉及项目管理及工程施工的技术组织效果和目标实现。因此，要从工程投标开始，加强工程承包合同的策划、签订、履行和管理。同时，还必须抓好索赔，讲究方法和技巧，提供充分的证据。

6．施工项目信息管理

进行施工项目管理和施工项目目标控制、动态管理，必须在项目实施的全过程中，充分利用计算机对项目有关的各类信息进行收集、整理、储存和使用，提高项目管理的科学性和有效性。

7．施工现场管理

应对施工现场进行科学有效管理，以达到文明施工、保护环境、塑造良好企业形象、提高施工管理水平的目的。

8．组织协调

在施工项目实施过程中，应进行组织协调，沟通和处理好内部及外部的各种关系，排除种种干扰和障碍。协调为有效控制服务，协调和控制都是为了保证计划目标的实现。

四、施工项目管理组织的机构

施工项目管理组织是指为实施施工项目管理建立的组织机构，以及该机构为实现施工项目目标所进行的各项组织工作的简称。

1．施工项目主要管理组织形式

施工项目主要管理组织形式指在施工项目管理组织中处理管理层次、管理跨度、部门设置和上下级关系的组织结构的类型。其主要形式有职能组织结构（图 1-21）、线性组织结构（图 1-22）和矩阵组织结构（图 1-23）。

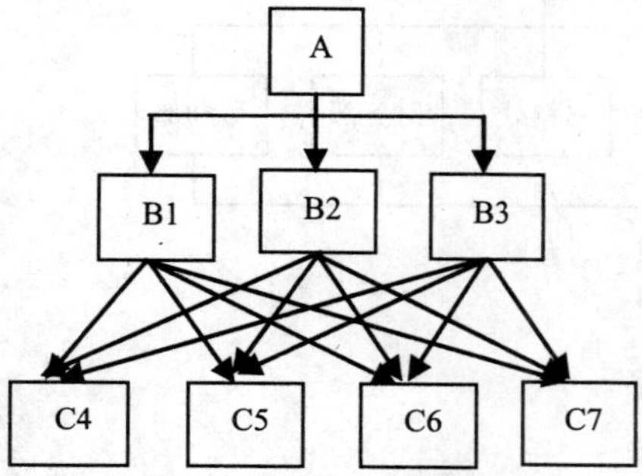

图 1-21　职能组织结构

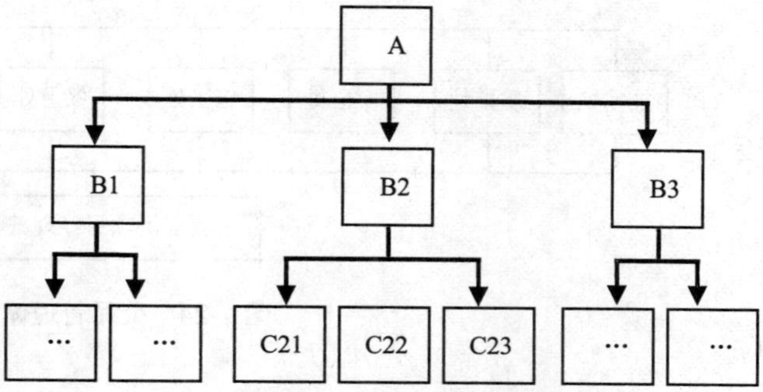

图 1-22　线性组织结构

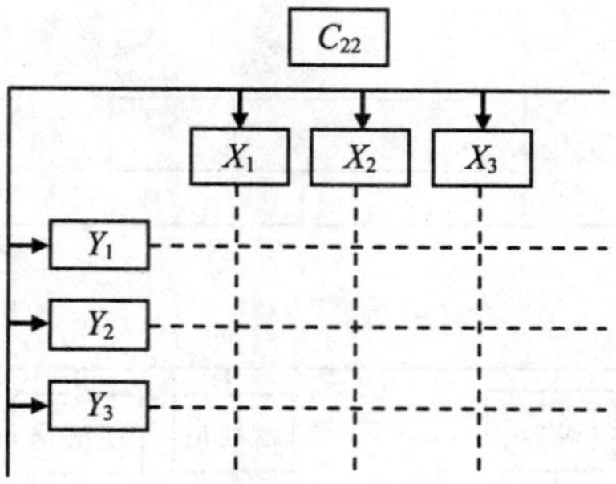

图 1-23　矩阵组织结构

2．常见施工总承包方项目管理体系

为确保工程各项目标的实现，通常设立公司管理体系和项目经理部管理体系。其中项目经理部由公司总部授权管理，通常按照国家质量标准体系中 GB/T 19001—2008 标准建立的质量保证体系来运行，形成以全面质量管理为中心环节，以专业管理系统来运作，专业管理科学化管理的体系。

（1）公司管理体系

公司管理体系代表本单位决策者对施工项目经理部进行监督。一是监督施工总包管理体系的运行情况；二是监督工程质量、进度及其他管理工作是否按照施工总承包合同约定的条款履行、兑现合同承诺；三是监督指导总包经理部对施工过程中出现的问题是否能及时解决和组织落实。公司管理体系充分有效的配置企业资源，支持施工总承包项目部工作。公司管理体系如图1-24所示。

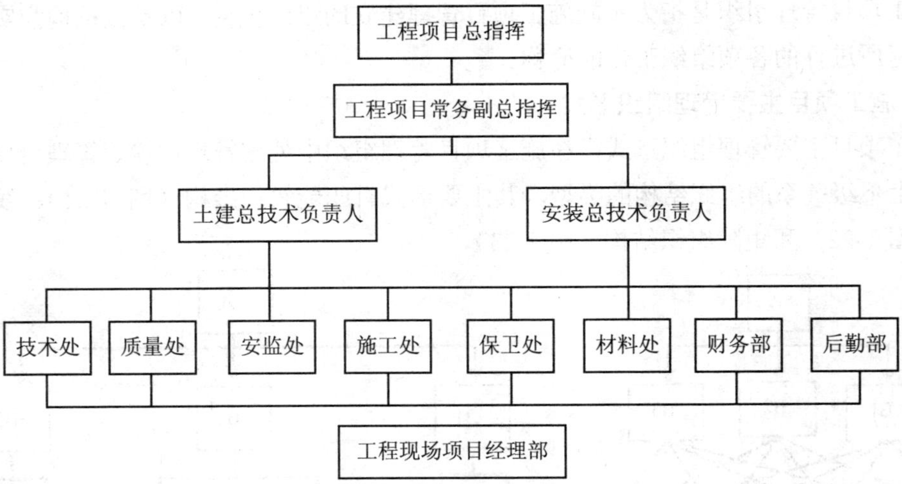

图1-24 公司管理体系

（2）项目经理部管理体系

项目经理部管理体系如图1-25所示。

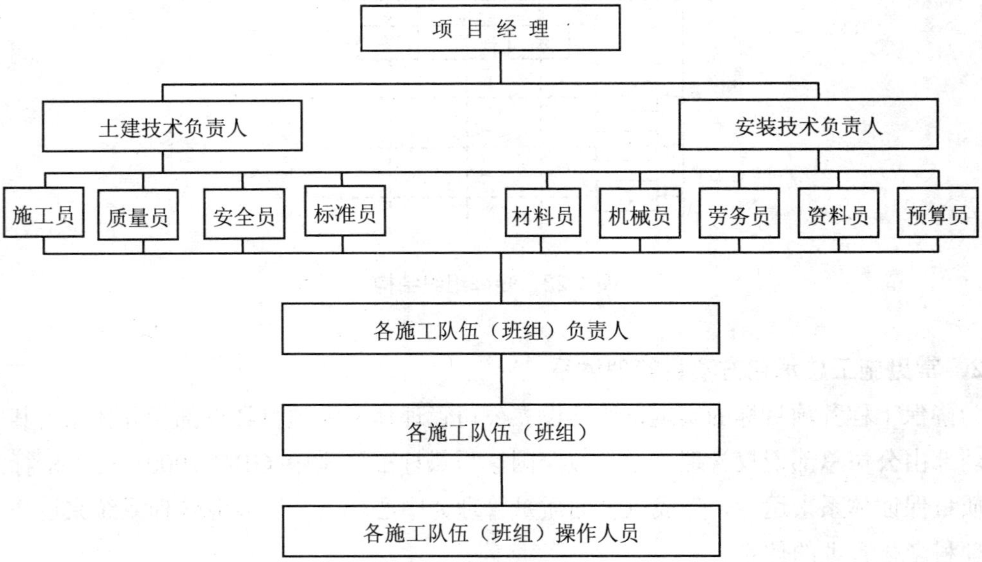

图1-25 项目经理部管理体系图

五、施工项目的组织协调

1．定义

施工项目组织协调是指以一定的组织形式、手段和方法，对施工项目中产生的关系不畅进行疏通，对产生的干扰和障碍予以排除的活动。

施工项目组织协调是施工项目管理的一项重要职能。项目经理部应该在项目实施的各个阶段，根据其特点和主要矛盾，动态地、有针对性地通过组织协调，及时沟通，排除障碍，化解矛盾，充分调动有关人员的积极性，发挥各方面的能动作用，协同努力，提高项目组织的运转效率，以保证项目施工活动顺利进行，更好地实现项目总目标。

2．施工项目组织协调的范围及内容

施工项目组织协调的范围和内容见表 1-4。

表 1-4　施工项目组织协调的范围和内容

协调范围		协调关系	协调对象	协调内容
内部关系		领导与被领导关系 业务工作关系 与专业公司有合同关系	1．项目经理部与企业之间 2．项目经理部内部部门之间、人员之间 3．项目经理部与作业层之间 4．作业层之间	主要包括人际关系、组织关系、供求关系、协作配合关系和约束关系等方面的协调
外部关系	近外层	直接或间接合同关系或服务关系	企业、项目经理部与建设单位、监理单位、设计单位、供应商、分包单位、保险人等	
	远外层	多数无合同关系 但要受法律、法规和社会公德等约束	企业、项目经理部与政府、环保、交通、环卫、绿化、文物、消防、公安等	

第二章　土木建筑类专业岗位介绍与岗位选择

施工单位通过投标等方式获取工程以后，首先与建设单位签订施工合同，然后根据施工合同组建或选派项目经理部，签订项目承包书和签署项目管理目标责任书。项目经理部根据项目管理规划大纲内容编制项目管理实施大纲。

目前建设工程项目管理，全面实行项目经理责任制，项目经理责任制是我国建设工程项目管理体制改革的一项重要成果，对于加强施工管理，提高工程质量，保证安全生产，起到了很好的作用。所以实施和深化项目经理责任制，其目的就是要进一步建立和健全项目管理组织机制，用制度明确项目经理应承担的责任、权限和利益，有利于项目经理在项目管理中发挥核心和主导作用。

第一节　项目经理责任制和项目经理部

一、项目经理责任制

1. 施工项目经理责任制的含义

施工项目经理责任制是指以施工项目经理为主体的施工项目管理目标责任制度。它是以施工项目为对象，以项目经理为主体，以项目管理目标责任书为依据，以求得项目产品的最佳经济效益为目的，实行从施工项目开工到竣工验收交工的施工活动以及售后服务在内的一次性全过程的管理责任制度。

2. 施工项目经理责任制的作用

1）建立和完善以施工项目管理为基点的适应市场经济的责任管理机制。

2）明确项目经理与企业、职工三者之间的责、权、利、效关系。

3）利用经济手段、法制手段对项目进行规范化、科学化管理。

4）强化项目经理人的责任与风险意识，对工程质量、工期、成本、安全、文明施工等方面全面负责，全过程负责，促使施工项目高速优质低耗地全面完成。

3. 施工项目经理责任制管理目标责任体系

（1）施工项目经理责任制管理目标责任体系的内容

施工项目经理责任制管理目标责任体系是实现施工项目经理责任制的重要内容。它包括施工项目经理与企业经理及有关的部门、人员、分包单位之间的各种类型的责任制，见表 2-1。

表 2-1 施工项目经理责任制管理目标责任体系

责任状签发人	责任状接受人	主要内容
企业经理（法人代表）	项目经理	1. 双方签订的《项目管理目标责任书》是项目经理的任职目标 2. 是关于项目施工活动全过程及项目经理部寿命期内重大问题办理而事先形成的具有企业法规性的文件 3.《项目管理目标责任书》的主要内容：企业各职能部门与项目经理之间的关系；项目经理使用作业队伍的方式；项目的材料和机械设备供应方式；按中标价与项目可控成本分离的原则确定项目经理目标责任成本；施工项目达到的质量目标、安全目标、进度目标和文明施工目标；《施工项目管理制度》规定以外的由法定代表人向项目经理的授权；企业对项目经理进行奖惩的依据、标准、办法及应承担的风险；项目经理解职及项目经理部解体的条件及办法；《项目管理目标责任书》争议的行政解决办法 4. 对跨年度施工的项目，还应以企业当年下达给项目经理部的综合计划指标为依据，签订《年度项目经理经营责任状》
项目经理	项目经理部内部人员	1. 建立以项目经理为中心的分工负责岗位（横向）管理目标责任制 2. 将各岗位工作职责具体化、规范化，形成分工协作业务管理系统 3. 与各岗位业务人员签订上岗责任状，明确各自的责、权、利
项目经理部	水电专业队；土方运输队；劳务分包队	1. 签约双方是合同关系，是以施工项目分包单位为对象的（纵向）经济责任制 2. 通常以承包工程为对象，以施工预算为依据签订目标责任书 3. 责任书中应明确对承包任务的质量、工期、成本、文明施工等目标要求 4. 责任书中还应明确考核标准，争议纠纷处理办法等责、权、利、效规定
各分包队	作业班组	规定了分包队内部作业班组对质量、进度、安全等方面的管理要求
项目经理部	企业各职能部门	企业各职能部门为施工项目提供服务、指导、协调、控制、监督保证的业务管理责任

（2）施工项目经理责任制管理目标责任的考核

在施工项目经理责任期内，企业成立由主管生产经营的领导、三总师（总工程师、总会计师、总经济师）及经营、工程、安全、质量、财会、审计等有关部门组成的专门的考核领导小组，依据《施工项目管理目标责任书》（或《年度项目经理经营责任状》）对项目经理在考核期内生产经营业绩、履行责任制情况等进行考核。

通常是每月由经营管理部门按统计报表和文件规定，进行政审性考核；每季度由考委会按纵横考评结果和经济效益综合考核；年末进行全面考核。

项目经理部下属的各类责任制，由项目经理部组织，按双方所签订责任状进行月、季度和全年考核。

二、项目经理部

项目经理部是组织设置的项目管理机构，承担项目实施的管理任务和目标实现的全面责任。建设工程实施项目管理，均应在其组织结构中设置项目经理部，尤其是大中型项目。项目经理部由项目经理在组织职能部门的支持下组建，直属项目经理领导，主要承担和负责现场项目管理的日常工作，在项目实施过程中其管理行为应接受企业职能部门的监督和管理。

项目经理部为一次性组织机构，其设立严格按照组织管理制度和项目特点，随项目的开始而产生，随项目的完成而解体，在项目竣工验收、审计完成后或按合同约定解体。

1．设置施工项目经理部的依据

（1）根据所选择的项目组织形式组建

不同的组织形式决定了企业对项目的不同管理方式，提供的不同管理环境，以及对项目经理授予权限的大小。同时对项目经理部的管理力量配备、管理职责也有不同的要求，要充分体现责、权、利的统一。

（2）根据项目的规模、复杂程度和专业特点设置

如大型施工项目的项目经理部要设置职能部（处）；中型施工项目的项目经理部要设置职能处（科）；小型施工项目的项目经理部只要设置职能人员即可。在施工项目的专业性很强时，可设置相应的专业职能部门，如水电处、安装处等。项目经理部的设置应与施工项目的目标要求相一致，以便于管理，提高效率，体现组织现代化。

（3）根据施工工程任务需要调整

项目经理部是弹性的一次性的工程管理实体，不应成为一级固定组织，不设固定的作业队伍。应根据施工的进展，业务的变化，实行人员选聘进出，优化组合，及时调整，动态管理。项目经理部一般是在项目施工开始前组建，工程竣工交付使用后解体。

（4）适应现场施工的需要设置

项目经理部人员配置可考虑设专职或兼职，功能上应满足施工现场的计划与调度、技术与质量、成本与核算、劳务与物资、安全与文明施工的需要。不应设置经营与咨询、研究与发展、政工与人事等与项目施工关系较少的非生产性部门。

2．项目经理部建立的程序

项目经理部建立的程序如图 2-1 所示。

3．项目经理部的构成

项目经理部的组织结构应根据项目的规模、结构、复杂程度、专业特点、人员素质和地域范围确定。项目经理部的组织结构可简可繁，可大可小，其复杂程度和职能范围完全取决于组织管理体制、项目规模和人员素质。一般由项目经理、技术负责人、施工员、资料员、质量员、材料员、安全员、机械员等构成。常见施工现场项目经理部管理机构如图 2-2 所示。

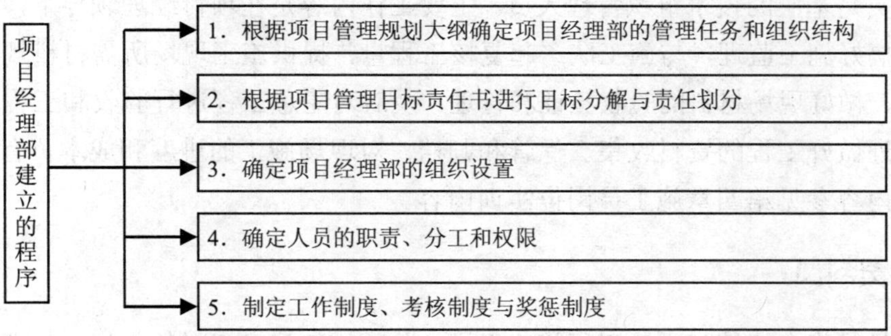

图 2-1　项目经理部建立的程序

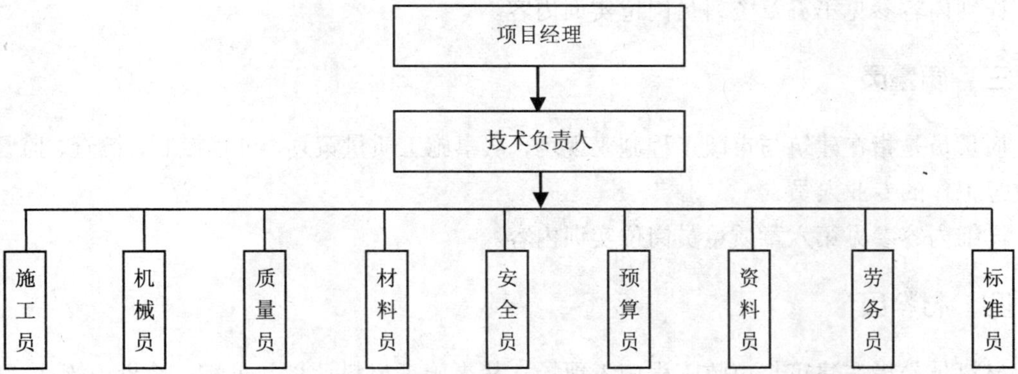

图 2-2　施工现场项目经理部管理机构

第二节　专业岗位介绍及选择

一、施工员

施工员是指在建筑与市政工程施工现场，从事施工组织策划、施工技术与管理，以及施工进度、成本、质量和安全控制等工作的专业人员。

“施工员”岗位，不论是名称还是工作职责，全国各地都有较大不同。一些地方“施工员”与“技术员”的职责没有明确的界限，只设“施工员”或“技术员”岗位。而另一些地方则有“施工员”和“技术员”两个岗位，“技术员”主要从事技术管理等工作，“施工员”主要负责进度协调等工作，但各地一般都设置“技术负责人”。《建筑与市政工程施工现场专业人员职业标准》（JGJ/T 250—2011）中规定，施工员是在技术负责人的主持下参与技术管理等工作。

施工员是基层的技术组织管理人员。主要工作内容是在项目经理领导下，深入施工现场，协助搞好施工监理，与施工队一起复核工程量，提供施工现场所需材料规格、型号和到场日期，做好现场材料的验收签证和管理，及时对隐蔽工程进行验收和工程量签证，协助项目经理做好工程的资料收集、保管和归档，对现场施工的进度和成本负有重要责任。

详细内容参见第四章施工员岗位实训内容。

二、资料员

资料员是指在建筑与市政工程施工现场，从事施工信息资料的收集、整理、保管、归档、移交等工作的专业人员。

资料员是负责工程项目资料档案管理、计划、统计管理及内业管理工作的技术人员。

详细内容参见第五章资料员岗位实训内容。

三、质量员

质量员是指在建筑与市政工程施工现场，从事施工质量策划、过程控制、检查、监督、验收等工作的专业人员。

详细内容参见第六章质量员岗位实训内容。

四、材料员

材料员是指在建筑与市政工程施工现场，从事施工材料计划、采购、检查、统计、核算等工作的专业人员。

材料员是建筑施工企业的关键岗位，建筑施工企业关键岗位必须持证上岗，即在岗或转岗人员均须取得相应的岗位证书方可上岗。材料员主要是负责对该项目的材料采购，进场数量的验收，出场的数量、品种记录，对该项目所进场的各种材料的产品合格证、质检报告的收集，还有对材料的保管，并要对各分项工程剩余材料按规格、品种进行清点记录，及时向技术负责人汇报数字，以便做下一步材料计划。

详细内容参见第七章材料员岗位实训内容。

五、安全员

安全员是指在建筑与市政工程施工现场，从事施工安全策划、检查、监督等工作的专业人员。

安全员的工作职责应符合表 2-2 的规定。

六、机械员

机械员是指在建筑与市政工程施工现场，从事施工机械的计划、安全使用监督检查、成本统计核算等工作的专业人员。

机械员的工作职责应符合表 2-3 的规定。

表 2-2　安全员的工作职责

项次	分类	主要工作职责
1	项目安全策划	(1) 参与制订施工项目安全生产管理计划 (2) 参与建立安全生产责任制度 (3) 参与制订施工现场安全事故应急救援预案
2	资源环境安全检查	(4) 参与开工前安全条件检查 (5) 参与施工机械、临时用电、消防设施等的安全检查 (6) 负责防护用品和劳保用品的符合性审查 (7) 负责作业人员的安全教育培训和特种作业人员资格审查
3	作业安全管理	(8) 参与编制危险性较大的分部、分项工程专项施工方案 (9) 参与施工安全技术交底 (10) 负责施工作业安全及消防安全的检查和危险源的识别，对违章作业和安全隐患进行处置 (11) 参与施工现场环境监督管理
4	安全事故处理	(12) 参与组织安全事故应急救援演练，参与组织安全事故救援 (13) 参与安全事故的调查、分析
5	安全资料管理	(14) 负责安全生产的记录、安全资料的编制 (15) 负责汇总、整理、移交安全资料

表 2-3　机械员的工作职责

项次	分类	主要工作职责
1	机械管理计划	(1) 参与制订施工机械设备使用计划，负责制订维护保养计划 (2) 参与制订施工机械设备管理制度
2	机械前期准备	(3) 参与施工总平面布置及机械设备的采购或租赁 (4) 参与审查特种设备安装、拆卸单位资质和安全事故应急救援预案、专项施工方案 (5) 参与特种设备安装、拆卸的安全管理和监督检查 (6) 参与施工机械设备的检查验收和安全技术交底，负责特种设备使用备案、登记
3	机械安全使用	(7) 参与组织施工机械设备操作人员的教育培训和资格证书查验，建立机械特种作业人员档案 (8) 负责监督检查施工机械设备使用和维护保养，检查特种设备安全使用状况 (9) 负责落实施工机械设备安全防护和环境保护措施 (10) 参与施工机械设备事故调查、分析和处理
4	机械成本核算	(11) 参与施工机械设备定额的编制，负责机械设备台账的建立 (12) 负责施工机械设备常规维护保养支出的统计、核算、报批 (13) 参与施工机械设备租赁结算
5	机械资料管理	(14) 负责编制施工机械设备安全、技术管理资料 (15) 负责汇总、整理、移交机械设备资料

七、劳务员

劳务员是指在建筑与市政工程施工现场，从事劳务管理计划、劳务人员资格审查与培训、劳动合同与工资管理、劳务纠纷处理等工作的专业人员。

劳务员的工作职责应符合表 2-4 的规定。

表 2-4　劳务员的工作职责

项次	分类	主要工作职责
1	劳务管理计划	（1）参与制订劳务管理计划 （2）参与组建项目劳务管理机构和制订劳务管理制度
2	资格审查培训	（3）负责验证劳务分包队伍资质，办理登记备案；参与劳务分包合同签订，对劳务队伍现场施工管理情况进行考核评价 （4）负责审核劳务人员身份、资格，办理登记备案 （5）参与组织劳务人员培训
3	劳动合同管理	（6）参与或监督劳务人员劳动合同的签订、变更、解除、终止及参加社会保险等工作 （7）负责或监督劳务人员进出场及用工管理 （8）负责劳务结算资料的收集整理，参与劳务费的结算 （9）参与或监督劳务人员工资支付、负责劳务人员工资公示及台账的建立
4	劳务纠纷处理	（10）参与编制、实施劳务纠纷应急预案 （11）参与调解、处理劳务纠纷和工伤事故的善后工作
5	劳务资料管理	（12）负责编制劳务队伍和劳务人员管理资料 （13）负责汇总、整理、移交劳务管理资料

八、标准员

标准员是指在建筑与市政工程施工现场，从事工程建设标准实施组织、监督、效果评价等工作的专业人员。

标准员的工作职责应符合表 2-5 的规定。

表 2-5　标准员的工作职责

项次	分类	主要工作职责
1	标准实施计划	（1）参与企业标准体系表的编制 （2）负责确定工程项目应执行的工程建设标准，编列标准强制性条文，并配置标准有效版本 （3）参与制订质量安全技术标准落实措施及管理制度
2	施工前期标准实施	（4）负责组织工程建设标准的宣贯和培训 （5）参与施工图会审，确认执行标准的有效性 （6）参与编制施工组织设计、专项施工方案、施工质量计划、职业健康安全与环境计划，确认执行标准的有效性

项次	分类	主要工作职责
3	施工过程标准实施	（7）负责建设标准实施交底 （8）负责跟踪、验证施工过程标准执行情况，纠正执行标准中的偏差，重大问题提交企业标准化委员会 （9）参与工程质量、安全事故调查，分析标准执行中的问题
4	标准实施评价	（10）负责汇总标准执行确认资料、记录工程项目执行标准的情况，并进行评价 （11）负责收集对工程建设标准的意见、建议，并提交企业标准化委员会
5	标准信息管理	（12）负责工程建设标准实施的信息管理

九、专业岗位的选择

根据各专业岗位的定义、工作职责、需具备的专业技能和专业知识（详见第四章至第七章各岗位实训内容中的工作职责、需具备专业技能和专业知识），结合自己的特点、能力、理想等，并通过职业能力测试后（详见本章第三节岗位培训与岗位证书的内容），才具备该岗位上岗资格，并经施工单位人事部门审批通过后，方可选择从事此岗位工作。

第三节　岗位培训与岗位证书

建筑业企业各岗位资格考试内容包括基础课程和专业课程，其中基础课程为《建筑工程专业基础知识》和《建筑工程相关法律法规》；专业课程为各相关岗位对应的专业知识；重点是考查运用相关专业知识和专业技能解决工程实际问题的能力。

一、岗位培训

报考人员需满足学历和职业经历等报考条件后，进行报考登记，待培训学习或自学后参加全省组织的统一考试，合格后颁发岗位证书。

1. 岗位证书的报考

（1）报考条件：参见第四章至第七章各岗位实训第二节中各岗位人员需具备学历和职业经历中的内容。

（2）网上报名：各建筑企业或个人登录管理信息系统进行网上报名，各培训单位登录管理信息系统对报名人员信息进行审核确认。

2. 培训学习

根据“政府指导、个人自愿”原则，开展岗位培训，报考人员可自愿选择参加；任何组织和个人不得强制培训和购买培训教材。岗位培训机构应具备建设类教育培训资质，有相应机构和管理制度；配备与培训任务相适应的教师和管理人员；有与进行培训相适应的场所、设施、设备。举办岗位培训班，应在组织报名前公布培训岗位和科目、培训计划、培训费用。参加施工员培训的学员，需满足表2-6中的课程和课时的规定。

表2-6 建筑业关键岗位培训教学课程课时安排

序号	岗 位	课 程	课时	考核方式
1	土建工程施工员	《建筑工程专业基础知识》 《建筑工程施工技术与管理》 《建筑工程相关法律法规》	56 80 24	省统考
2	土建工程资料员	《建筑工程专业基础知识》 《建筑工程资料管理》 《建筑工程相关法律法规》	56 80 24	省统考
3	土建工程质量员	《建筑工程专业基础知识》 《建筑工程施工验收》 《建筑工程相关法律法规》	56 80 24	省统考
4	建筑工程材料员	《建筑工程专业基础知识》 《建筑工程材料供应与管理》 《建筑工程相关法律法规》	56 80 24	省统考

3．组织考试

各省住房和城乡建设厅在考试前公布考试岗位、考试科目、考试大纲和考试时间，并负责做好考试组织和管理工作。考生从网上打印准考证，按照准考证要求准时参加考试。

4．颁发岗位证书

考试通过的考生，由省住房和城乡建设厅监制、验印和统一编号，核发《岗位资格证书》。

二、岗位继续教育培训

《岗位资格证书》持证人员必须接受规定的继续教育。在3年内接受继续教育的课程和课时安排见表2-7。

表2-7 建筑业关键岗位继续教育培训教学课程和课时安排

序号	岗 位	课 程	课时	考核方式
1	土建工程施工员	《建筑工程施工技术与管理》 《建筑工程相关法律法规》	36 24	省统考
2	土建工程资料员	《建筑工程资料管理》 《建筑工程相关法律法规》	36 24	省统考
3	建筑工程质检员	《建筑工程施工验收》 《建筑工程相关法律法规》	36 24	省统考
4	建筑工程材料员	《建筑工程材料供应与管理》 《建筑工程相关法律法规》	36 24	省统考

继续教育工作由各省住房和城乡建设厅统一安排，各市住房和城乡建设主管部门或经各省住房和城乡建设厅委托的有关单位组织实施，具体教学工作由各省住房和城乡建设厅考核认定的培训机构承担。

对继续教育培训实行登记制度。继续教育培训机构负责在《岗位资格证书》上登记持证人员参加继续教育的情况，并将相关信息资料报各市住房和城乡建设主管部门或各省住房和城乡建设厅委托的有关单位。

三、岗位资格证书的复检

《岗位资格证书》每 3 年复检一次。各市住房和城乡建设主管部门负责复检工作的初审，初审合格后报各省住房和城乡建设厅验印。满足以下条件复检合格：

1）参加规定学时的继续教育培训，且继续教育考试合格。

2）年龄不超过 65 周岁，单位考核胜任本职工作，过去 3 年内从事本岗位工作满 1 年以上，且有持证上岗记录。

3）过去 3 年内无不良行为记录，无行政处罚记录。

四、岗位资格证书的注销

有下列情况之一的，由原发证机构按规定对《岗位资格证书》予以注销：

1）通过不正当手段获得岗位资格证书的。

2）发生重大质量安全责任事故的。

3）严重违反职业道德造成恶劣影响的。

4）因健康原因不能正常工作或死亡的。

5）长期不从事该岗位工作的。

6）复检不合格的。

7）持证人提出注销的。

第三章　单位工程施工的流程

单位工程施工的流程如图 3-1 所示。

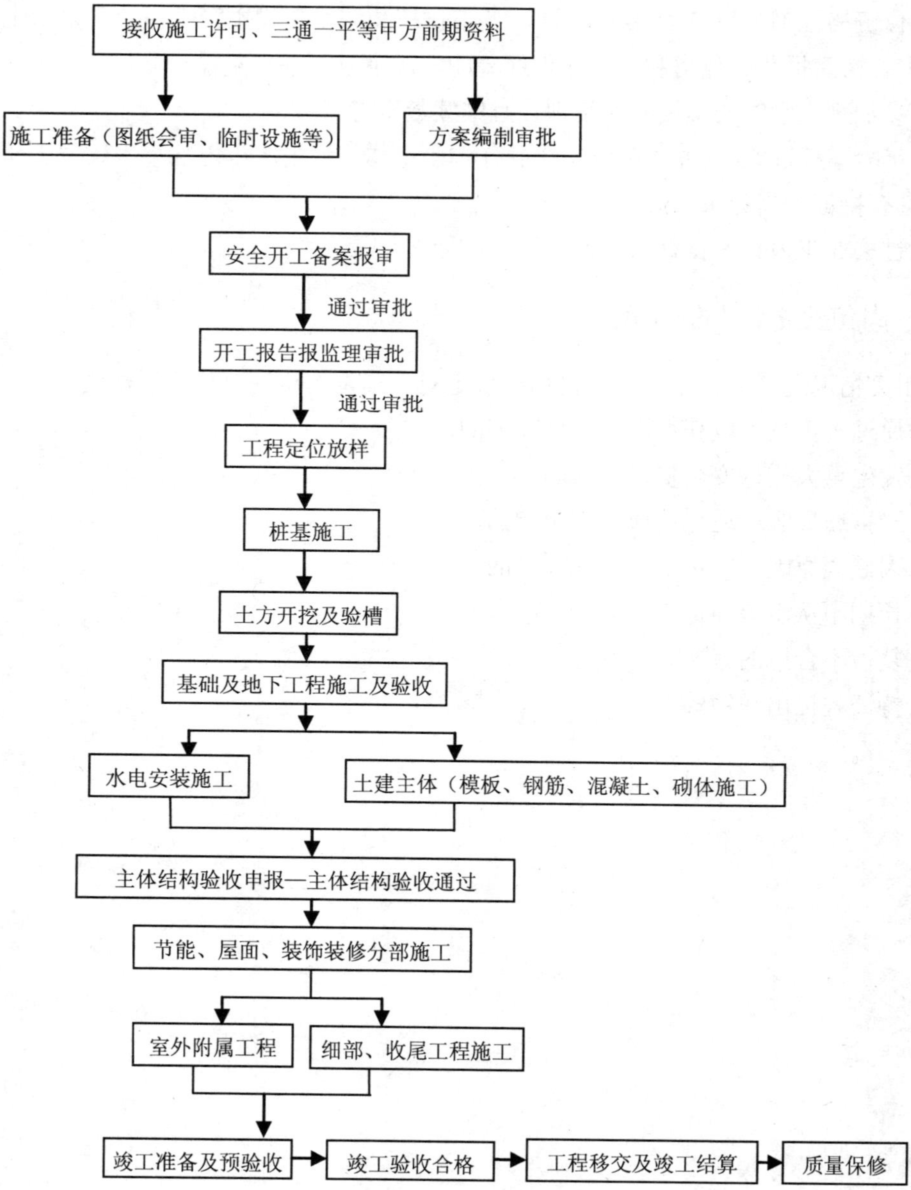

图 3-1　单位工程施工的流程

第一节　施工准备

施工准备工作分为施工技术准备、施工物质条件生产准备、施工现场准备等几个部分。

一、施工技术准备

施工技术准备根据不同的施工阶段划分如图 3-2 所示。

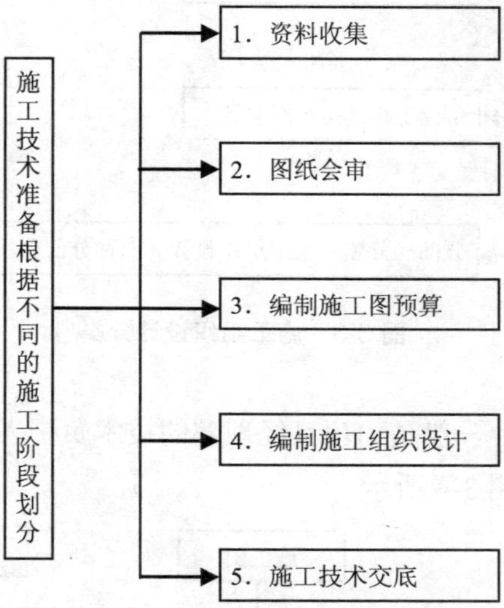

图 3-2　施工技术准备根据不同的施工阶段划分

1．资料收集

在调查阶段，掌握工程所在地区的气象气候资料，以及工程施工的水文地质条件等，对可能给工程施工造成较大影响的不利因素，采取切实可行的相应措施将其影响降低至最小。

2．图纸会审

图纸会审应在开工前进行，如施工图纸在开工前未全部到齐，可先进行分部工程图纸会审。设计图纸分发后 3 个工作日内由建设单位或监理单位负责组织建设单位、设计单位、监理单位、施工单位及其他相关单位进行设计交底。设计交底后 15 个工作日内进行图纸会审。目前，设计交底和图纸会审一般合并举行，具体时间协商确定。

图纸会审的一般程序：建设单位或监理单位主持人发言→设计方图纸交底→施工方、监理方代表提问题→逐条研究→形成会审记录文件→签字、盖章后生效。

3．编制施工图预算

建筑安装工程预算包括建筑工程预算和设备及安装工程预算，下面以单价法为例介绍一般土建工程施工图预算的编制步骤。

编制步骤：收集资料熟悉基础资料→了解施工组织设计和施工现场情况→计算工程量→汇总工程量、套预算定额基价→计算直接工程费→计取各项费用→进行工料分析→编制说明、填写封面、装订成册。

4．编制施工组织设计

根据编制施工组织设计编制的广度、深度和作用的不同，施工组织设计分类如图 3-3 所示。

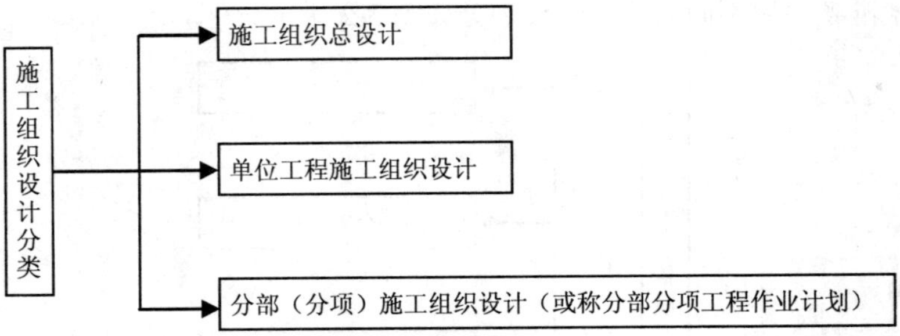

图 3-3 施工组织设计分类

单位工程施工组织设计一般是由项目经理部的技术负责人或施工技术员主持编制。其施工组织设计编制程序如图 3-4 所示。

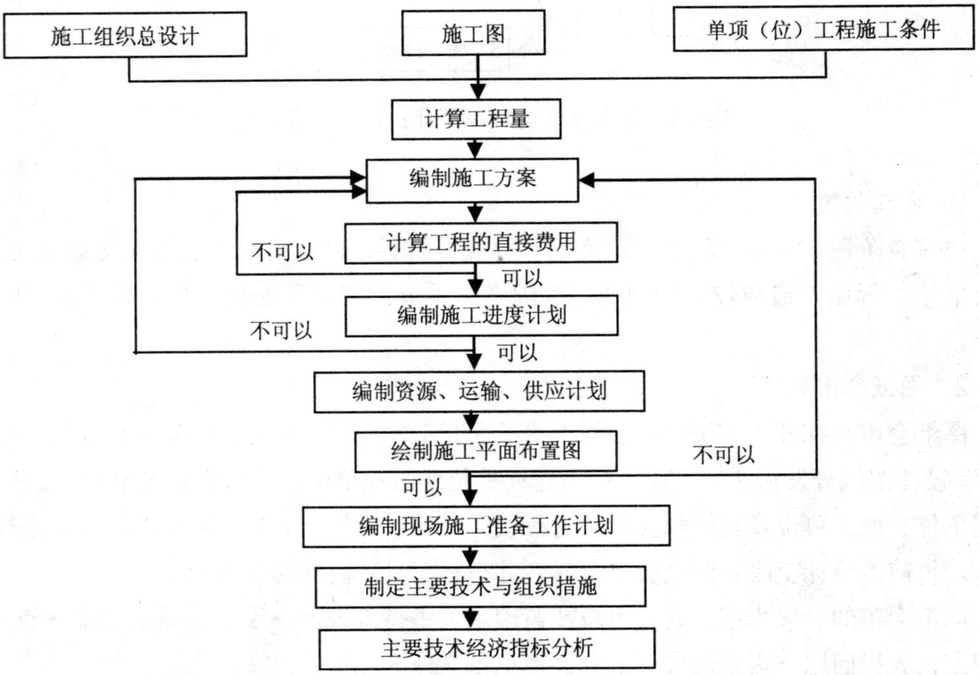

图 3-4 单项（位）工程施工组织设计的编制程序

因为进度的安排取决于施工的方案，因此施工方案拟订后方可编制施工进度计划；因为资源需求量计划要反映各种资源在时间上的需求，因此施工进度计划编制后方可编制资源需求量计划。

5. 技术交底工作

技术交底是项目技术管理的一项经常性工作，可根据工程的实际情况分级、分段进行交底，交底除采用文字交底、口头交底外，必要还可采用图纸、表格、样板、示范操作等形式进行。

1）项目部由项目负责人负责进行逐级技术交底。

2）项目技术负责人（或项目经理）要根据施工进度，分阶段向施工员及有关管理人员进行交底，如图纸交底，一般采用专业会议形式，要做好技术会议记录。

3）在每个分项工程施工前，交底人要向操作班组长进行交底，填写《技术交底书》，交底人和接底人签字后，分别存档。

4）班组长在分项施工前及施工过程中随时向操作人员进行交底，可采用图文及班会等形式，做好记录并存档。

二、施工物质条件生产准备

施工工程中所需的材料、构配件、施工机械品种多、数量大，保证按计划供应，对整个施工过程举足轻重，直接影响工程工期、质量和成本。

1. 材料准备

组织材料相关人员认真熟悉图纸，根据设计图纸及工程施工进度计划编制出详细的材料计划，严把材料质量关，杜绝不合格品进场，相关人员应了解市场行情，及时组织工程材料随工程进度进场。详见第七章材料员岗位实训相关内容。

2. 构配件加工准备

根据施工进度计划和施工预算所提供的各种构配件，提前做好加工、翻样、预制、预埋件加工等工作，并编制相应需求量计划表，按计划有条不紊地实施，以保证施工顺利进行。

3. 施工机械准备

根据施工进度计划和施工预算所提供的施工机械数量，拟订施工机械计划表，按计划组织相应施工机械进场就位。

三、施工现场准备

1. 施工现场测量控制网点校验

施工单位进场后，首先，对建设单位提供施工定位图进行图上复核，以确保设计图纸的正确。其次，会同有关单位做好施工现场测量控制网点的移交校验工作，包括测量控制点以及有关技术资料，并复核控制点，发现误差过大时应与甲方、设计院共同商议处理方法，经确认后方可正式定位。根据给定的控制点，在施工现场内设永久性标桩，并做好保护，作为工程测量的依据。

2．现场三通一平

三通一平是指基本建设项目开工的前提条件，具体指：水通、电通、路通和场地平整。水通专指给水；电通指施工用电接到施工现场具备施工条件；路通指场外道路已铺到施工现场周围入口处，满足车辆出入条件；场地平整指拟建建筑物及条件现场基本平整，简称“三通一平”。

三通一平应该由建设单位提供完成。操作模式一般是建设单位到供水公司、电力公司办理开户，施工一条进出场地的简易道路，达到三通一平的条件后，与施工单位进行三通一平验收，并报国土局建工科备案，以申请施工许可证。但是，在一般合同条件下，三通一平的费用已包含在报价中，建设单位负责外围协调，主要工作内容由施工单位负责完成。

3．临设工程

为确保工程顺利进行，在正式开工前，及时完成加工厂、仓库堆场、交通运输道路、水电动力管网、行政生活福利设施等各项临设工程。

四、开工报告

承包人开工前应按合同规定向监理工程师提交开工报告，主要内容包括：施工机构的建立，质检体系、安全体系的建立，劳力安排，材料、机械及检测仪器设备进场情况，水电供应，临时设施的修建，施工方案的准备情况等。

第二节　基础工程施工

基础施工工艺流程如图 3-5 所示。

一、建筑工程放线

房屋建筑工程放线是从建筑物定位开始的，一直到主体工程封顶都离不开施工放线。其大致分为三个阶段：建筑物定位（放线）、基础施工（放线）和主体施工（放线）。各阶段测量时间、参加人员、放线工具等见表 3-1。

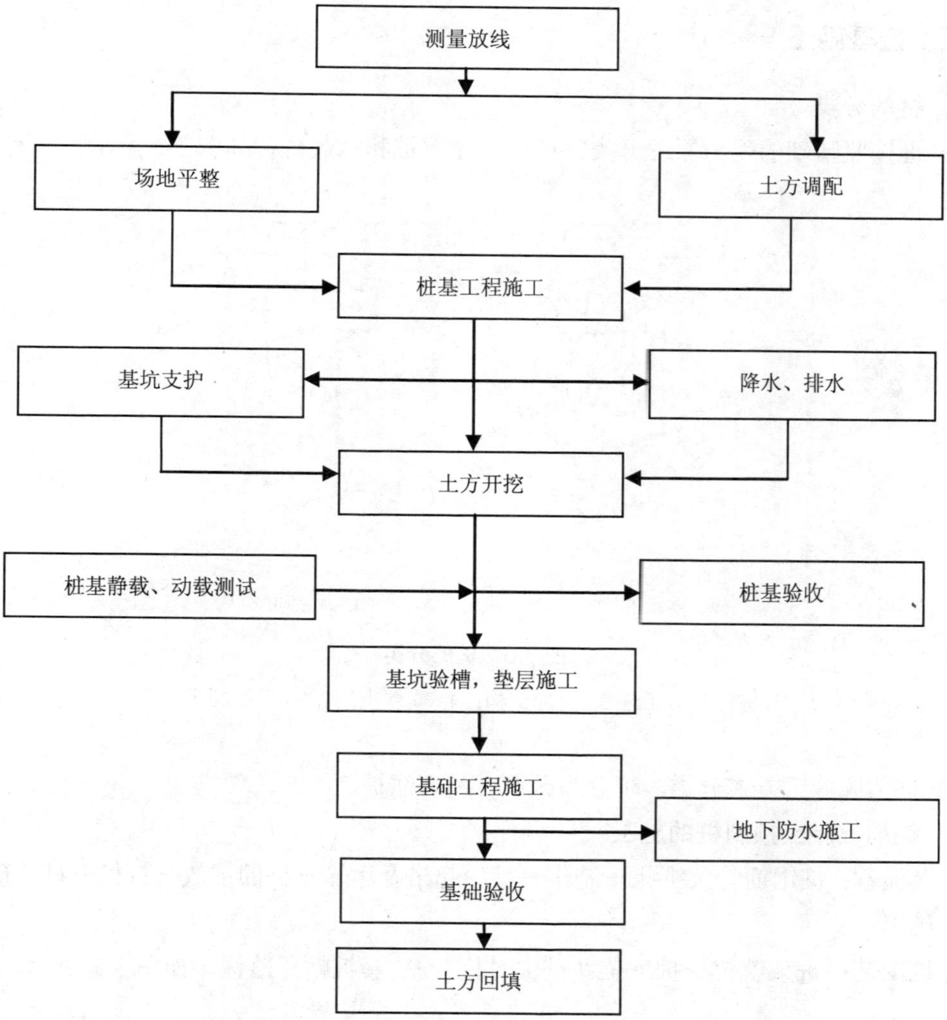

图 3-5　基础施工工艺流程

表 3-1　建筑工程放线阶段

序号	放线名称	主要工作内容	测量时间	参加人员	放线工具
1	建筑物定位	根据规划定位图进行定位，最后在施工现场形成（至少）4 个定位桩	开工后的第一次放线	规划、建设及施工单位人员	全站仪或高级经纬仪
2	基础施工放线	基槽开挖线、所有建筑物轴线的定位桩和基础施工线	基础施工阶段	施工和监理单位相关人员	经纬仪、全站仪、龙门板、线绳、线坠子、钢卷尺
3	主体施工放线	根据轴线定位桩及外引轴线基准线，用经纬仪将轴线打到建筑物上，在建筑物施工层面上弹出轴线，再根据轴线放出柱子、墙体等边线等	主体施工阶段	施工单位和监理单位相关人员	经纬仪、全站仪、线坠子、线绳、墨斗、钢卷尺

二、桩基施工

1. 桩的分类

1）桩按照基础的受力原理分类，可分为摩擦桩和承载桩，如图 3-6 所示。

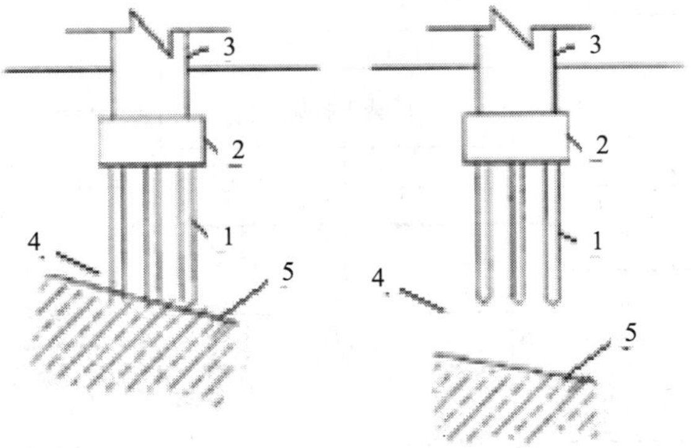

（a）端承桩　　（b）摩擦桩

图 3-6　桩的分类

1. 桩；2. 承台；3. 上部结构；4. 软弱土层；5. 下卧硬土层

2）桩按照施工方式分类，可分为预制桩和灌注桩。

2. 钢筋混凝土预制桩的施工

工艺流程：桩钢筋骨架绑扎→制作→桩的起吊及运输→桩的堆放→打桩→桩头破损→桩承台施工。

打桩工艺：桩架就位→桩就位（桩尖对位）→ 套桩帽→落锤。如图 3-7 所示。

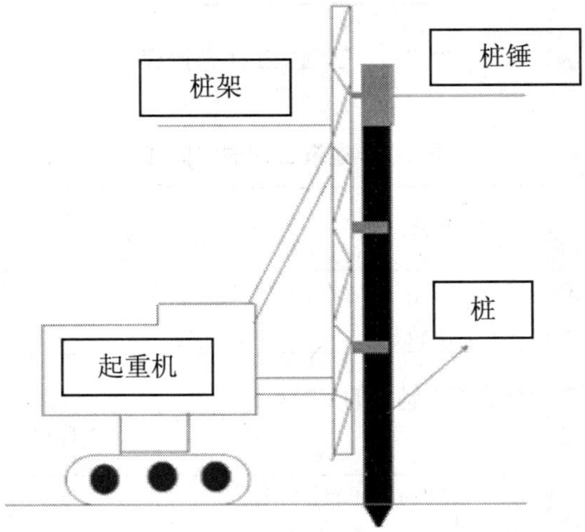

图 3-7　打桩示意图

3．钢筋混凝土桩灌注桩的施工

（1）冲击成孔灌注桩

冲击成孔灌注桩如图 3-8 所示。

图 3-8　冲击成孔灌注桩

工艺流程：场地平整→桩位放线，开挖泥浆池、泥浆沟→护筒埋设→钻机就位、孔位校正→冲击造孔、泥浆循环、清除废浆、钻渣→清孔换浆→终孔验收→下钢筋笼和钢导管→浇注水下混凝土→成桩养护。

（2）振动沉管灌注桩

工艺流程：测量定位、放桩位线→桩机就位→振动沉管→插入钢筋笼→灌注混凝土→边振动边拔桩管→成桩。

（3）锤击沉管灌注桩

工艺流程：测量定位、放桩位线→桩机就位→沉入套管→下钢筋笼→开始浇筑混凝土→边锤击边拔管，并继续浇筑混凝土→成桩。

（4）干作业螺旋钻成孔灌注桩

根据成孔取土方法不同，可分为长螺旋钻成孔与短螺旋钻成孔两种。

工艺流程：放线定桩位→桩机就位→钻孔→清孔→检查成孔质量→下钢筋笼→灌注混凝土→成桩。

（5）正（反）循环泥浆护壁钻孔灌注桩

工艺流程：测量放线、定桩位→埋设护筒→钻机就位→成孔→第一次清孔→桩孔检查→吊放钢筋笼→吊放导管→第二次清孔→灌注水下混凝土→成桩。

三、土方开挖

土方工程施工前应进行挖、填方的平衡计算，综合考虑土方运距最短、运程合理和各个工程项目的合理施工程序等，做好土方平衡调配，减少重复挖运。基坑开挖前，应根据工程结构型式、基坑深度、地质条件、气候条件、周围环境、施工方法、施工工期和地面荷载等资料，确定基坑开挖和地下水控制施工方案。

1. 人工土方开挖

人工土方开挖是指工人以铁锹、镐、手推车等工具进行土方的开挖，主要适用于土质较软、深度不大、工程量较小的管沟、设备基础等土方开挖。

工艺流程：测量放线→分层开挖→排降水→修坡→整平→验槽。

2. 机械土方开挖

机械挖土是采用推土机、铲运机、装载机、挖掘机等设备开挖，配套自卸汽车等进行运输。具有操作机动灵活、运转方便、生产效率高、施工速度快等特点。适用于工业与民用建筑的机械开挖土石方工程，包括基槽（坑）、管沟以及路面基层等挖土工程。

工艺流程：测量放线→选择机械→分层开挖→降、排水→边坡修整或支护→基底整平→验槽。

四、排水降水

1. 排水

建筑工程排水主要是指场地排水和基坑槽（沟）排水。

（1）场地排水

场地开挖常会遇到地下水和地表滞水大量渗入，造成场地浸水，破坏边坡稳定，影响施工进行，因此必须做好现场场地的排水、截水、疏水、排洪等工作，并尽可能减少雨期施工工作量。

（2）基坑槽（沟）排水

开挖基坑槽时遇地下水位高时，一般有设排水沟排水和用井点系统降低地下水位两类方法，其中以设明（暗）沟、集水井排水为施工中应用最为广泛、简单、经济的方法，各种井点主要应用于大面积深基坑降水。集水井排降法如图 3-9 所示。

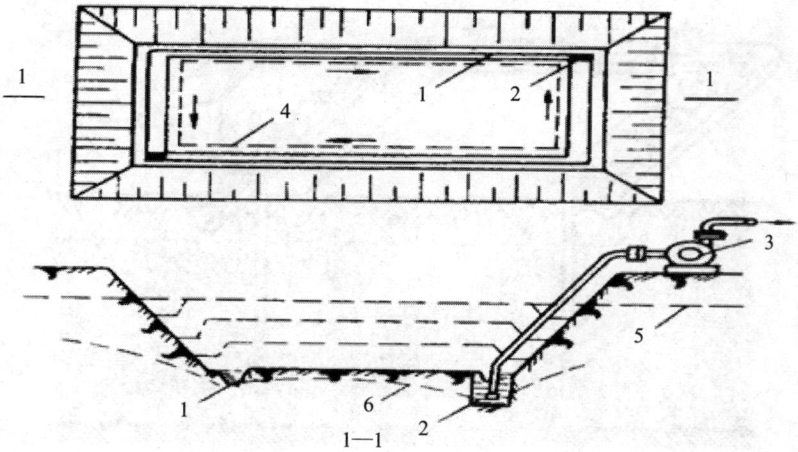

图 3-9 集水井排降法

1. 排水沟；2. 集水井；3. 离心式水泵；4. 基础边线；
5. 原地下水位线；6. 降低后地下水位线

2. 降水

降水又称人工降水，即采用人工降低地下水位的方法将基坑内或基坑内外的水位降低至开挖面以下。在地下水位较高的透水土层中进行开挖时，由于基坑内外水位差较大，较易产生流砂、管涌等渗透破坏现象，有时还会影响边坡或坑壁的稳定。因此，除配合围护结构设置止水帷幕外，还需在开挖前，将基坑内或基坑内外的水位降低至开挖面以下。常用降水类型及适用条件见表 3-2。

表 3-2 常用降水类型及适用条件

降水类型＼适用条件	渗水系数/（cm/s）	可能降低的水位深度/m
轻型井点 多级轻型井点	10^{-2}～10^{-5}	3～6 6～12
喷射井点	10^{-3}～10^{-6}	8～20
电渗井点	＜10^{-6}	宜配合其他形式降水使用
深井井点	≥10^{-5}	＞10

（1）轻型井点降水

1）轻型井点法降低地下水位全貌图如图 3-10 所示。

2）工艺流程：放线定位→铺设总管→冲孔→安装井点管、填砂砾滤料、上部填黏土密封→用弯联管将井点管与总管接通→安装抽水设备与总管连通→安装集水箱和排水管→开动真空泵排气、再开动离心水泵抽水→测量观测井中地下水位变化。

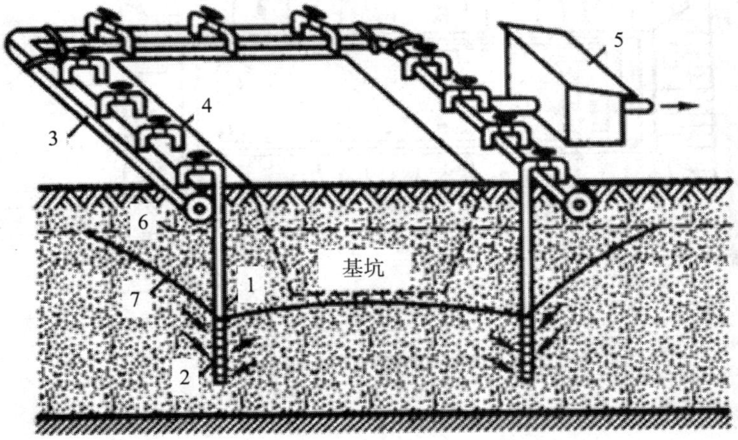

图 3-10 轻型井点法降低地下水位全貌图

1. 井管；2. 滤管；3. 总管；4. 弯联管；5. 水泵房；6. 原有地下水位线；7. 降低后地下水位线

（2）管井井点降水

1）管井井点降水如图 3-11 所示。

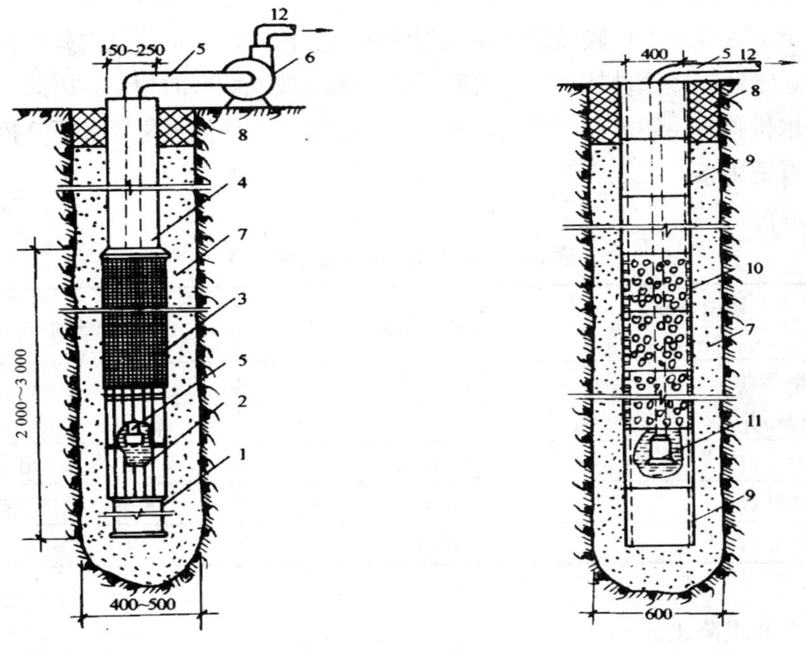

（a）钢管管井　　（b）混凝土管管井

图 3-11 管井井点降水

1．沉砂管；2．钢筋焊接骨架；3．滤网；4．管身；5．吸水管；6．离心泵 7．小砾石过滤层；8．黏土封口； 9．混凝土实管； 10．无砂混凝土管；11．潜水泵；12．出水管

2）工艺流程：施工准备→井点管布置→井点管埋设→水泵设置→井点管使用→井点管拆除。

（3）喷射井点降水

工艺流程：设置泵房，安装进、排水总管→水冲法或钻孔法成井→安装喷射井点管、填滤料→接通、进水、排水总管，并与高压水泵或空气压缩机接通→将各井点管的外管管口与排水管接通，并通到循环水箱→启动高压水泵或空气压缩机抽取地下水→用离心泵排除循环水箱中多余的水→测量观测井中地下水位。

（4）深井井点降水

工艺流程：施工准备→做井口、安护筒→钻机就位、钻孔→回填井底砂垫层→吊放井管→回填管壁与井壁间砂滤层→安装抽水控制电器→试抽→正常降水使用→拆除。

（5）电渗井点降水

工艺流程：施工准备→阴极井点埋设施工准备→阳极埋设施工准备→接通电路→阳极通电→正常降水使用→拆除。

（6）降水对周围地面的影响及预防措施。

1）降水对周围的影响：降低地下水位时，由于土颗粒流失或土体压缩固结，易引起周围地面沉降。由于土层的不均匀性和形成的水位呈漏斗状，地面沉降多为不均匀沉降，可能导致周围的建筑物倾斜、下沉、道路开裂或管线断裂。

2）预防措施：常用回灌井点法、设置止水帷幕法和减缓降水速度法。回灌井点布置示意图如图 3-12 所示。

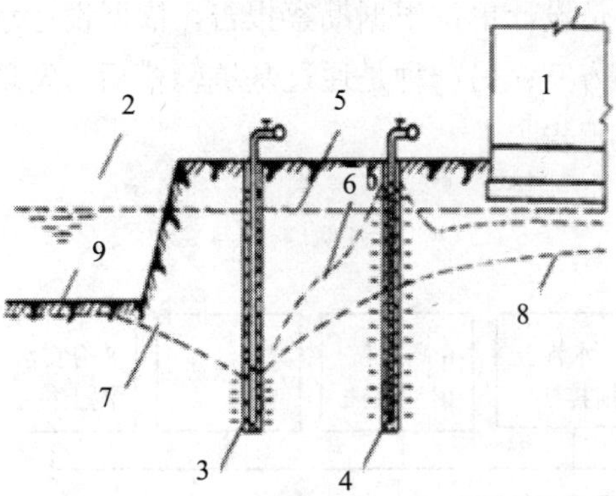

（a）降水与回灌井点

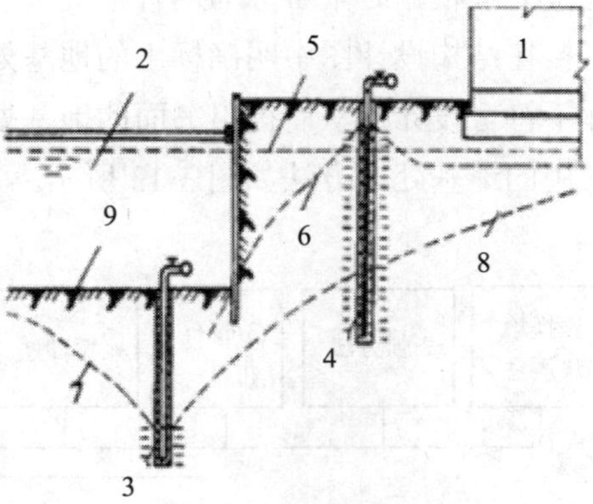

（b）加阻水支护结构的回灌井点

图 3-12　回灌井点布置示意

1. 原有建筑物；2. 开挖基坑；3. 降水井点；4. 回灌井点；5. 原有地下水位线；6. 降灌井点间水位线；7. 降水后的水位线；8. 不回灌时的水位线；9. 基坑底

五、基坑支护

基坑土方开挖受到场地限制不允许按规定放坡或基坑放坡不经济，而采用坑壁竖直开挖时，为防止坍塌，保证安全，采用土壁支撑、支护。基坑支护是指为保证地下结构施工及基坑周边环境的安全，对基坑侧壁及周边环境采用的支挡、加固与保护措施。

基坑支护常采用排桩墙支护结构、水泥土桩墙支护结构、锚杆及土钉墙支护、钢支撑及混凝土支撑系统、地下连续墙等支护结构体系。基坑支护工程一般由专业施工单位进行施工。

六、基坑验槽

所有建（构）筑物基坑均应进行基坑验槽。基坑挖至基底设计标高并清理后，施工单位提出验收申请，由总监理工程师或建设单位项目负责人组织建设单位、监理单位、勘察设计单位及施工单位项目负责人、技术质量负责人，共同按设计及规范进行验槽，合格后方能进行基础工程施工。

七、地基处理

地基是指建筑物基础以下的土体，地基的主要作用是承托建筑物的基础；直接建造在未经加固的天然土层上时，这种地基称为天然地基；若天然地基不能满足地基强度和变形要求，则须事先要经过人工处理后再建造基础，这种地基加固称为地基处理。

地基处理根据时限可分为两种情况，一种是设计单位根据勘察报告，依据设计承载能力而直接在结构设计图中明确标出的地基处理方案；另一种是通过基坑验槽后，发现局部或整体不符合设计，从而提出书面的地基处理报告。

常用的地基处理方法如图 3-13 所示。

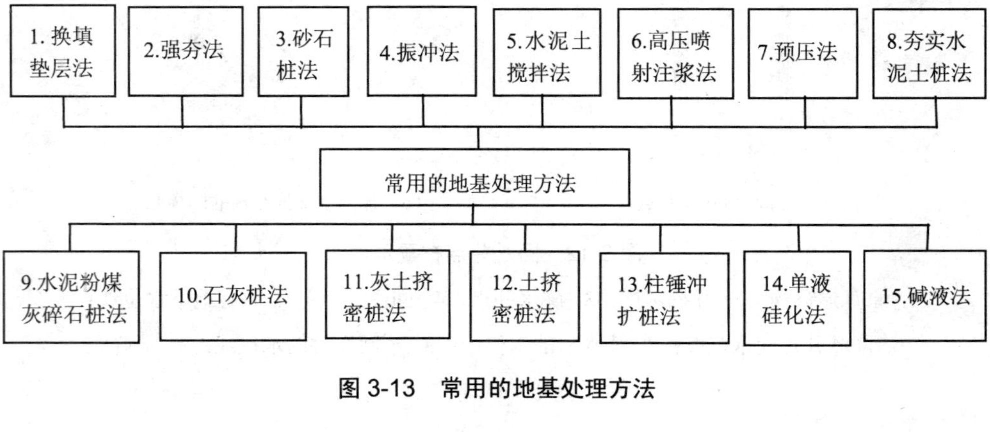

图 3-13 常用的地基处理方法

八、垫层施工

混凝土垫层是钢筋混凝土基础、砌体基础等上部结构与地基土之间的过渡层，用素混凝土浇筑，作用是使其表面平整，便于上部结构向地基均匀传递荷载，也起到保护基础的作用。

工艺流程：基层处理→支模板→混凝土浇筑→养护（可参照第三章第三节三、混凝土工程的相关内容）。

九、基础施工

基础是指建筑底部与地基接触的承重构件，它的作用是把建筑上部的荷载传给地基。

1. 基础的分类

基础按构造形式分类如图 3-14 所示。

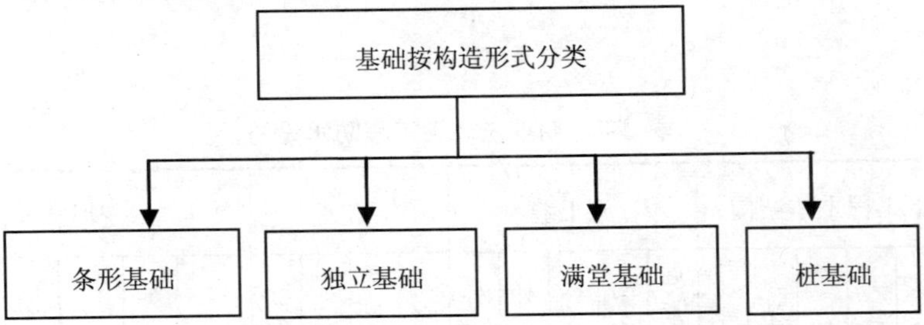

图 3-14　基础按构造形式分类

2. 基础的施工

基础工程根据其材质主要有混凝土基础和砌体基础。砖基础施工详见第三章第三节主体结构工程的相关内容。

混凝土基础工程中主要包括钢筋工程、模板工程和混凝土工程。

（1）钢筋工程

基础钢筋工程的工艺流程：钢筋放样→钢筋制作→钢筋半成品运输→基础垫层→弹钢筋定位线→钢筋绑扎→钢筋验收、隐蔽。

基础垫层施工完后，将基础垫层清扫干净，用石笔或墨斗弹放钢筋位置线，然后将加工好的钢筋按照钢筋位置线布放基础钢筋，接着按照设计和施工规范绑扎钢筋，钢筋经验收合格后进行钢筋的隐蔽。

（2）模板工程

基础模板工程通常采用组合式钢模板、胶合板模板、钢框木（竹）胶合板模板，在箱型基础施工中也可采用工具式大模板。

施工工艺流程：模板制作→定位放线→模板安装、加固→模板验收→模板拆除→模板的清理、保养。

（3）混凝土工程

基础混凝土工程工艺流程：混凝土的搅拌→混凝土运输、泵送与布料→混凝土的浇筑、振捣和表面抹压→混凝土的养护。

基础混凝土工程其他内容详见第三章第三节主体结构工程相关内容。

十、地下防水工程

地下防水是指对工业与民用建筑地下工程、防护工程、隧道及地下铁道等建（构）筑物，进行防水设计、防水施工和维护管理等各项技术工作的工程实体。

地下防水工程分为明挖法和暗挖法。明挖法是指埋置较浅的工程，施工时先从地面挖基坑或堑壕，修筑衬砌之后再回填；暗挖法是指当埋深超过一定限度后，即不挖开地面，采用在地下挖洞的方式施工。

房屋建筑地下工程主要采用明挖法施工，其防水措施根据防水等级不同而采取不同措施，见表 3-3。

表 3-3 明挖法地下工程防水设防

工程部位		地下工程主体结构						施工缝					后浇带				变形缝、诱导缝						
防水措施		防水混凝土	防水砂浆	防水卷材	防水涂料	塑料防水板	金属板	遇水膨胀止水条	中埋式止水带	外贴式止水带	外抹防水砂浆	外涂防水涂料	膨胀混凝土	遇水膨胀止水条	外贴式止水带	防水嵌缝材料	中埋式止水带	外贴式止水带	可卸式止水带	防水嵌缝材料	外贴防水卷材	外涂防水涂料	遇水膨胀止水条
防水等级	1 级	应选 1～2 种						应选 2 种					应选 2 种				应选 2 种						
	2 级	应选 1 种						应选 1～2 种					应选 1～2 种				应选 1～2 种						
	3 级	宜选 1 种						宜选 1～2 种					宜选 1～2 种				宜选 1～2 种						
	4 级	—						宜选 1 种					宜选 1 种				宜选 1 种						

1. 防水混凝土施工

工艺流程：配合比设计→施工技术交底→施工现场准备→防水混凝土拌制→防水混凝土运输→防水混凝土浇筑→防水混凝土养护。

2. 防水砂浆、卷材、涂料等施工

防水砂浆、防水卷材、防水涂料等做法见《地下防水工程质量验收规范》（GB 50208—2011）内容。

十一、土方回填

土方回填是指用人力或机械对场地、基槽（坑）和管沟进行分层回填夯实，以保证达

到要求的密实度。土方回填包括建筑场地、基槽（坑）和管沟、室外散水等回填土工程。

土方回填工艺流程如图 3-15 所示。

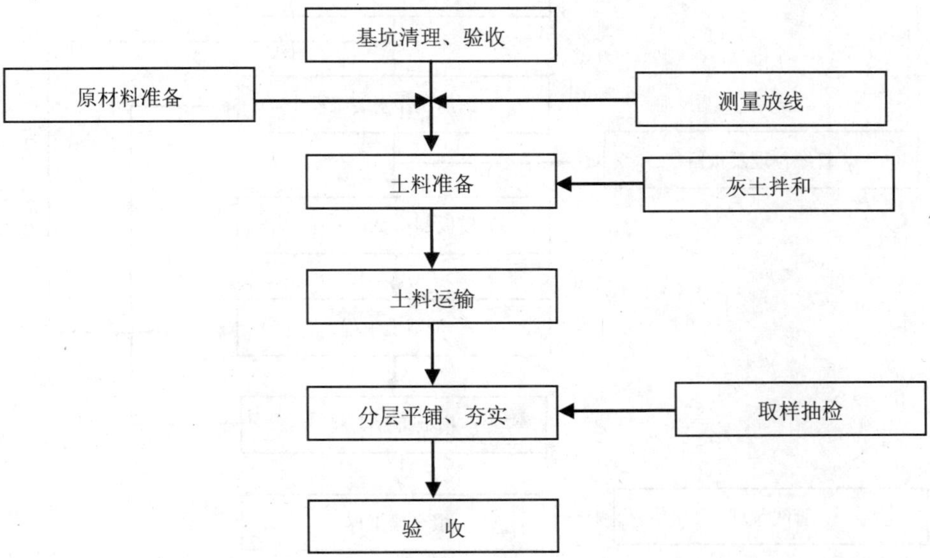

图 3-15　土方回填工艺流程

第三节　主体结构工程

主体结构是指基于地基基础之上，接受、承担和传递建设工程所有上部荷载，维持上部结构整体性、稳定性和安全性的有机联系的系统体系，它和地基基础一起共同构成的建设工程完整的结构系统，是建设工程安全使用的基础，是建设工程结构安全、稳定、可靠的载体和重要组成部分。

主体结构主要包括砖混结构、钢筋混凝土结构和钢结构。

砖混结构建筑工程主体结构是由竖向承重结构的墙、柱等采用砖或者砌块砌筑，横向承重的梁、楼板、屋面板等采用钢筋混凝土结构，包括柱、构造柱、梁、圈梁、砖墙、楼梯、板。其施工顺序为：砖砌体砌筑→构造柱、圈梁钢筋绑扎→构造柱、圈梁模板施工→板模板施工→板钢筋绑扎→浇筑混凝土→循环施工。

框架、剪力墙、框剪或框支等钢筋混凝土结构包括柱、梁、板、墙、楼梯和后砌的填充墙。其施工顺序为：柱、墙钢筋绑扎→柱、墙模板施工→梁、板、梯模板施工→梁、板梯钢筋绑扎→柱墙梁板混凝土浇筑→填充墙砌筑。

钢结构厂房工程主体结构包括钢柱、钢梁、钢屋架、彩钢板墙等。钢结构的墙也可以采用砖墙维护。

目前，钢筋混凝土结构的房屋建筑最多，主要包括钢筋工程、模板工程、混凝土工程和填充墙工程，现以钢筋混凝土结构的房屋建筑为例介绍其施工过程，钢筋混凝土结构土建主体工程的主要工艺流程如图 3-16 所示。

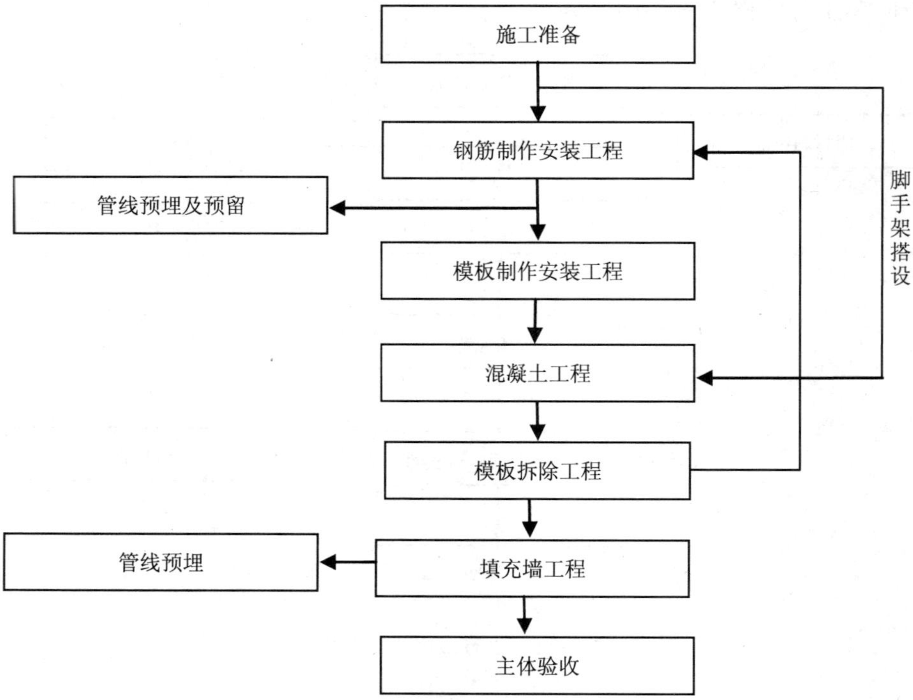

图 3-16 钢筋混凝土结构土建主体工程主要工艺流程

一、钢筋工程

工艺流程：钢筋采购→钢筋进场验收和检验→钢筋堆放及标识→钢筋加工→钢筋绑扎。

1. 钢筋的采购

根据总体施工进度计划安排，编制详尽的材料采购计划。若由建设单位采购，将按有关采购程序密切配合好材料的进场及验收工作，若自行采购，采购中心将统一组织，严格按计划采购供应。为保证所承建工程质量最终达到质量目标和建设单位要求，对项目所使用材料、半成品、机械设备等实行全过程的管理和控制。从送样报批、签订合同、物资采购、供至现场到最终在工程上使用的各个环节，均实行质量把关，将责任落实到人。

2. 钢筋的进场验收和检验

钢筋进场应有出厂质量证明书或试验报告。钢筋表面或每捆钢筋必须有标识，标识上必须写明此部分钢筋炉号、批号、规格型号等内容。进场钢筋由施工单位和监理单位共同验收，验收时要严格按相关规范、设计执行，不合格的钢筋坚决组织退场，并作好相关物资管理记录和重新进场计划。

1）钢筋外观检验。

2）钢筋原材验收。

3）钢筋性能检验。

3．钢筋的堆放

1）堆放场地要求

堆放钢筋的场地要坚实平整，在场地基层上用混凝土硬化或用碎石硬化，并从中间向两边设排水坡度，避免基层出现积水。堆放时钢筋下面要垫垫木或砌地垄墙，垫木或地垄墙厚度（高度）不应小于 20 cm，间距 1 500 mm，以防止钢筋锈蚀和污染。

2）原材堆放

钢筋原材进入现场后，按照地下、地上结构阶段性施工平面图的位置分区、分规格、分型号进行堆放，不能为了卸料方便而随意乱放。

3）半成品钢筋堆放

将加工成型的钢筋分区、分部、分层、分段和构件名称按号码顺序堆放，同一部位钢筋或同一构件要堆放在一起，保证施工方便。

4）钢筋标识

钢筋原材及成品钢筋堆放场地必须设有明显标识牌，钢筋原材标识牌上应注明钢筋进场时间、受检状态、钢筋规格、长度、产地等；成品钢筋标识牌上应注明使用部位、钢筋规格、钢筋简图、加工制作人及受检状态。

4．钢筋的加工

进场钢筋一般均在场内钢筋加工棚加工。

（1）备料

钢筋的调直如图 3-17 和图 3-18 所示。

图 3-17　卷扬机调直

图 3-18　钢筋调直机调直

工程中 HPB235 级钢筋一般采用钢筋调直机进行调直。对于 HRB400 级钢筋，供货厂家在运输过程中能保证钢筋不弯曲、不变形，如果出现弯曲、变形的情况，可采用锤直或扳直的方法进行调直。

钢筋采用冷拉调直时，其冷拉率符合 HPB235 级钢筋冷拉率≤4%；HRB335、HRB400

级和 RRB400 级钢筋冷拉率≤1%。

（2）钢筋的除锈

钢筋加工前，先对由于潮湿或雨水引起的钢筋锈蚀进行除锈。常采用钢丝刷除锈、喷砂除锈、酸洗除锈等方法。

（3）钢筋的加工制作

1）钢筋配料单如图 3-19 所示。

钢筋配料单

工程名称：

钢筋编号	外形尺寸/mm	钢号直径/mm	下料尺寸/mm	一个构件使用根数	构件数量	总根数	重量/kg
构件名称：圈梁							
1	150 2 550	ϕ10	2 850	4	10	40	70.34
2	130 190	ϕ6	799	10	10	100	17.75
3	150 3 450	ϕ10	3 750	4	40	160	370.20
4	130 190	ϕ6	799	16	40	640	113.58
5	150 12450	ϕ10	12 750	4	5	20	157.34
6	130 190	ϕ6	799	61	5	305	54.13
7	150 15 750	ϕ10	16 050	4	5	20	198.06
8	130 190	ϕ6	799	77	5	385	68.33

图 3-19 钢筋配料单

根据工程的施工图纸及规范要求，请各配筋员对工程各部位进行详细的钢筋配置，配置过程中，若发现框架节点、柱及连梁节点钢筋过密，一定要先放样，提前采取措施，便于现场的加工制作。配料单必须先经总包专业配筋审核员审核，无误后交项目总工程师审核签字后方可进行钢筋加工。

2）钢筋的切断：钢筋的切断主要采用钢筋切断机及砂轮切割机对钢筋进行切断。切断时要保证刀片与冲击刀片刀口的距离，直径＜18 mm 的钢筋宜重叠 1～2 mm，直径≥18 mm 的钢筋宜留 3 mm 左右，以保证钢筋的下料长度。

3）钢筋的弯曲成型如图 3-20 所示。

（a）钢筋弯曲过程　　　　（b）钢筋弯曲后成形

图 3-20　钢筋的弯曲成型

5. 钢筋的连接

工程中钢筋连接常采用绑扎搭接、机械连接和焊接连接 3 类。钢筋连接方式的选用应符合设计要求，当设计无规定时，应符合表 3-4 的规定。

表 3-4　钢筋连接方式适用范围

<table>
<tr><th colspan="3" rowspan="2">连接方式</th><th colspan="2">适用范围</th><th rowspan="2">备注</th></tr>
<tr><th>钢筋牌号</th><th>钢筋直径/mm</th></tr>
<tr><td colspan="3">绑扎连接</td><td>HPB235 级、HRB335 级、HRB400 级</td><td>6～20</td><td>主要用于墙、板等现浇混凝土结构中</td></tr>
<tr><td colspan="3">电渣压力焊</td><td>HPB235 级、HRB335 级</td><td>14～40</td><td>用于柱、墙等现浇混凝土结构中竖向或斜向（倾斜度在 4∶1 范围内）受力钢筋的连接；不用于梁、板等构件中水平钢筋的连接</td></tr>
<tr><td colspan="3">闪光对焊</td><td>HPB235 级、HRB335 级、HRB400 级</td><td>10～40</td><td>钢筋的对接应优先采用闪光对焊</td></tr>
<tr><td rowspan="6">电弧焊</td><td rowspan="2">帮条焊</td><td>双面焊</td><td>HPB235 级、HRB335 级、HRB400 级</td><td>10～40</td><td rowspan="2">钢筋帮条焊宜采用双面焊，不能进行双面焊时，也可采用单面焊</td></tr>
<tr><td>单面焊</td><td>HPB235 级、HRB335 级、HRB400 级</td><td>10～40</td></tr>
<tr><td rowspan="2">搭接焊</td><td>双面焊</td><td>HPB235 级、HRB335 级、HRB400 级</td><td>10～40</td><td rowspan="2">钢筋搭接焊宜采用双面焊。不能进行双面焊时，也可采用单面焊</td></tr>
<tr><td>单面焊</td><td>HPB235 级、HRB335 级、HRB400 级</td><td>10～40</td></tr>
<tr><td rowspan="2">坡口焊</td><td>平焊</td><td>HPB235 级、HRB335 级、HRB400 级</td><td>18～40</td><td rowspan="2">主要用于装配式框架结构梁、柱的安装</td></tr>
<tr><td>立焊</td><td>HPB235 级、HRB335 级、HRB400 级</td><td>18～40</td></tr>
</table>

<table>
<tr><th colspan="3" rowspan="2">连接方式</th><th colspan="2">适用范围</th><th rowspan="2">备注</th></tr>
<tr><th>钢筋牌号</th><th>钢筋直径/mm</th></tr>
<tr><td rowspan="3">电弧焊</td><td colspan="2">钢筋与钢板搭接焊</td><td>HPB235 级、HRB335 级</td><td>8～40</td><td>用于预埋件等的焊接</td></tr>
<tr><td rowspan="2">预埋件电弧焊</td><td>角焊</td><td>HPB235 级、HRB335 级</td><td>6～25</td><td rowspan="2">用于预埋件的焊接</td></tr>
<tr><td>穿孔塞焊</td><td>HPB235 级、HRB335 级</td><td>20～25</td></tr>
<tr><td rowspan="4">机械连接</td><td colspan="2">套筒挤压连接</td><td>HRB335 级、HRB400 级、RRB400 级</td><td rowspan="4">16～40</td><td rowspan="4">可连接同径和异径钢筋</td></tr>
<tr><td colspan="2">锥螺纹连接</td><td>HRB335 级、HRB400 级</td></tr>
<tr><td colspan="2">镦粗直螺纹</td><td>HRB335 级、HRB400 级</td></tr>
<tr><td colspan="2">滚压直螺纹</td><td>HRB335 级、HRB400 级</td></tr>
</table>

6．钢筋绑扎

钢筋绑扎安装，根据施工的部位分为基础钢筋、柱钢筋、墙体钢筋、梁钢筋、板钢筋、楼梯钢筋的绑扎。

（1）准备工作

1）按设计要求检查已加工好的钢筋规格、形状、数量是否正确，如有问题应及时解决。检查钢筋有无锈蚀现象，除锈后再运至施工现场。绑扎前彻底清扫垫层表面浮土和杂物。

2）核对成品钢筋的钢筋型号、直径、形状、尺寸和数量等是否与料单牌相符；准备绑扎用的铁丝、绑扎工具（如钢筋钩）、绑扎架等；准备控制混凝土保护层用的塑料垫块等。

3）绑扎前熟悉图纸，确定钢筋穿插就位顺序，并与有关工作做好配合，如支模、水电管线等与绑扎的关系，确定施工方法。

（2）基础钢筋绑扎

基础钢筋绑扎如图 3-21 所示。

图 3-21　基础钢筋绑扎

基础钢筋绑扎常见的基础形式：柱下独立基础、条形基础、片筏基础、箱形基础。根据不同的基础类型，设计人员配置不同的钢筋。

1）钢筋网的绑扎。四周两行钢筋交叉点应每点扎牢，中间部分交叉点可相隔交错扎牢，但必须保证受力钢筋不位移。双向主筋的钢筋网，需将全部钢筋相交点扎牢。绑扎时应注意相邻绑扎点的铁丝扣要呈八字形，以免网片歪斜变形。

2）基础底板采用双层钢筋网时，在上层钢筋网下面应设置钢筋支撑架（马凳）或混凝土撑脚，一般每隔 1 m 梅花形放置，以保证钢筋位置准确。

3）独立柱基础为双向弯曲，其底面短边的钢筋应放在长边钢筋的上面。

4）钢筋弯钩应朝上，不要倒向一边。但双层钢筋网的上层钢筋弯钩应朝下。

5）现浇柱与基础连接用的插筋，其箍筋应比柱的箍筋缩小一个柱筋直径，插筋位置一定要固定牢靠，以免造成柱轴线偏移。

（3）柱钢筋绑扎

柱钢筋绑扎如图 3-22 所示。

工艺流程：套柱箍筋→搭接绑扎或电渣压力焊竖向受力筋连接→画箍筋间距线→绑箍筋。

（4）墙体钢筋绑扎

墙体钢筋绑扎如图 3-23 所示。

图 3-22 柱钢筋绑扎

图 3-23 墙体钢筋绑扎

工艺流程：立 2～4 根竖筋→画水平筋间距→绑定位横筋→绑其余横、竖筋。

（5）梁钢筋绑扎

梁钢筋绑扎如图 3-24 所示。

根据梁钢筋绑扎的位置分为模内绑扎和模外绑扎两种方式。

1）模内绑扎指在模板内将钢筋绑扎成型。

模内绑扎工艺流程：画主次梁箍筋间距→放主次梁箍筋→穿主梁底层纵筋及弯起筋→穿次梁底层纵筋并与箍筋固定→穿主梁上层纵向架立筋→按箍筋间距绑扎→穿次梁上层

纵向钢筋→按箍筋间距绑扎。

图 3-24 梁钢筋绑扎

2）模外绑扎是指先在梁模板上口将钢筋绑扎成型，然后再放入模板内。

模外绑扎工艺流程：画箍筋间距→在主次梁模板上口铺横杆数根→在横杆上面放箍筋→穿主梁下层纵筋→穿次梁下层钢筋→穿主梁上层钢筋→按箍筋间距绑扎→穿次梁上层纵筋→按箍筋间距绑扎→抽出横杆落骨架于模板内。

（6）板钢筋绑扎

板钢筋绑扎如图 3-25 所示。

（a）模板弹线

（b）板筋定位墨线

（c）按定位墨线铺设板筋

（d）板筋成型图

图 3-25 板钢筋绑扎

工艺流程：清理模板→在模板上弹钢筋定位线→绑扎板下层钢筋网片并设置钢筋保护层垫块→设置马凳筋→支座负筋绑扎→局部调整→验收交接。

（7）楼梯钢筋绑扎

楼梯钢筋绑扎如图 3-26 所示。

图 3-26 楼梯钢筋绑扎

工艺流程：画位置线→绑主筋→绑分布筋→绑踏步筋。

二、模板工程

模板工程是指新浇混凝土成型的模板以及支承模板的一整套构造体系，其中，接触混凝土并控制预定尺寸、形状、位置的构造部分称为模板；支持和固定模板的杆件、桁架、联结件、金属附件、工作便桥等构成支承体系；对于滑动模板，自升模板则增设提升动力以及提升架、平台等构成。

1. 模板工程的分类

模板工程根据施工部位的不同可分为垫层模板、基础模板、柱墙模板、楼梯模板、梁板梯模板等。模板工程体系常用方案选择见表 3-5。

表 3-5 模板工程体系常用方案选择

部 位、构 件		模 板 应 用 体 系
垫层模板		100 mm×100 mm 木方，木方斜拉、ϕ25 钢筋限位
独立基础		采用竹（木）胶合板模板
现浇钢筋混凝土墙	普通墙	采用竹（木）胶合板，50 mm×100 mm 木方背楞，ϕ48×3.5 双钢管外楞、ϕ14 的止水对拉螺栓加固
	方柱	采用竹（木）胶合板，50 mm×100 mm 木方背楞，ϕ48×3.5 双钢管外楞，宽度≥800 mm，在柱中用ϕ14@600 mm 的对拉螺栓加固

部 位、构 件	模 板 应 用 体 系
现浇梁板结构	框架梁、顶板竹（木）胶合板，采用 50 mm×100 mm 木方背楞，ϕ48×3.5 扣件式钢管架支撑，梁高度＞700 mm 加一排ϕ 14@600 mm 的对拉螺栓加固。梁自由高度≥1 200 mm，加ϕ 12@600×600 mm 的对拉螺栓加固
楼 梯	底采用 12 mm 厚木胶合板，50 mm×100 mm 木方背楞，ϕ48 钢管，可调支托和扣件式脚手架钢管支撑。踏步采用预加工定型竹胶板

2. 模板工程的施工工艺

工艺流程：方案、交底→模板选定→模板进场→现场验收→支撑体系搭设→模板支设→内部验收→报验→拆模申请→拆模→模板清理→验收。

（1）垫层模板

垫层模板如图 3-27 所示。

垫层采用 100 mm×100 mm 的木方沿垫层边线设置，支撑体系采用钢管支撑在基坑壁上或者采用钢筋棍砸入土中固定，也就是在木方背面固定。木方长度为 4 m，为防止接头处产生错台，木方接头处应附加木方钉牢。

（2）基础模板

基础模板如图 3-28 所示。

图 3-27 垫层模板

图 3-28 基础模板

常见的基础形式有柱下独立基础、条形基础和片筏基础、箱形基础等，模板通常采用钢模板、胶合板模板、钢框木（竹）胶合板模板等，在箱形基础施工中可采用工具式大模板。

工艺流程：抄平、放线（弹线）→模板加工或预拼装→模板安装（杯口芯模安装）→校正加固。

（3）墙体模板

墙体模板常采用竹（木）胶合板模板、组合钢模板和全钢大模板。

工艺流程：找平、定位→组装墙模→安装龙骨、穿墙螺栓→安装拉杆或斜撑→校正垂直度→墙模预检。

1）竹（木）胶合板墙体模板如图 3-29 所示。

（a）室内剪力墙模板　　（b）室外剪力墙外侧模板

图 3-29　墙体模板

2）全钢大模板：大模板支设示意如图 3-30 所示。

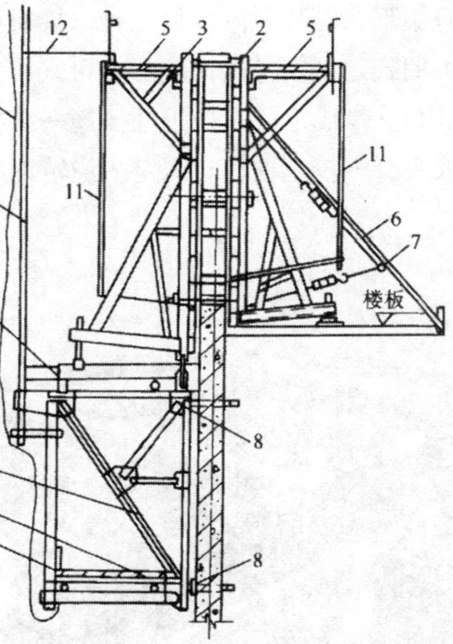

图 3-30　大模板支设示意图

1．三角挂架；2．外墙内侧大模板；3．外墙外侧大模板；4．护身栏；
5．操作平台；6．防侧移撑杆；7．防侧移位花篮螺栓；8．L 形螺栓挂钩；
9．模板支承滑道；10．下层吊笼吊杆；11．上人爬梯；12．临时拉结；13．安全网工艺流程：外墙安装三角挂架、平台板及防护设施→抄平放线→安装内墙门、窗洞模板→安装内墙模板→安装外墙门、窗洞模板→安装外墙模板→调整固定。

（4）柱模板

柱模板如图 3-31 所示。

（a）框架外围柱模板图

（b）柱模加固详图

图 3-31 柱模板

混凝土柱的常见断面有矩形、圆形和附壁柱三种。模板可采用木模板、竹（木）胶合板模板、组合式钢模板和可调式定型钢模板，圆形柱可采用定型加工的钢模板等。

工艺流程：清理柱基杂物→弹线定位→校正柱插筋→绑扎柱筋、安放埋件→模板下口找平→柱模板就位→柱模板组合→校正柱模、固定→浇筑混凝土→拆脚手架、模板→清理模板。

（5）梁模板

梁模板如图 3-32 所示。

图 3-32 梁模板

工艺流程：抄平、弹线（轴线、水平线）→支撑架搭设→支柱头模板→铺梁底模板（按规范起拱）→支梁侧模板→复核梁模尺寸及位置→支梁另一侧模板→绑扎梁钢筋→支板模板→与相邻梁板连接固定→检查验收。

1）支撑架搭设。其中扣件式钢管脚手架是最常用的模板支撑架，如图 3-33 所示。

图 3-33 扣件式钢管脚手架搭设

2）梁底模铺设如图 3-34 所示。

3）梁侧模板支设如图 3-35 所示。

图 3-34 梁底模铺设

图 3-35 梁侧模板支设

（6）顶板模板

顶板模板如图 3-36 所示。

工艺流程：搭设满堂脚手架→主龙骨→次龙骨→柱头模板龙骨→柱头模板顶板模板→拼装→顶板内、外墙柱头模板龙骨→模板调整验收→进行下一道工序。

（a）顶板模板上部平面图

（b）顶板模板下部加固图

图 3-36　顶板模板

（7）楼梯模板

楼梯模板如图 3-37 所示。

（a）楼梯底板支设

（b）楼梯踏步模板支设

图 3-37　楼梯模板

常见的楼梯有板式楼梯和梁式楼梯，其支模工艺基本相同。

工艺流程：弹控制线→支架搭设→铺底模（含外帮板）→钢筋绑扎→楼梯踏步模板→模板检查验收。

（8）密肋楼板模壳模板

密肋楼板模壳模板如图 3-38 所示。

工艺流程：抄平放线→立支柱、安装水平拉杆→框架梁支模→在梁侧模板上分出模壳位置线→安装支托角钢（或桁架梁）→排放模壳→堵气孔→刷脱模剂→有胶带堵缝。

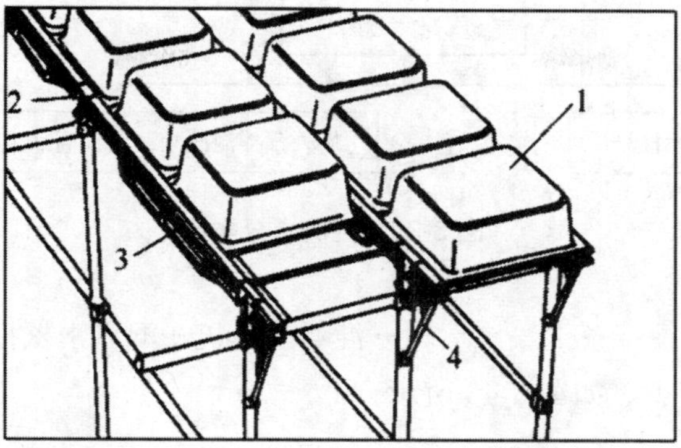

图 3-38　密肋楼板模壳模板

1. 模壳；2. 柱头；3. 梁；4. 悬挑斜撑

（9）压型钢板模板

工艺流程：抄平放线→压型钢板模板按轴线、房间位置吊装就位在钢梁或支承龙骨上→拆捆、人工铺设→校正→板端与钢梁点焊固定或与支承龙骨钉牢→支设模板临时支撑（用于混凝土梁）→模板纵向搭接点焊连接→焊接栓钉→清理模板表面→检查验收。

（10）现场预制构件模板

工艺流程：场地平整夯实→胎模→放样→模板配制→刷隔离剂→支模→模板检查验收。

（11）模板拆除

模板的拆除顺序：柱墙模板→楼板模板→梁侧模→梁底模。

模板拆除按先拆非承重模板，后拆承重模板；先拆侧模板，后拆底模板的原则进行。拆模时，严禁用大锤和撬棍硬砸硬撬，工作人员应站在安全处，以免发生事故，待该段模板全部拆除后，方准将模板、配件、支架等运出码堆。拆下的模板、配件等，严禁抛扔，要有人接应传递，按指定地点堆放，并做到及时清理、修理和涂刷好隔离剂，以备使用。

拆除竖直面模板，应自上而下进行；拆除跨度较大的梁下支柱时，应先从跨中开始，分别拆向两端。

拆除梁、楼板底模时，应先松动木楔或降低支架，然后逐块或分片拆除。拆除的模板用绳吊至地面，不得从高空扔下。

多层楼板支柱的拆除，应按下列要求进行：上层楼板正在浇筑混凝土时，下一层楼板的模板支柱不得拆除，再下一层楼板的支柱，仅可拆除一部分，跨度为≥4 m 的梁下均应保留支柱，支柱间距不得大于 3 m。

三、混凝土工程

混凝土分类如图 3-39 所示。

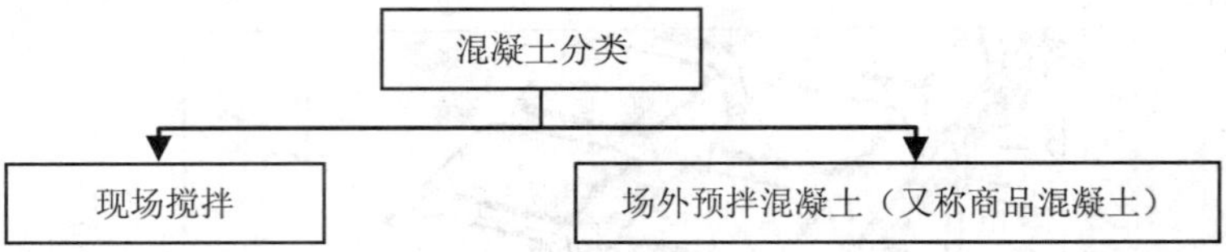

图 3-39 混凝土分类

工艺流程：混凝土搅拌→混凝土运输→混凝土浇筑→混凝土振捣→混凝土养护→混凝土表面缺陷的检查与修整。如图 3-40 所示。

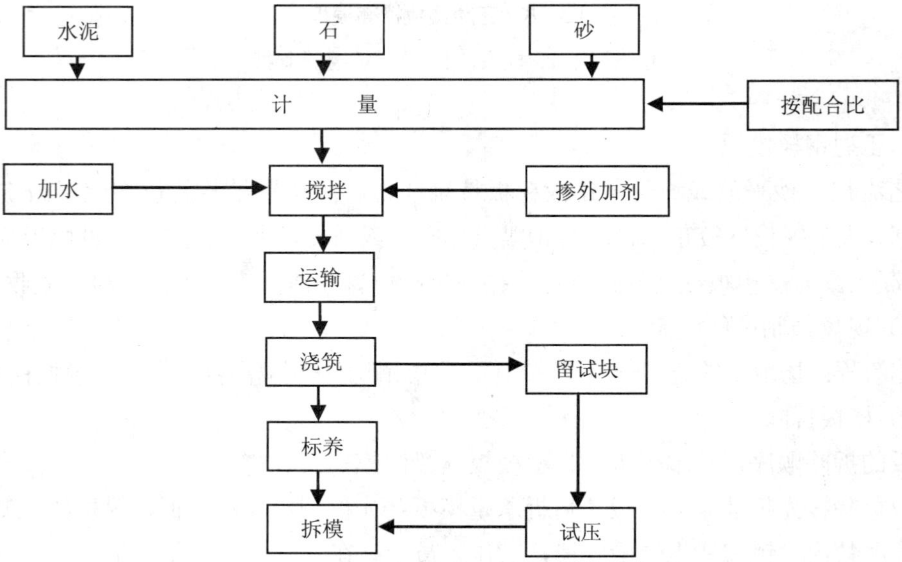

图 3-40 混凝土工艺流程

1．混凝土搅拌

混凝土搅拌可分为现场搅拌和场外预拌。现场混凝土搅拌所用机械分为自落式和强制式两大类。商品混凝土生产流程如图 3-41 所示。

2．混凝土运输

混凝土水平运输常采用手推车、机动翻斗车、混凝土运输车等；垂直运输常采用地泵、汽车泵及塔式起重机等运输。零星工程可采用机动翻斗车运输，大部分工程都需泵送运输。

泵送混凝土宜采用商品混凝土，一般用混凝土搅拌运输车运送至施工现场，然后采用地泵或汽车泵输送到浇筑部位。图 3-42、图 3-43 分别为地泵运输混凝土与汽车泵运输混凝土。

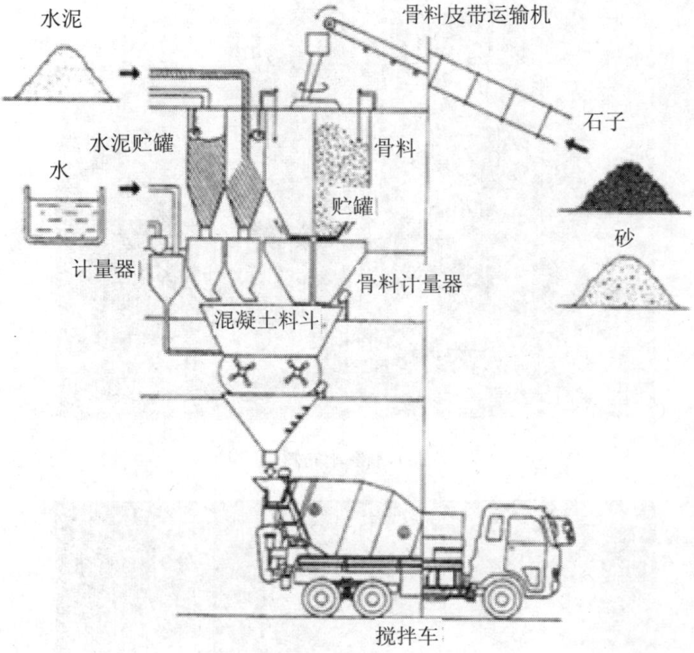

图 3-41　商品混凝土生产流程

图 3-42　地泵运输混凝土

图 3-43　汽车泵运输混凝土

运输的混凝土，要求到浇筑地点应符合混凝土浇筑时规定的坍落度。且保证混凝土运至浇筑地点后，不离析、不分层、组成成分不发生变化，并保证混凝土施工所需要的工作性能。运送混凝土的容器和管道，要不吸水、不漏浆，并保证卸料及输送通畅。容器和管道在冬季、夏季都要有保温或隔热措施。

3．混凝土浇筑

混凝土浇筑如图 3-44 所示。

（a）混凝土布料

（b）混凝土找平

（c）混凝土浇筑成型

图 3-44 混凝土浇筑

4．混凝土养护

混凝土浇筑完毕，为保证已浇筑好的混凝土在规定龄期内达到设计要求的强度，并防止产生收缩，应按施工技术方案及时采取有效的养护措施，分常温养护和冬期施工养护。

（1）常温养护

1）覆盖浇水养护。

2）薄膜布养护，如图 3-45 所示。

3）薄膜养生液养护，如图 3-46 所示。

图 3-45 薄膜布养护

图 3-46 薄膜养生液养护

（2）冬期施工养护

混凝土冬期施工养护方法有蓄热法、综合蓄热法、蒸汽养护法、电加热法、暖棚法、负温养护等方法，其中以蓄热法、综合蓄热法为主。

1）混凝土原材料的加热、搅拌、运输以及浇筑：

① 混凝土原材料的加热优先采用加热水的方法，当加热水不能满足时，再对骨料进行加热。

② 混凝土的拌制：掺用防冻剂的混凝土，当防冻剂为粉剂时，按配合比计量准确后投入。当防冻剂为液体时，应先配制成规定浓度的溶液，然后再根据使用要求，用规定浓度溶液再配制成施工溶液。各溶液应分别置于明显标志的容器内，不得混淆，每班使用的外加剂溶液应一次配成。

③ 混凝土在运输、浇筑过程中的温度和覆盖的保温材料热工计算应按规范进行计算。当不符合要求时，应采取措施进行调整。

2）混凝土蓄热法和综合蓄热法养护：当室外最低温度不低于−15℃时，地面以下的工程，或表面系数 M 不大于 5 m^{-1} 的结构，应优先采用蓄热法养护。对结构易受冻的部位，应加强保温措施。

当采用蓄热法不能满足要求时，可选用综合蓄热法养护。综合蓄热法施工应选用早强剂或早强型复合防冻剂，并应具有减水、引气作用。混凝土浇筑后应在裸露混凝土表面采用塑料布等防水材料覆盖进行保温。对边、棱角部位的保温厚度应增大到面部位的 2～3 倍。混凝土在养护期间应防风、防失水。采用组合钢模板时，宜采用整装整拆方案。当混凝土强度达到 1 N/mm^2 后，可使侧模板轻轻脱离混凝土后，再合上继续养护到拆模。

3）暖棚法施工：暖棚法施工适用于地下结构工程和混凝土量比较集中的结构中。

当采用暖棚法施工时，棚内各测点温度不得低于 5℃，并应设专人检测混凝土及棚内温度。暖棚内测温点应选择具有代表性位置进行布置，在离地面 500 mm 高度处必须设点，每昼夜测温不应少于 4 次。

养护期间应测量棚内湿度，混凝土不得有失水现象。当有失水现象时，应及时采取增湿措施或在混凝土表面洒水养护。暖棚的出入口应设专人管理，并应采取防止棚内温度下降或引起风口处混凝土受冻的措施。在混凝土养护期间将烟或燃烧气体排至棚外，注意防火防毒。

四、砌体工程

砌体工程是指普通黏土砖、承重黏土空心砖、蒸压灰砂砖、粉煤灰砖、各种中小型砌块和石材的砌筑。

砌体工程根据材质可分为砖砌体工程、混凝土小型空心砌体工程、石砌体工程、配筋砌体工程和填充墙砌体工程，房屋建筑工程中主要以砖砌体工程、混凝土小型空心砌块砌体工程和填充墙砌体工程为主。

1．砖砌体工程

砖砌体工程主要包括烧结普通砖、烧结多孔砖、蒸压灰砂砖、粉煤灰砖等砌体工程。

（1）砖基础施工

砖基础施工如图 3-47 所示。

图 3-47 砖基础施工

工艺流程：放线，立皮数杆→砖浇水湿润，垫层表面杂物清扫、湿润→砂浆拌制→确定组砌方法→排砖撂底→砌筑→抹防潮层→质量验收。

（2）普通砖墙施工

工艺流程：放线→立皮数杆→基层表面清理、湿润→排砖与撂底→盘角、挂线→砌筑→质量验收。

2. 混凝土小型空心砌块砌体工程

混凝土小型空心砌块砌体工程主要包括普通混凝土小型空心砌块和轻骨料混凝土小型空心砌块（以下简称“小砌块”）工程。

1）小砌块施工

工艺流程：放线→立皮数杆→基层表面清理、湿润→排列砌块→拉线→砌筑→预留洞→质量验收。

2）芯柱施工

工艺流程：放线→立皮数杆→基层表面清理、湿润→排列砌块→拉线→砌筑小砌块同时绑扎构造钢筋→浇灌芯柱混凝土→质量验收。

3. 填充墙砌体工程

填充墙砌体采用空心砖、蒸压加气混凝土砌块、轻骨料混凝土小型空心砌块等砌筑施工。

工艺流程：放线→立皮数杆→排列空心砖和砌块→拉线→砂浆拌制→砌筑→勾缝→质量验收。

蒸压加气混凝土砌块墙施工如图 3-48 所示。

（a）砌块墙施工　　（b）构造柱施工

图 3-48　蒸压加气混凝土砌块墙施工

4. 构造柱设置

构造柱设置如图 3-49 所示。

（a）丁字墙构造柱设置　　（b）变形缝处构造柱设置　　（c）构造柱浇筑成型图

图 3-49　构造柱设置

工艺流程：放线、立皮数杆→基层表面清理、湿润→砂浆拌制→砌墙→构造柱钢筋绑扎→构造柱支模板→浇筑构造柱混凝土→拆模并养护。

第四章　施工员岗位实训

第一节　施工员顶岗实习的目的与任务

一、施工员顶岗实习的目的

顶岗实习是教学计划规定的重要教学环节，是培养全面发展人才的重要措施，属于实践类必修课程。其为实现专业培养目标起着重要作用，也是学生毕业前为参加实际工作的一次预演。通过实习，需达到如下目的：

1．建筑工程技术专业毕业（企业顶岗）实习的目标要求

通过毕业（企业顶岗）实习，加深对工业与民用建筑的单位工程、分部分项工程的施工技术、施工组织与管理的理解，对一般工业与民用建筑施工前的准备工作和整个施工过程有较深刻的认识。进一步了解建筑企业组织结构和企业经营管理模式，熟悉建筑企业项目部主要岗位的工作内容，掌握施工员岗位的工作基本技能。通过企业实践，培养分析问题和解决问题的独立工作能力，为将来参加工作打下良好基础。

2．建筑工程管理专业毕业（企业顶岗）实习的目标要求

通过毕业（企业顶岗）实习，了解建筑构造、结构体系及其特点；加深对典型建筑工程的单位工程、分部分项工程的施工技术、施工组织与管理过程的理解；了解拟订典型分部分项工程的施工方案和控制施工的进度的方法；进一步了解建筑企业的组织结构和企业经营管理方式，对施工项目部的组成，施工成本的控制等内容有所了解。熟悉建筑企业项目部主要岗位的工作内容，掌握施工员岗位的工作基本技能。通过企业实践，培养分析问题和解决问题的独立工作能力，为将来参加工作打下良好基础。

二、顶岗实习的任务

熟悉单位工程开工前和施工过程中的各项准备工作；熟悉图纸自审的重点及图纸会审程序；掌握定位、放线、抄平工作及关键部位、关键过程的技术复核工作；熟悉有关的施工质量验收规范和操作规程；了解工序交接、分部分项工程交接、单位工程竣工等的验收组织及验收程序；掌握施工组织设计的主要内容，了解各施工班组、各专业施工队伍之间的施工程序安排与协调组织；了解技术质量安全交底的内容及组织程序。

第二节 施工员岗位职责与任职资格

一、施工员岗位职责

施工员的工作职责见表4-1。

表4-1 施工员的工作职责

项次	分类	主要工作职责
1	施工组织管理策划	（1）参与施工组织管理策划 （2）参与制定管理制度
2	施工技术管理	（3）参与图纸会审、技术核定 （4）负责施工作业班组的技术交底 （5）负责组织测量放线、参与技术复核
3	施工进度成本控制	（6）参与制订并调整施工进度计划、施工资源需求计划，编制施工作业计划 （7）参与做好施工现场组织协调工作，合理调配生产资源；落实施工作业计划 （8）参与现场经济技术鉴证、成本控制及成本核算 （9）负责施工平面布置的动态管理
4	质量安全环境管理	（10）参与质量、环境与职业健康安全的预控 （11）负责施工作业的质量、环境与职业健康安全过程控制，参与隐蔽、分项、分部和单位工程的质量验收 （12）参与质量、环境与职业健康安全问题的调查，提出整改措施并监督落实
5	施工信息资料管理	（13）负责编写施工日志、施工记录等相关施工资料 （14）负责汇总、整理和移交施工资料

1. 施工组织管理策划

施工组织管理策划主要是指施工组织管理实施规划（施工组织设计）的编制，由项目经理负责组织，技术负责人实施，施工员参与。编制完成后应经企业技术部门及技术负责人审批后，报总监理工程师批准后实施。参照第三章第一节的相关内容。

2. 施工技术管理

施工技术管理工作中的图纸会审、技术核定、技术交底、技术复核等工作由项目技术负责人负责，施工员等参与。

1）测量放线：有两方面工作职责，一是施工员要为测量员具体进行测量工作时提供支持和便利；二是在测量员测量工作完成后，施工员要组织技术、质量等有关人员进行"验线"。

2）技术核定：是项目技术负责人针对某个施工环节，提出具体方案、方法、工艺、措施等建议，经建设（监理）单位和有关单位共同核定并确认的一项技术管理工作。

3）技术交底：由项目技术负责人负责实施。技术交底必须包括施工作业条件、工艺要求、质量标准、安全及环境注意事项等内容，交底对象为项目部相关管理人员和施工作业班组长等。对施工作业班组的技术交底工作应由施工员负责实施。重要或关键分项工程可由技术负责人分别进行质量、安全和环境交底，质量员、安全员实施检查、监督。

4）技术复核：是指技术人员对工程的重要施工环节进行检查、验收、确认的过程。主要包括工程定位放线，轴线、标高的检查与复核，混凝土与砂浆配合比的检查与复核等工作。

3. 施工进度成本控制

1）施工员协助项目经理和技术负责人制订并调整施工进度计划，负责编制作业性进度计划，协助项目经理协调施工现场组织协调工作，落实作业计划。

2）施工员协助项目经理参与现场经济技术鉴证、成本控制和成本核算。

3）施工平面布置的动态管理是指建设规模较大的项目，随着工程的进展，施工现场的面貌将不断改变。在这种情况下，应按不同阶段分别绘制不同的施工总平面图，并付诸实施，或根据工地的实际变化情况，及时对施工总平面图进行调整和修正，以适应不同时期的需要。

4. 质量安全环境控制

施工员协助技术负责人做好质量、安全与环境管理的预控工作，参与安全员或质量员的安全检查和质量检查工作，并落实预控措施和检查后提出的整改措施。

5. 施工信息资料管理

根据施工现场具体实际情况，负责编写施工日志、施工记录等相关施工资料。

二、施工员任职资格

1. 施工员需具备学历和职业经历

施工现场职业实践最少年限见表 4-2。

表 4-2　施工现场职业实践最少年限

岗位名称	施工现场职业实践最少年限/年				
	土建类本专业专科及以上学历	土建类相关专业专科及以上学历	土建类本专业中职学历	土建类相关专业中职学历	非土建类中职及以上学历
施工员	1	2	3	4	—

2. 施工员应具备的专业技能

施工员应具备的专业技能见表 4-3。

表 4-3 施工员应具备的专业技能

项次	分类	专业技能
1	施工组织策划	（1）能够参与编制施工组织设计和专项施工方案
2	施工技术管理	（2）能够识读施工图和其他工程设计、施工等文件 （3）能够编写技术交底文件，并实施技术交底 （4）能够正确使用测量仪器，进行施工测量
3	施工进度成本控制	（5）能够正确划分施工区段，合理确定施工顺序 （6）能够进行资源平衡计算，参与编制施工进度计划及资源需求计划，控制调整计划 （7）能够进行工程量计算及初步的工程计价
4	质量安全环境管理	（8）能够确定施工质量控制点，参与编制质量控制文件、实施质量交底 （9）能够确定施工安全防范重点，参与编制职业健康安全与环境技术文件、实施安全和环境交底 （10）能够识别、分析、处理施工质量缺陷和危险源 （11）能够参与施工质量、职业健康安全与环境问题的调查分析
5	施工信息资料管理	（12）能够记录施工情况，编制相关工程技术资料 （13）能够利用专业软件对工程信息资料进行处理

3. 施工员应具备的专业知识

施工员应具备的专业知识见表 4-4。

表 4-4 施工员应具备的专业知识

项次	分类	专业知识
1	通用知识	（1）熟悉国家工程建设相关法律法规 （2）熟悉工程材料的基本知识 （3）掌握施工图识读、绘制的基本知识 （4）熟悉工程施工工艺和方法 （5）熟悉工程项目管理的基本知识
2	基础知识	（6）熟悉相关专业的力学知识 （7）熟悉建筑构造、建筑结构和建筑设备的基本知识 （8）熟悉工程预算的基本知识 （9）掌握计算机和相关资料信息管理软件的应用知识 （10）熟悉施工测量的基本知识
3	岗位知识	（11）熟悉与本岗位相关的标准和管理规定 （12）掌握施工组织设计及专项施工方案的内容和编制方法 （13）掌握施工进度计划的编制方法 （14）熟悉环境与职业健康安全管理的基本知识 （15）熟悉工程质量管理的基本知识 （16）熟悉工程成本管理的基本知识 （17）了解常用施工机械机具的性能

第三节　施工员实习流程

施工员实习流程：熟悉图纸、规范标准→编制施工组织设计→开工报告申请→测量控制网点校验→基础施工→基础验收→主体结构施工→主体验收。

一、施工准备

1. 图纸自审与会审图纸

图纸自审与会审图纸是施工员进行施工组织管理最基础的工作，而图纸自审的好坏决定了会审图纸的效果。会审图纸的核心就是通过自审图纸的内容，找出问题，提出技术难题，制订解决方案。

（1）自审图纸

一般采用先粗后精，先建筑后结构，先大后细，先主体后装修，先一般后特殊的原则。

1）先粗后精。首先，看平面、立面、剖面，将整个工程的设计图纸粗略地看一遍，使对整个工程的规模、特点、结构情况，使用材料要求等有一个大致的了解。并检查图纸是否齐全、清楚，内容有无漏项。

然后，再一张一张地细看，核对图纸中总尺寸和分尺寸，坐标、轴线、位置、标高、平立面等是否一致，标注是否齐全，有无遗漏、错误之处，各处交叉连接是否相符，门窗型号的位置、尺寸和数量表与平面是否一致等。

2）先建筑后结构。就是先看建筑图，后看结构图，核对建筑图和结构图的轴线位置、尺寸是否一致，前后有无矛盾。

检查立面图各楼层的标高是否与建施平面图相同，再检查建施平面图的标高是否与结施平面图标高相符。建施平面图各楼层标高与结施平面图相应楼层的标高应不完全相同，因建施平面图的楼地面标高是建筑完成面标高，而结施平面图中楼地面标高是结构顶面标高，不包括装修面层的厚度，同一楼层建施平面图的标高应比结施平面图的标高高出 20～50 mm。

检查立面图门窗顶部标高是否与所在层的梁底标高相一致（或即使两者标高一致，但两者不在同一竖向平面内，此时应查看梁下挑耳节点构造）。

检查楼梯踏步的水平尺寸和标高是否有错，检查梯梁下竖向净空尺寸（净高）是否大于 2 m，是否存在碰头现象。

3）结构图部件等大样图及其编号是否与结构布置图相符；钢筋配置是否齐全合适，钢筋尺寸、数量、形状与钢筋表是否相符，特别是配筋有无遗漏和差错，安装有无问题。

4）先大后细。就是先看大图后看细部大样图，搞清细部构造要求和做法，以及节点构造的连接处理是否清楚、合理，核对平面图中标注的大样与大样图的编号、尺寸、形式、做法是否一致，所采用的标准图集编号、类别、型号与图纸是否矛盾，大样图是否齐全，有无遗漏。

5）先主体后装修。就是先看主体结构部分，后看装修部分（包括装饰、防火、保温、隔垫、隔声等）以及其他特殊装修部位构造和材质要求。

6）先一般后特殊。就是先看一般建筑结构部位，熟悉基本尺寸、标高、部位、构造和要求后再看特殊部位和要求（如地基处理、变形缝的设置、防火处理、抗震构造等），搞清构造和处理方法；有无使用特殊材料，其品种、规格、数量能否满足需要等。

（2）图纸会审

1）施工员在图纸会审过程中重点校验和提出的内容如下：

① 图纸是否经设计单位正式签字，是否盖有设计成果章、图纸审核章。

② 施工图建筑面积与施工许可证的建筑面积是否有矛盾。

③ 总平面与施工图的几何尺寸、平面位置、标高尺寸等是否一致。

④ 建筑施工图中的节点详图与结构施工图之间是否有矛盾。

⑤ 几个设计单位共同设计的图纸相互间有无矛盾；专业图纸之间、平立剖面图之间有无矛盾；标注有无遗漏。

⑥ 预埋、预留孔洞是否遗漏，设备与土建专业之间是否有错、漏、碰、缺。

⑦ 明确各专业施工图纸中未说明或未作交代的做法，明确特殊专业分包与土建安装之间的交接部位及做法。

⑧地基处理方法是否合理，建筑与结构构造是否存在不能施工、不便于施工的技术问题，或容易导致质量、安全、工程费用增加等方面的问题。

⑨材料能否代换；新材料、新技术的应用是否有问题。

⑩明确建设单位对图纸更改的建议和要求以及具体做法。

2）图纸会审的程序：详见第三章第一节的相关内容。

3）图纸变更或修改：分为设计方提出的变更、建设方提出的变更和施工方提出的变更。

① 设计方提出的变更：以“设计变更通知单”形式通知项目部，其中必须有建设方对变更的明确意见。

② 建设方提出的变更：以“工程联系单”形式经设计方认可通知项目部，如涉及结构变更等重要技术变更须经设计方审核后加盖公章。

③ 施工方提出的变更：对于图纸会审纪要中未明确或遗漏的问题，或为方便施工及降低成本，项目部可根据实际情况提出合理化建议，但必须符合国家、地方及行业的法规、标准，并经项目部技术负责人批准后以“工程联系单”形式报建设单位审批。

上述所有变更均应以设计方书面通知为准，涉及重新出图的重大修改部分，必须按规定重新进行会审。

2．熟悉规范标准

规范标准是编制施工组织设计、专项施工方案、质量计划和安全生产管理计划等的依据，更是指导施工、控制施工过程的保障。因此，在工程施工前，施工员一方面应提前熟悉相关技术标准、规范；另一方面应根据所熟悉的设计图纸具体内容，寻找针对性的规范标准并深入学习掌握，以便在正式施工前或施工过程中对规范标准及时、正确的应用。

3．施工组织设计及技术交底

（1）施工组织设计

施工单位进驻施工现场后，根据施工现场具体情况、设计及图纸会审内容和投标用施工组织设计，施工员与技术负责人进行编写用于指导具体施工的施工组织设计。其中编制施工方案、施工进度计划和施工平面图是最核心的内容，即“一案一表一图”。其主要内容、流程等详见第三章第一节的相关内容。

（2）技术交底

作为施工员岗位，重点是对分项工程的技术交底。

1）分项工程技术交底的主要内容：

① 所执行的标准、规范。

② 作业条件及其要求。

③ 施工准备：作业面准备、工具准备、劳动力准备、对设备和机具的要求。

④ 操作流程。

⑤ 操作工艺及特点。

⑥ 检查手段、方法。

⑦ 成品保护措施。

⑧文明施工、施工安全、环境保护等要求。

2）分项工程技术交底组织程序：技术交底一般由施工员进行编写，采用三级制，即项目部技术负责人→专业施工员→各班组长。技术交底要结合具体操作部位、关键部位的质量要求，操作要点及注意事项等进行详细的交底，交底均有书面文字及图表，进行级级交底签字。施工员应反复详细地向作业班组进行交底，班组长在接受交底后，应组织工人进行认真讨论，全面理解施工意图，确保工程的质量和进度。技术交底记录见表 4-5。

表 4-5 技术交底记录

编号：

<table>
<tr><td>工程名称</td><td colspan="2"></td><td>交底时间</td><td colspan="2">年 月 日</td></tr>
<tr><td colspan="6">交底提要：</td></tr>
<tr><td colspan="6">交底内容：
（包括工程中的关键性施工技术问题：保证施工质量的施工方法、技术措施和安全措施、施工质量标准及验收规范的有关条文；施工图中必须注意的尺寸、标高、轴线及预埋件、预留孔位置；设计变更的具体情况；质量和安全操作要求等）</td></tr>
<tr><td>技术负责人</td><td></td><td>交底人</td><td></td><td>接受交底人</td><td></td></tr>
</table>

注：本表由施工单位填写，交底单位与接受交底单位各保存一份。

4．施工现场测量控制网点校验

1）建设单位请规划勘察部门在施工场地以导线形式施测四个施工控制点，形成场地平面控制网，作为建筑物定位地依据。四个施工点用木桩打入地下，用混凝土加固，木桩上钉小铁钉作为中心标志，在小铁钉顶面施测高程，并出具施工点测量报告。

2）施工单位核算测量报告中各施工点坐标（Y，X）与其边长（D）、右夹角（β）是否对应，常采用坐标反算法进行复核。

$$\left.\begin{aligned}\Delta y_{ij} &= y_j - y_i \\ \Delta x_{ij} &= x_j - x_i\end{aligned}\right\}\quad \text{坐标增量（}\Delta y_{ij}\text{，}\Delta x_{ij}\text{）}$$

$$D_{ij} = \sqrt{(\Delta y_{ij})^2 + (\Delta x_{ij})^2} \quad \text{（}D_{ij}\text{ 为边长）}$$

$$\phi_{ij} = \arctan\frac{\Delta y_{ij}}{\Delta x_{ij}} \qquad \text{（}\phi_{ij}\text{ 为方位角）}$$

右夹角β_i=（上一边的方位角ϕ_i-1i）－（下一边的方位角ϕ_{ij}）＋180°

从反算结果得：各施工点坐标（X，Y）与其边长（D）、右夹角（β）对应。

3）现场校测施工点坐标

四个施工点相互通视，用测距仪实测各边边长，用经纬仪测各点的右夹角，取实测值与通过报告计算的数值做比较。

4）校测水准点

根据提供的测量报告中 n 个施工水准点，由其中一点出发，沿着另外 n-1 各点依次测量，最后又回到起点，实测中尽量做到前后视线等长，以保证精度。所测高差平均值与已知高度之差小于$\pm 3\ \text{mm}\sqrt{n}$，可确定所给水准点标高正确。

在施工现场内选两处远离路边，受影响小又利于观测地方埋下永久水准点，测出其高程，为以后施工做准备。

5．三通一平及临设施工

三通一平的完善及临设施工是施工员在施工准备阶段的一项重要工作。施工单位根据建设单位现场情况，进一步完善三通一平工作，并结合施工现场具体情况，统筹安排临设工程。临设工程主要包括生产性设施、物资储备设施、生活办公用房屋设施、施工供水设施、施工供电设施。

临设工程要求布点适应生产需求，不占用正式工程位置，避开取土、弃土场地，尽量靠近已有交通线路，或即将新建的正式或临时交通线路。现场布置紧凑，尽量利用施工现场或附近已有的建筑物，包括拟拆除可暂时使用利用的建筑物，必须修建的临时建筑，以经济适用为原则合理选择形式，以便重复利用。临设的布置除考虑上述的原则外，施工员还需对临设进行必要的计算设计，如仓库、办公用房面积、用水量、用电量等（可查阅《施工手册》中的施工组织设计资料）。临设设计的好坏一方面直接影响后期施工的方便与否，另一方面为降低成本起重要的作用。临设的设计一般根据基础、主体、装饰装修三个施工阶段进行分别设计布置。

二、基础施工阶段

实习流程：定位放线→桩基施工→土方开挖、降水排水、基坑支护→基坑验槽→地基处理→垫层施工→基础施工→基础验收→地下防水工程→土方回填。

1．定位放线

房屋建筑工程定位放线的三个阶段如图 4-1 所示。

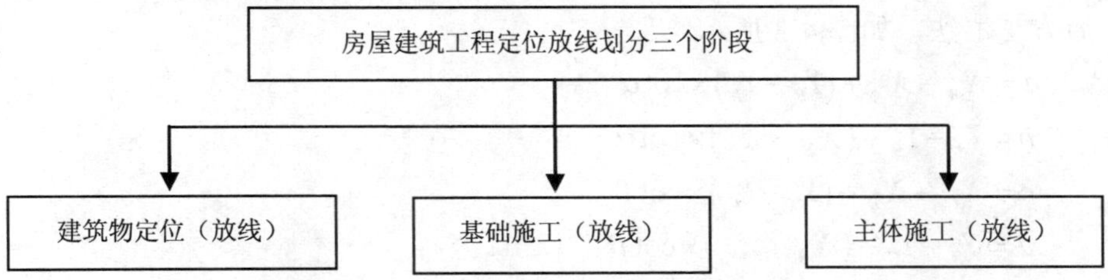

图 4-1　房屋建筑工程定位放线的阶段

（1）建筑物的定位放线

建筑物的定位放线是确定建筑物平面位置和开挖基础的关键环节。施测中须保证精度，杜绝错误，认真熟悉建筑图和结构图。根据施工场地的实际情况考虑桩位的长期稳定的保留，对每栋建筑物测设十字形主轴线，作为定位放线的依据。

由建筑总平面图、桩位总平面图提供的设计坐标计算十字形控制线的交叉点坐标。用角度交汇法确定每栋建筑物十字形主轴线交叉点的位置，将经纬仪设在该位置。用后方交汇法测出交叉点的现场实际坐标，与设计坐标比较。在现场对初步测定的点位进行归化改正，即经纬仪设在初步测定的交叉点上。用极坐标法测出设计坐标位置。为检查测量结果的准确性，把仪器设于这个经过归化的坐标点，对其两个施工坐标点进行观测。测出的夹角与理论的夹角的误差在规范的要求范围内，即满足要求。

1）角度交汇法：

已知条件：A、B、C 坐标及要求 P 坐标，计算出现场测设数据β_1、γ_1、β_2、γ_2角值。然后将经纬仪分别安置在 A、B、C 三个坐标点，测设β_1、γ_1、β_2、γ_2各角，方向线 AP、BP、CP 交点即为所求 P 点，如图 4-2 所示。

当误差三角形的边长不超过精度要求范围，取三角形重心作为 P 点的点位。

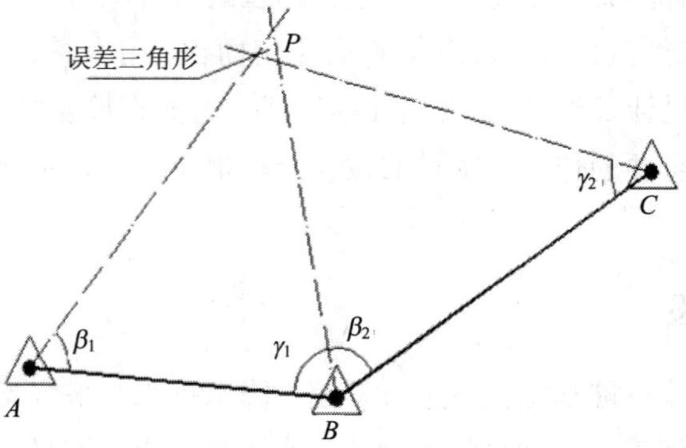

图 4-2　角度交汇法示意图

2）后方交汇法，如图 4-3 所示。

公式：$a = X_B - X_A + (Y_B - Y_A) \times \cot\alpha$

$$b = Y_A - Y_B + (X_B - X_A) \times \cot\alpha$$

$$c = X_C - X_B + (Y_B - Y_C) \times \cot\beta$$

$$d = Y_B - Y_C + (X_B - X_C) \times \cot\beta$$

$$K = \frac{a+c}{b+d}$$

$$X_P = X_B + \frac{a - Kb}{1 + K^2}$$

$$Y_P = Y_B + K \times (X_P - X_B)$$

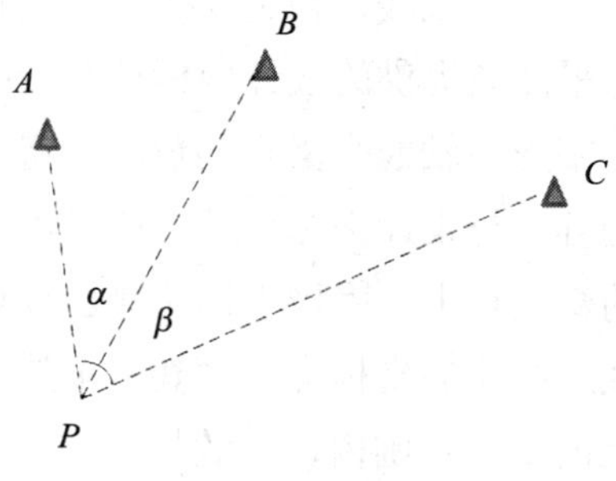

图 4-3　后方交汇法示意图

把交叉点投测在四面的基坑外的木桩上。平面控制法与主轴线的桩位是定位放线的重要依据。当控制网与主轴线测定后应立即对桩位采取保护措施。一般采取在桩上方立三角标或围栅栏等保护措施，并对其他班组施工人员进行保护测量标志的教育。当控制网测定并经自检合格后提请有关主管领导即有关技术部门，通知甲方验线。在收到验线合格通知后，方可正式使用。

（2）建筑物基础（±0.000 m 以下）施工放线

1）平面放样测量：

① 开挖线放样：根据建筑物控制桩或轴线桩，按照基础图和施工方案中工作面预留的尺寸通过计算机绘制挖土、基槽控制线，并计算控制点坐标，利用全站仪进行控制点的放样，并撒出白灰线作为标志。当基槽开挖到接近槽底设计标高时，用全站仪根据计算数据投测出基槽开挖下边线，并撒出白灰线指导开挖。在经自检合格后，要提请监理单位验线，验线合格才可正式开挖。

② 基础施工放样：

a. 基坑验收通过后，立即浇筑混凝土垫层，当基础垫层达到一定强度后，根据平面控制网，检测各主轴线控制桩位，确定无位移偏差后，将电子经纬仪架设在控制桩位上，经对中、整平后，后视同一方向桩（轴线标志），将控制轴线投测到作业面上。然后以控制轴线为基准，以设计图纸为依据，放样出其他轴线和柱边线、洞口边线等细部线，用墨线弹出基础施工中所需要的中线、边界线、墙宽线、柱位线、积水坑线等。细部放样如图 4-4 所示。

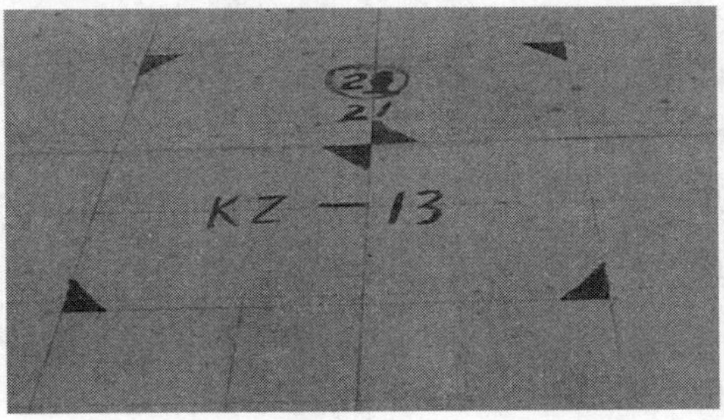

图 4-4　细部放样

b. 支立模板时的测量控制。根据轴线控制点将中心线测设在靠近墙体底部的平面上，并在露出的钢筋上抄测出标高控制线，控制模板平面位置及高度。

模板支立好后，利用吊线坠法校核模板的垂直度，并通过检查线坠与轴线间距离，来校核模板的位置。

当每一施工段测量放线完后，必须进行自检，自检合格后及时填写楼层放线记录表并报监理验线，以便能及时验证各轴线的正确性。

③ 验线时，轴线允许偏差见表 4-6。

表 4-6　轴线允许偏差

主轴线间距（L）	允许偏差/mm
L≤30 m	±5
30 m＜L≤60 m	±10
60 m＜L≤90 m	±15

2）标高控制：

① 标高的定义及分类：

a. 定义：标高表示建筑物某一部位相对于基准面（标高的零点）的竖向高度，是竖向定位的依据。

b. 分类：标高按基准面选取的不同分为绝对标高和相对标高。

绝对标高是以一个国家或地区统一规定的基准面作为零点的标高，我国是把黄海平均海平面定为绝对标高的零点，其他各地标高以此为基准。任何一地点相对于黄海的平均海平面的高差，我们就称它为绝对标高。

相对标高是以建筑物室内首层主要地面高度为零作为标高的起点，所计算的标高称为相对标高。相对标高又可分为建筑标高和结构标高。

建筑标高：在相对标高中，凡是包括装饰层厚度的标高，称为建筑标高，注写在构件的装饰层面上。

结构标高：在相对标高中，凡是不包括装饰层厚度的标高，称为结构标高，注写在构件的底部，是构件的安装或施工高度。

② ±0.000 m 以下标高测设方法。基础一般较深，有时又不在同一标高上，为控制基础和±0.000 m 以下各层的标高，在基础开挖过程中在基坑四周水平打下长木桩，在木桩侧面钉下球帽铁钉，编好号码，并用油漆在桩边写清楚，用吊钢尺的办法，用水准仪根据附近栋号水准点，测出球帽铁钉帽顶高程，对应编号做好记录，最后将水准仪安置在基坑内，校测各铁钉帽顶高程，附和或环线闭合差在±5 mm 内认为合格。施测基础标高时，应后视两处作校核。基础高程测量如图 4-5 所示。

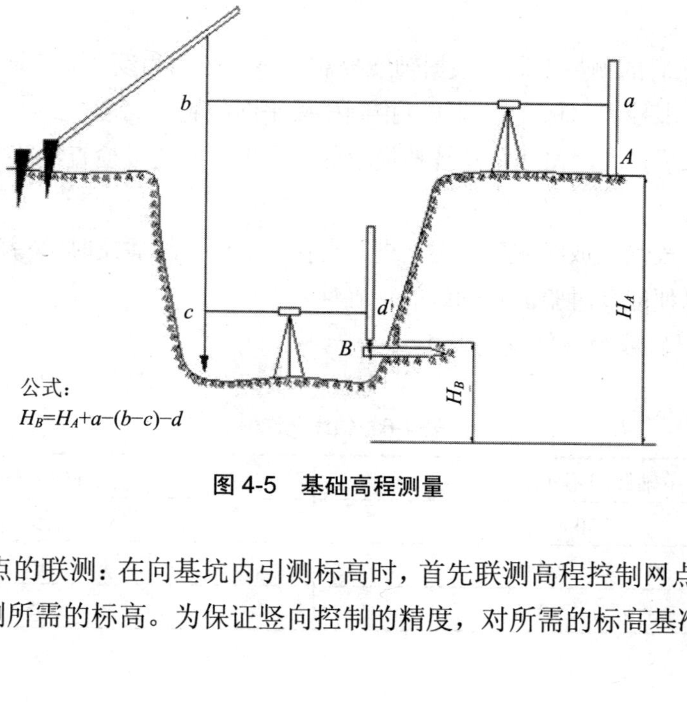

图 4-5　基础高程测量

a. 高程控制点的联测：在向基坑内引测标高时，首先联测高程控制网点，确认无误后，方可向基坑内引测所需的标高。为保证竖向控制的精度，对所需的标高基准点，必须正确测设，坑底所引测的高程点，不得少于 3 个，并作相互校核。校核后 3 点的校差不得超过 3 mm，取平均值作为基坑的标高基准值，基准点应根据基坑情况设置在较稳定位置。

b. 土方开挖标高控制：在土方开挖即将挖到设计底标高时，测量人员要对开挖深度进行实时测量，即以引测到基坑的标高基准点为依据，用 S3 水准仪抄测出挖土标高，并撒出白灰点指导清土人员按标高清土。

c. 施工标高点的测设：施工标高点的测设是以引测到基坑的标高基准点为依据，采用水准仪以中丝读数法进行。施工标高点测设在柱钢筋的侧立面上，并用红油漆做好标记。

d. 标高抄测的精度应控制在允许范围内，标高抄测精度见表 4-7。

表 4-7 标高抄测精度

高度（H）	允许偏差/mm
每层	±3
H <30 m	±5
30 m<H ≤60 m	±10
60 m<H ≤90 m	±15

（3）主体施工（±0.000 m 以上）施工放线

1）平面放样测量：主体结构±0.000 m 以上的轴线测量常采用激光垂准仪内控接力传递法。

① 建筑物内竖向控制网点的测设：为了便于上部结构的定位放线，根据整个建筑物的控制轴线，确定单体工程各自的控制轴线，并在建筑物内、控制轴线的端部设置竖向传递控制点。根据控制点的连线，可将其他建筑物轴线一一放出，直至细部定位尺寸。

a．竖向控制点埋件的埋设：内控点在±0.000 m 平面层楼板相应位置上需预先埋设铁件，并与楼板钢筋焊接牢固。以后在各层施工浇筑混凝土顶板时，在垂直对应控制点位置上预留出ϕ200 mm 孔洞，以便轴线向上投测。

b．竖向控制点预埋件作法：预埋铁件由 100 mm×100 mm×8 mm 厚钢板制作而成，在钢板下面焊接ϕ12 钢筋，且与底板焊接浇筑。预埋件示意如图 4-6 所示。

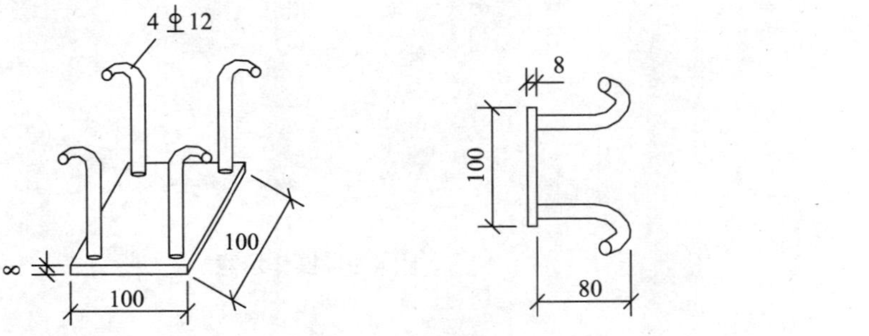

（a）平面图　　（b）断面图　　单位：mm

图 4-6 预埋件示意

② 控制点的测设：待预埋件埋设完毕后，将内控点所在纵横轴线分别投测到预埋铁件上，并用经纬仪进行测角、测边校核，精度合格后作为平面控制依据。内控网的精度不低于轴线控制网的精度。放线内控点标识如图 4-7 所示。

激光接收靶：激光接收靶由 300 mm×300 mm×5 mm 厚有机玻璃制作而成，接收靶上由不同半径的同心圆及正交坐标线组成。接收靶示意如图 4-8 所示。

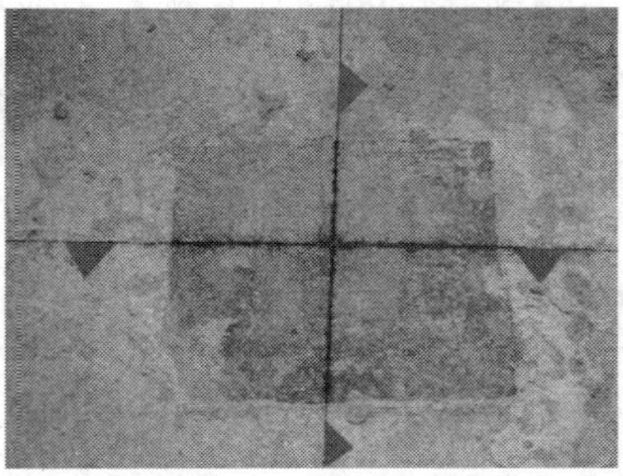

图 4-7　放线内控点标识

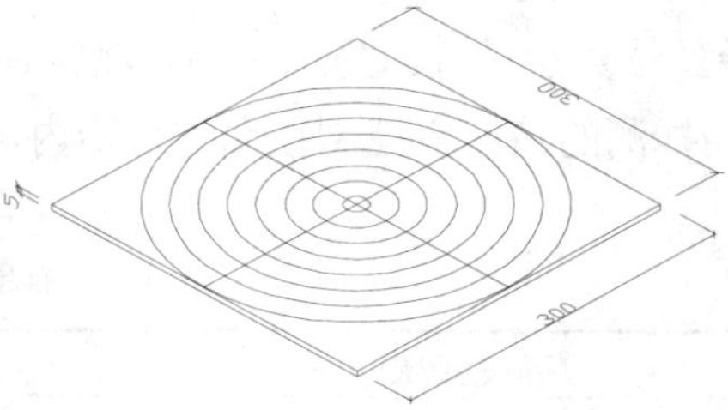

图 4-8　接收靶示意

③ 内控点竖向投测：首先将激光垂准仪安置在已做好的控制点上，对中、整平后，仪器发射激光束，穿过楼板预留洞而直射到激光接收靶上，激光垂准仪操作人员转动仪器，使激光点在接收靶上形成圆圈，上面操作接收靶人员见光后移动接收靶，使靶交点与圆圈中点重合，此时固定靶位，接收靶中心即控制点位置。轴线投测时，测量人员互相之间用对讲机进行联络。操作示意如图 4-9 所示。

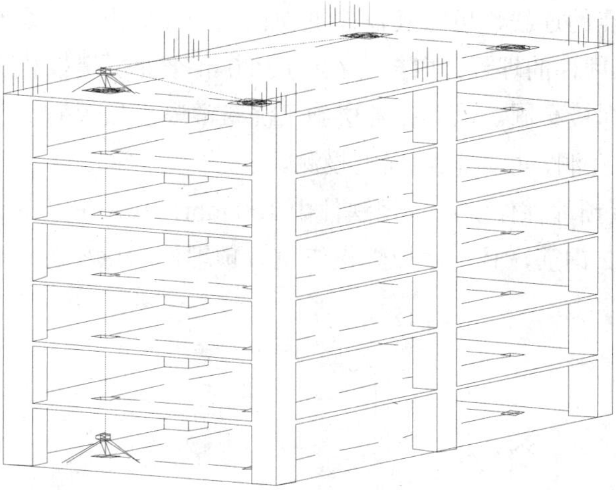

图 4-9　操作示意

a．轴线竖向投测的精度控制见表 4-8。

表 4-8　轴线竖向投测的精度控制

项　目		允许误差/mm
每　层		±3
高度（H）	$H\leqslant 30$ m	±5
	30 m$<H\leqslant 60$ m	±10
	60 m$<H\leqslant 90$ m	±15

b．作业层轴线、细部线放样。轴线控制点投测到施工层后，经纬仪分别置于各连线的交点上，复核相邻点间夹角满足计算的要求后，用检定过的 50 m 钢尺校测每相邻两点间水平距离，检查控制点是否投测正确。控制点投测正确后依据控制点与轴线的尺寸关系放样出轴线。轴线测放完毕并自检合格后，以轴线为依据，依图纸设计尺寸放样出柱边线、洞口边线等细部线。

2）高程的传递：主体结构的标高测设方法，主要是用钢尺沿结构外墙，边柱等向上竖直测量；一般高层建筑至少要由 3 处向上引测，以便相互校核和适应分段施工需要，引测步骤如下。

① 先用水准仪根据两个栋号水准点，在各向上引测处准确测出起始标高线，一般多测＋1.000 m 标高线，校核合格后作为起始标高线，并弹出墨线，用红油漆标明高程数据。高度标示做法示意如图 4-10 所示。

图 4-10　高度标示做法示意

② 用钢尺沿铅直方向，向上量至施工层，并画出＋1.000 m 的水平线，各层的标高线均应由各处的起始标高线直接量取。高差超过一整钢尺时，应在该层精确测定第二条起始标高线。如果外墙整层有突出墙面的装饰线条时，在外架上用吊钢尺的方法，在装饰线以上测出第二条起始标高线。高层传递如图 4-11 所示。

③ 施工层抄平之前，应先校测首层传递上来的 3 个标高点，当校差小于 3 mm 时，取其平均高程引测水平线。抄平时，应尽量将水准仪安置在测点范围的中心位置。

④ 实测时，尽量做到前后视线等长；由水平线向上或向下量高差时，所用钢尺应经过检验。量高差时，尺身铅直并用标准拉力，要进行尺长改正和温度改正。标高竖向传递的

精度控制见表 4-9。

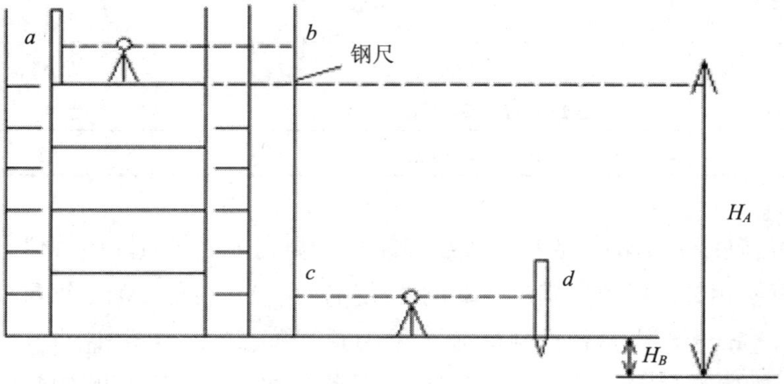

高程传递（吊钢尺）

$H_A=H_B+d+b-c-a$

图 4-11 高层传递示意

表 4-9 标高竖向传递的精度控制

项目		允许误差/mm
每层		±3
高度（H）	$H\leqslant 30$ m	±5
	30 m$<H\leqslant$60 m	±10
	60 m$<H\leqslant$90 m	±15

2. 桩基施工

桩基施工一般由专业的桩基础施工单位施工，作为施工员除掌握施工工艺外（详见第三章第二节中二、桩基施工的相关内容），还应重点掌握对基桩的检测。主要包括桩身的完整性、桩基承载力和桩基的评价性的检测。基桩检测方法及检测目的见表 4-10。

表 4-10 基桩检测方法及检测目的

检测方法	检测目的
单桩竖向抗压静载试验	确定单桩竖向抗压极限承载力判定竖向抗压承载力是否满足设计要求；通过桩身内力及变形测试、测定桩侧、桩端阻力； 验证高应变法的单桩竖向抗压承载力检测结果
单桩竖向抗拔静载试验	确定单桩竖向抗拔极限承载力判定竖向抗拔承载力是否满足设计要求； 通过桩身内力及变形测试，测定桩的抗拔桩测摩阻力
单桩水平静载试验	确定单桩水平临界和极限承载力，推定土抗力参数，判定水平承载力是否满足设计要求； 通过桩身内力及变形测试，测定桩身弯矩

检测方法	检　测　目　的
钻芯法	检测灌注桩桩长、桩身混凝土强度、桩底沉渣厚度，判断或鉴别桩端岩土性状，判定桩身完整性类别
低应变法	检测桩身缺陷及其位置，判定桩身完整性类别
高应变法	判定单桩竖向抗压承载力是否满足设计要求； 检测桩身缺陷及其位置，判定桩身完整性类别； 分析桩侧和桩端土阻力
声波透射法	检测灌注桩桩身缺陷及其位置，判定桩身完整性类别

3．土方开挖、基坑支护及降排水的施工

土方开挖前需根据地质勘察报告、设计图纸、现场情况，综合考虑土方开挖、基坑支护和降排水的施工方案。其施工方案内容主要包括：支护结构的龄期、机械选择、基坑开挖时间、分层开挖深度及开挖顺序、坡道位置和车辆进出场道路、施工进度和劳动组织安排、降排水措施、监测方案、质量和安全措施，以及基坑开挖对周围建筑物需采取保护的措施等。

土方开挖、基坑支护及降排水的施工，根据基坑深度等条件还需按照《危险性较大的分部分项工程安全管理办法》编制专项方案和专家论证，常见编制专项方案和专家论证的项目见表 4-11。

表 4-11　常见编制专项方案和专家论证的项目

编号	工作内容	编制专项方案	专家论证
1	基坑支护	开挖深度≥3 m； 或<3 m，但地质条件和周边环境复杂的基坑（槽）的支护	开挖深度≥5 m 基坑（槽）的支护； 或<5 m 但地质条件和周边环境和地下管线复杂，或影响毗邻建筑物或构筑物安全的基坑（槽）的支护
2	降排水	开挖深度≥3 m； 或<3 m，但地质条件和周边环境复杂的基坑（槽）的降水	开挖深度≥5 m 基坑（槽）的降水； 或<5 m，但地质条件和周边环境和地下管线复杂，或影响毗邻建筑物或构筑物安全的基坑（槽）的支护
3	土方开挖	挖深度≥3 m 的基坑（槽）的土方开挖	开挖深度≥5 m 基坑（槽）的降水； 或<5 m，但地质条件和周边环境和地下管线复杂，或影响毗邻建筑物或构筑物安全的基坑（槽）的支护

土方开挖顺序、方法必须与设计要求一致，并遵循“开槽支撑，先撑后挖，分层开挖，严禁超挖”原则，基坑边界周围地面合理设置排水沟，对坡顶、坡面和坡脚采取降排水措施。

（1）土方开挖施工

1）土方开挖应绘制土方开挖图，确定开挖路线、顺序、范围、基底标高、边坡坡度、排水沟、集水井位置以及挖出的土方堆放地点等。绘制土方开挖图应尽可能使机械多挖，避免机械超挖，减少人工挖方。

2）根据地下水位、机械条件、进度要求等合理选用施工机械；基坑开挖时对平面控制桩、水准点、基坑平面位置、水平标高、边坡坡度等经常复测检查。

3）大面积基础群基坑底标高不一时，机械开挖次序一般先整片挖至一平均标高，然后再挖个别较深部位。

4）对面积和深度均较大的基坑，通常采用分层挖土施工法，使用大型土方机械，在坑下作业。如为软土地基或在雨期施工，进入基坑行走需铺垫钢板或铺路基箱垫道。

5）对大型软土基坑，为减少分层挖运土方的复杂性，可采用“接力挖土法”，它是利用 2 台或 3 台挖土机分别在基坑的不同标高处同时挖土。

6）对某些面积不大，深度较大的基坑，采用机械接力挖运土方法和人工与机械合理的配合挖土，最后采用搭枕木垛的方法，使挖土机开出基坑。

7）基坑边角部位，机械开挖不到之处，应用少量人工配合清坡，将松土清至机械作业半径范围内，再用机械挖取运走。

8）挖掘机、运土汽车进出基坑的运输道路，利用基础一侧或两侧相邻的基础以后需开挖的部位，使其互相贯通作为车道，或利用提前挖除土方的地下设施部位作为相邻的几个基坑开挖地下运输通道，以减少挖土量。

9）机械开挖由深而浅，基底及边坡宜预留一层 300 mm 厚土层用人工清底、修坡、找平，以保证基底标高和边坡坡度正确，避免超挖和土层遭受扰动。

10）基坑挖好后，立即进行打钎验槽，尽量减少暴露时间，防止地基土浸水，防止深基坑挖土后土体回弹过大。

（2）降水排水

在地下水位下挖土，应在基坑四周挖好临时排水沟和集水井，或采用井点降水，将水位降低至坑底以下 50 cm，再进行土方开挖，并且降水工作应持续到基础施工完成（包括地下水位以下回填土）。施工员还应掌握第三章第一节中三、施工现场准备的相关内容。

（3）基坑支护

当基坑土体含水量大而不稳定，或基坑较深，或受到周围场地限制而需用较陡边坡或直立开挖而土质较差时，可采用临时性支撑加固或挡墙挡板支护；若深基坑土方开挖不具备放坡条件，放坡无法保证施工安全，通过放坡及加设临时支撑不能满足施工需要时，可采用如地下连续墙、逆作拱墙等支护结构进行支挡。稍复杂的基坑支护一般由专业的基坑支护施工单位进行施工。

4．基坑验槽

基坑验槽通常采用观察法和钎探法配合共同完成。

（1）观察法

不同建筑物对地基要求不同，基础形式不同，验槽的内容也不同，主要有以下几点：

1）根据设计图纸检查基槽的开挖平面位置、尺寸、槽底深度；检查是否与设计图纸相符，开挖深度是否符合设计要求。

2）仔细观察槽壁、槽底土质类型、均匀程度和有关异常土质是否存在，核对基坑土质及地下水情况是否与勘察报告相符。

3）检查基槽中是否有旧建筑物基础、古井、洞穴、地下掩埋物及地下人防工程等。

4）检查基槽边坡外缘与附近建筑物的距离，基坑开挖对建筑物稳定是否有影响。

（2）钎探法

钎探法采用直径ϕ22～25 mm 的钢钎，使用人力（机械）使大锤（穿心锤）自由下落规定的高度，撞击钎杆垂直打入土层中，记录其单位进深所需的锤数，为设计承载力、地勘结果、基土土层的均匀度等质量指标提供验收依据。

工艺流程：绘制钎点平面布置图→放钎点线→核验点线→就位打钎→记录锤击数→拔钎→盖孔保护→验收→灌砂。

1）根据基坑平面图，依次编号绘制钎点平面布置图。按钎点平面布置图放线，孔位洒上白灰点，用盖孔块压在点位上做好覆盖保护。每块盖块上面必须用粉笔写明钎点编号。钎点平面布置如图 4-12 所示。

图 4-12 钎点平面布置

2）就位打钎。钢钎的打入分人工打钎和机械打钎两种。

① 人工打钎：将钎尖对准孔位，一人扶正钢钎，一人站在操作凳子上，用大锤打钢钎的顶端；锤举高度一般为 50 cm，自由下落，将钎垂直打入土层，也可使用穿心锤打钎。如图 4-13 所示。

② 机械打钎：将触探杆尖对准孔位，再把穿心锤套在钎杆上，扶正钎杆，利用机械动力拉起穿心锤，使其自由下落，锤距为 50 cm，把触探杆垂直打入土层中。如图 4-14 所示。

③ 记录锤击数：钎杆每打入土层 30 cm 时，记录一次锤击数。钎探深度以设计为依据；如设计无规定时，一般钎点按纵横间距 1.5 m 梅花形布设，深度为 2.1 m。

④ 拔钎、移位：用麻绳或钢丝将钎杆绑好，留出活套，套内插入撬棍或钢管，利用杠杆原理，将钎拔出。每拔出一段将绳套往下移一段，依此类推，直至完全拔出为止；将钎杆或触探器搬到下一孔位，以便继续拔钎。

图 4-13　人工打钎

图 4-14　机械打钎

⑤ 灌砂：钎探后的孔要用砂灌实。打完的钎孔，经过检查孔深与记录无误后，用盖孔块盖住孔眼。当设计、勘察和施工方共同验槽办理完验收手续后，方可灌孔。

（3）验槽注意事项

1）钎探时应严格控制穿心锤的落距，不得忽高忽低，以免造成钎探不准。

2）钎探孔平面布置图绘制要有建筑物外边线、主要轴线及各线尺寸关系，外圈钎点要超出垫层边线 200～500 mm。

3）在钎孔平面布置图上，注明过硬或过软的孔号位置，以便设计勘察人员或验槽时分析处理。

4）打钎时注意保护已经挖好的基槽，不得破坏已挖好的基槽，钎探完成后，做好标记，用砖覆盖保护号钎孔，未经设计勘察人员检验复核，不得堵塞或灌砂。

5）验槽时应重点观察柱基、墙角、承重墙下或其他受力较大部位，如有异常，要会同勘察、设计等有关单位进行处理。

5．地基处理

地基处理就是按照上部结构对地基的要求，对地基进行必要的加固或改良，提高地基土的承载力，保证地基稳定，减少房屋的沉降或不均匀沉降，消除湿陷性黄土的湿陷性及提高抗液化能力。施工单位严格按照设计与勘察单位提出的地基处理意见组织施工，施工完成后，进行必要的验收，验收达到设计要求后方可进行下道工序的施工。

6．垫层施工

基坑验槽合格或地基处理完成并经验收通过后，立即进行基础混凝土垫层的施工。在地基上浇筑混凝土垫层时，对地基应事先按设计标高和轴线等进行校正，并应清除淤泥和杂物，并应有排水和防水措施，对干燥的非黏性土，应洒水湿润，并防止产生积水。垫层浇筑前，应根据混凝土垫层顶面的标高在两侧模板上弹出标高线。

垫层施工重点控制基底清理要达到标准，混凝土垫层的厚度和标高要符合设计要求。

7. 基础施工

基础工程根据其材质分为混凝土基础和砌体基础。

（1）混凝土基础

1）条形基础：浇筑前，根据混凝土基础顶面的标高在两侧模板上弹出标高线，根据基础深度分段分层连续进行浇筑混凝土，一般不留施工缝。各段各层间应互相衔接，每段长 2～3 m，逐段逐层呈阶梯形推进。

2）台阶式基础：应按每一台阶高度内分层一次连续浇筑完成（预制柱的高杯口基础的高台部分应另行分层），不允许留设施工缝，每层先浇边角，后浇中间，摊铺均匀，振捣密实。每一台阶浇完，台阶部分表面应随即原浆抹平。

3）台阶式柱基：为防止垂直交角处可能出现吊脚（上层台阶与下口混凝土脱空）现象，在浇筑台阶式柱基时，采取如下措施：

① 在第一级混凝土捣固下沉 20～30 mm 后暂不填平，继续浇筑第二级，先用铁锹沿第二级模板底圈做成内外坡，然后再分层浇筑，外圈边坡的混凝土于第二级振捣过程中自动振实。待第二级混凝土浇筑后，再将第一级混凝土齐模板顶边拍实抹平。

② 在第二级模板外先压以 200 mm×100 mm 的压角混凝土并加以振捣后，再继续浇筑第二级。待压角混凝土接近初凝时，将其铲平重新搅拌利用；如条件许可，宜采用柱基流水作业方式，即顺序先浇一排杯基第一级混凝土，回转依次浇筑第二级。

4）杯形基础：为保证杯口底标高的正确性，宜先将杯口底混凝土振实并稍停片刻，再浇筑振捣杯口模四周的混凝土，振动时间尽可能缩短。同时还应特别注意杯口模板的位置，应在两侧对称浇筑，以免杯口模挤向一侧或由于混凝土泛起而使芯模上升。

5）锥式基础：应注意斜坡部位混凝土的捣固质量，在振捣器振捣完毕后，用斜坡表面拍平，使其符合设计要求。

6）柱基础：应保证柱子插筋位置的准确，防止位移和倾斜。浇筑时，先满铺一层 50～100 mm 厚的混凝土，并捣实，使柱子插筋下端与钢筋网片的位置基本固定，然后再继续对称浇筑，并避免碰撞钢筋。

7）在厚大无筋基础混凝土中：经设计同意，可填充部分大卵石或块石，但其数量一般不超过混凝土体积的25%，并应均匀分布，间距不小于100 mm，最上层应有不小于10 mm厚的混凝土覆盖层。

8）设备基础浇筑：设备基础要求一次连续浇筑完成。一般应分层浇筑，并保证上下层之间不留施工缝，每层混凝土的厚度为 200～300 mm。每层浇筑顺序应从低处开始，沿长边方向自一端向另一端浇筑，也可采取中间向两端或两端向中间浇筑的顺序。

浇筑过程中，对地脚螺栓、预留栓孔的位置特别注意，以确保工程质量。受动力作用的设备基础的上表面与设备基座底部之间，用混凝土（或砂浆）进行二次浇筑。

9）大体积混凝土浇筑：由于大体积混凝土厚度≥1 m，水化热易引起混凝土浇筑体内部温度剧烈变化，为避免构件发生裂缝，施工前，应对混凝土中的温度场进行分析，并根据气温、使用的材料和现场条件进行热工计算，确定浇筑顺序、浇筑方法、保温或隔热养护措施和时间、测温方法，保温或隔热养护、测温人员的安排，以及出现异常情况的预案措施等，制订有针对性的施工方案。大体积混凝土浇筑常采用整体分层连续浇筑或推移式连续浇筑施工，以保证结构的整体性。一般从低处开始，沿长边方向自一端向另一端进行，当混凝土供应量有保证时，可采用多点同时浇筑。

为确保混凝土质量，主要施工控制措施如下：

① 当工程全部采用商品混凝土时，厂家应使用水化热较低的矿渣水泥，以减少混凝土中总水化热；可掺入缓凝型减水剂增加和易性，延长初凝时间；控制粗细骨料的质量，尽量减少含泥量。

② 控制混凝土塌落度：在满足泵送混凝土的条件下，尽量减小水灰比，有效控制混凝土塌落度。

③ 分层浇筑混凝土：每层厚度不大于 30 cm 以加快热量散发，并可使温度分布较均匀。

④ 控制温度：加强混凝土内外测温监测工作，严格控制内外温差在 25℃内，在混凝土底板大于 1 000 m^2 处，每 100 m^2 见方设置一个测温孔，派专人检测内部温度。当温差达 20℃时就要及时采取措施，加强覆盖。此项工作一直要连续监测 7 个昼夜，待温度明显减小为止。大体积混凝土养护测温记录如表 4-12 所示。

表 4-12　大体积混凝土养护测温记录

<table>
<tr><td colspan="3">工程名称</td><td colspan="5"></td><td colspan="2">施工单位</td><td colspan="3"></td></tr>
<tr><td colspan="3">测温部位</td><td colspan="3">基础筏板</td><td colspan="2">测温方式</td><td colspan="2">温度计</td><td>养护方式</td><td colspan="2">覆盖保温养护</td></tr>
<tr><td colspan="3">测温时间</td><td rowspan="2">大气温度/℃</td><td rowspan="2">入模温度/℃</td><td rowspan="2">孔号</td><td colspan="2" rowspan="2">各测孔温度/℃</td><td rowspan="2">$t_{中}-t_{上}$/℃</td><td rowspan="2">$t_{中}-t_{下}$/℃</td><td rowspan="2">$t_{气}-t_{上}$/℃</td><td rowspan="2">内外最大温差记录/℃</td><td rowspan="2">裂缝宽度/mm</td></tr>
<tr><td>月</td><td>日</td><td>时</td></tr>
<tr><td rowspan="3"></td><td rowspan="3"></td><td rowspan="3"></td><td rowspan="3"></td><td rowspan="3"></td><td rowspan="3"></td><td>上</td><td></td><td rowspan="3"></td><td rowspan="3"></td><td rowspan="3"></td><td rowspan="6"></td><td rowspan="6"></td></tr>
<tr><td>中</td><td></td></tr>
<tr><td>下</td><td></td></tr>
<tr><td rowspan="3"></td><td rowspan="3"></td><td rowspan="3"></td><td rowspan="3"></td><td rowspan="3"></td><td rowspan="3"></td><td>上</td><td></td><td rowspan="3"></td><td rowspan="3"></td><td rowspan="3"></td></tr>
<tr><td>中</td><td></td></tr>
<tr><td>下</td><td></td></tr>
</table>

审核意见：

施工单位		
项目（专业）技术负责人	专业工长	测温员

注：本表由施工单位填写并保存；附测温点布置图，t 表示大气温度；每 2h 测一次。

⑤ 采用厚麻袋加塑料膜对混凝土进行养护，派专人负责覆盖保温、淋水工作，保持混凝土外表湿润。

⑥ 天气气温过高时，要求供应商对骨料采取降温措施，以降低商品混凝土的温度。

⑦ 为防止混凝土暴晒或遭受暴雨，需搭设临时遮阳防雨棚；在浇筑前利用预埋钢管脚手支撑架，搭设简易钢管架，上用大型帆布遮顶盖，保持 20m 宽度，随着混凝土完成施工面的推移而移动帆布，避免混凝土早期暴晒开裂及遭受暴雨。

⑧测温点布置：采用钢管下端砸扁加焊，沿浇筑高度测量底部、中部及表面的温度。

10）地下室混凝土的浇筑：地下室混凝土浇筑一般采取分段进行的方式，浇筑顺序为先底板，然后墙壁、柱，最后顶部梁板。外墙水平施工缝应在底板面上部 300～500 mm 范围内和无梁顶板下部 300～500 mm 处，并做成企口形式，有严格防水要求的，应在企口中部设钢板（或塑料）止水带，内墙与外墙之间可留垂直缝。

大型地下室，长度超过 40 m，为避免出现温度收缩裂缝，可按设计要求留设后浇带或膨胀加强带。施工中如有间歇，外墙的水平施工缝宜留凸缝；垂直施工缝（后浇缝带）宜用凹缝；内墙的水平和垂直施工缝多采用平缝；内墙与外墙之间可留垂直缝。

地下室底板、墙和顶板浇筑完后，要加强覆盖，并浇水养护；冬期要保温，防止温差过大出现裂缝。地下室混凝土浇筑完毕应防止长期暴露，要抓紧基坑的回填，回填土要在相对的两侧或四周同时均匀进行，分层夯实。

（2）砌体基础

1）立皮数杆：在垫层转角处、交接处及高低处立好基础皮数杆。皮数杆要进行抄平，使杆上所示底层室内地面线标高与设计的底层室内地面标高一致。

2）砖及基层湿润：砌筑前，垫层表面应清扫干净，洒水湿润。砖提前 1～2 天浇水湿润，不得随浇随砌，对烧结普通砖、多孔砖含水率宜为 10%～15%；对灰砂砖、粉煤灰砖含水率宜为 8%～12%。现场检验砖含水率的简易方法采用断砖法，当砖截面四周融水深度为 15～20 mm 时，视为符合要求的适宜含水率。

3）砂浆拌制：砂浆拌制宜采用机械搅拌，投料顺序：砂→水泥→掺合料→水。

4）排砖撂底：基础大放脚的撂底尺寸及收退方法必须符合设计图纸规定，如一层一退，里外均应砌丁砖；如二层一退，第一层为条砖，第二层砌丁砖。

5）盘角、挂线：根据皮数杆先在转角及交接处砌几皮砖，再在其间拉准线砌中间部分，其中第一皮砖以基础底宽线为准砌筑。基础墙挂线：24 墙反手挂线，37 墙及以上双面挂线。

6）砌筑：大放脚部分一般采用一顺一丁砌筑形式。注意十字及丁字接头处的砖块搭接，在这些交接处，纵横基础要隔皮砌通。

7）抹防潮层：将墙顶活动砖重新砌好，清扫干净，浇水湿润，随即抹防水砂浆。设计无规定时，厚度为 15～20 mm，防水剂掺量为水泥重量的 3%～5%。防潮层宜设置在室外散水顶面以上和室内地面以下的砌体内。

8．基础验收

参见第六章质量员岗位实训中的相关内容。

9．地下防水工程

地下防水工程根据不同的防水等级要求设防，在地下防水施工前，施工单位进行图纸审查，掌握工程主体及细部构造的防水技术要求，并编制防水工程的施工方案。地下防水工程最常用防水混凝土、防水砂浆、防水卷材等施工方法，防水砂浆和防水卷材详见《地下防水工程质量验收规范》（GB 50208—2011）中的相关内容。防水混凝土施工控制要点如下：

1）按照抗渗设计要求进行配合比的试配，严格按照正式配合比中质量比准确计量。

2）防水混凝土拌合物应用机械搅拌，搅拌时间不应少于 2 min，掺加外加剂时，应根据外加剂的品种还应适当延长 1～2 min。

3）防水混凝土拌合物在运输后如出现离析，必须进行二次搅拌。当坍落度损失后不能满足要求时，应加入原水灰比的水泥浆或二次掺加减水剂进行搅拌，严禁直接加水。

4）防水混凝土模板的控制要点：模板要求表面平整，拼缝严密，吸湿性小，支撑牢固；防水混凝土结构内部设置的各种钢筋或绑扎铁丝，不得接触模板。固定模板用的螺栓必须穿过混凝土结构时，可采用工具螺栓或螺栓加堵头，螺栓上应加焊方形止水环。拆模后应采取加强防水措施将留下的凹槽封堵密实，并宜在迎水面涂刷防水涂料，如图 4-15 所示。

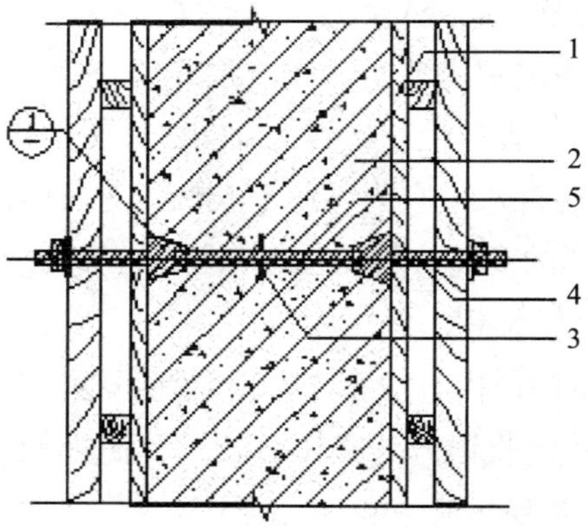

（a）断面图

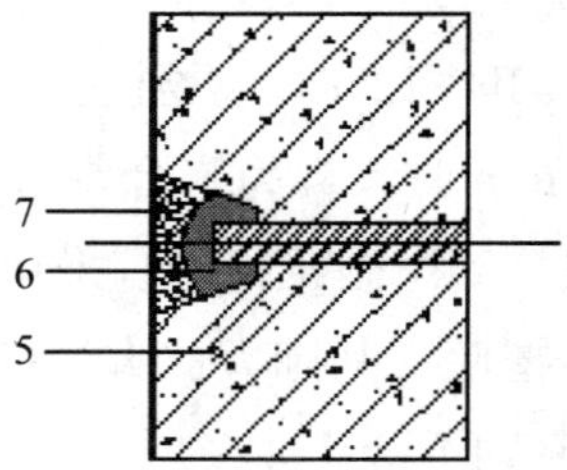

（b）拆模后① 的节点详图

图 4-15 固定模板用螺栓的防水做法

1. 模板；2. 结构混凝土；3. 止水环；4. 工具式螺栓；

5. 固定模板用螺栓；6. 嵌缝材料；7. 聚合物水泥砂浆

5）混凝土浇灌要控制自由落差小于 1.5 m，如自由落差大于 1.5 m 时，可采用溜槽或串桶浇灌，以防止混凝土产生分层离析。混凝土应分段、分层、均匀、连续浇筑，一般每层厚度为 200～400 mm。浇筑时，要在下一层混凝土初凝前浇筑上一层，并将表面泌水及时排出。

6）防水混凝土必须采用机械振捣密实，振捣时间宜为 10～30 s，以混凝土开始泛浆和不冒气泡、不下沉为准，并应避免漏振、欠振和超振。

7）当混凝土留设施工缝，在继续浇筑混凝土时，将施工缝处表面混凝土凿毛、清除松动石子和浮浆，用水冲洗干净并保持湿润，但不得有积水，然后铺一层 20～25 mm 厚与原混凝土配合比相同的水泥砂浆或涂刷混凝土界面处理剂，再及时继续浇筑混凝土。

8）防水混凝土浇筑后 4～6 h 应立即进行覆盖浇水养护，3 天内每天浇水 3～6 次，3 天后每天浇水 2～3 次，浇水湿润养护时间不少于 14 天。结束养护后仍应注意防止干缩裂缝，最好喷涂养护剂，直至混凝土投入使用与水接触为止。

9）防水混凝土不宜过早拆模，拆模时混凝土表面温度与周围气温之差不应超过 15～20℃，以防止混凝土表面出现裂缝。对于地下结构部分，拆模后应及时回填土，以利于混凝土后期强度的增升和获得预期的抗渗性能。

10．土方回填

（1）基坑清理、验收

1）场地回填应先清除基底上的垃圾、草皮、树根，排除坑穴中积水、淤泥和杂物，并应采取措施防止地表滞水流入填方区，浸泡地基，造成基土下陷。

2）当填方基底为耕植土或松土时，应将基底充分夯实或碾压密实。

3）施工前，应根据工程特点、填料土质、设计要求的压实系数、施工条件，进行必要的压实试验，确定填料含水量控制范围、铺土厚度、夯实或碾压遍数等参数。根据现场条件确定施工方法。

（2）主要材料选择

土料优先选用基槽（坑）中挖出的原土，并清除其中的有机杂质和粒径大于 50 mm 的颗粒，含水量应符合设计要求；石屑应选用不含有机杂质，最大粒径不大于 50 mm。

填土前应检验土料质量、含水量是否在控制范围内。土料含水量一般以手握成团、落地开花为适宜。当含水量过大，应采取翻松、晾干、风干、换土回填、掺入干土或其他吸水性材料等措施，防止出现橡皮土。如土料过干（或砂土、碎石类土）时，则应预先洒水湿润，增加压实遍数或使用较大功率的压实机械等措施。各种压实机具的压实影响深度与土的性质、含水量和压实遍数有关，回填土的最优含水量和最大干密度，应按设计要求经试验确定。

（3）土方运输

回填土料运输至施工场区后，应根据施工用场地整体规划进行堆积存放，冬季或雨天采取彩条布覆盖，减低受冻或雨淋。

大面积回填部位常采用机械作业，采用铲运机铲运土方，同时铺撒，不考虑采用人工运输，但边角处需采用人工平整。

（4）土方铺摊和夯（压）实

回填土应分层摊铺和夯压密实，每层铺土厚度和压实遍数应根据土质、压实系数和机具性能而定。一般铺土厚度应小于压实机械压实的作用深度，应能使土方压实而机械的功耗最少。通常应进行现场夯（压）实试验确定。常用夯（压）实工具机械每层铺土厚度和所需的夯（压）实遍数参考数值见表 4-13。

表 4-13　填方每层铺土厚度和压实遍数

项次	压实机具	每层铺土厚度/mm	每层压实遍数/遍
1	平碾（8～12 t）	200～300	6～8
2	羊足碾（5～16 t）	200～350	6～16
3	蛙式打夯机（200 kg）	200～250	3～4
4	振动碾（8～15t）	60～130	6～8
5	振动压路机 （2 t，振动力 98 kN）	120～150	10
6	人工打夯	不大于 200	3～4

1）土方铺摊：在施工过程中，每层回填土虚铺厚度应根据土质及机具性能，由监理、施工单位根据现场局部试压情况，进行调整，以能达到设计要求的压实系数为原则。

大面积回填土，采用汽车运输土方直接倒至回填部位，采用铲运机二次倒运、平铺，人工表面整平；基坑沟槽回填，可采用人工推土、人工铺平的回填方式。

2）土方夯（压）实：在大面积夯（压）实前，先进行局部试压，试压期间根据虚铺厚度及其他综合因素，确定能满足压实系数的碾压遍数；打夯应一夯压半夯，夯夯相接，行行相连，纵横交叉；当相邻两处需要深浅不一回填时，应进行放坡回填，回填时，交接处应填成阶梯形，梯形的高宽比为 0.4∶1，上下层错缝距离不小于 1.0 m。当回填土按上下层施工，又不能连续施工时，需在上下层设置搭接缝隙，上层与下层的搭接位置的间距不应小于 1 000 mm，同时土质虚铺厚度按上述规定执行。土方夯实如图 4-16 所示。

（a）蛙式打夯机　　（b）羊足碾　　（c）压路机

图 4-16　土方夯实

（5）试验取样

回填土每层填土夯实后，按规范规定进行环刀取样，取样应有代表性；见证取样后，将样土装入塑料袋密封，及时送试验室进行压实系数或质量干密度等试验，对取样部位做记录，以便与试验结果进行校核，达到要求后，再进行上一层的铺土。环刀试验取样如图4-17所示。

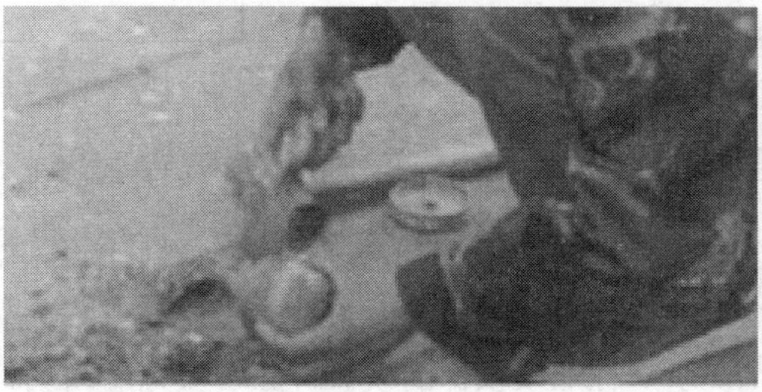

图4-17　环刀试验取样

（6）土方回填施工检查记录

土方回填施工检查记录见表4-14。

表4-14　土方回填施工检查记录

<table>
<tr><td>工程名称</td><td colspan="2"></td><td>检查部位</td><td colspan="2">回填第三层</td><td>施工单位</td><td></td></tr>
<tr><td rowspan="5">填筑情况</td><td>填料设计要求</td><td colspan="2"></td><td colspan="3">填料实际情况</td><td></td></tr>
<tr><td>分层铺料厚度</td><td colspan="2"></td><td colspan="3">分层施工上下层搭接长度</td><td></td></tr>
<tr><td>碾压遍数</td><td></td><td>碾压机具</td><td colspan="2">蛙式打夯机</td><td>碾压方法</td><td></td></tr>
<tr><td>碾压面积</td><td colspan="2"></td><td colspan="3">标　高</td><td></td></tr>
<tr><td>边坡坡度</td><td colspan="2"></td><td colspan="3">表面平整度</td><td></td></tr>
<tr><td rowspan="4">现场试验情况</td><td>试验点位置示意</td><td colspan="6"></td></tr>
<tr><td>试验点数</td><td colspan="2"></td><td colspan="2">表面平整度</td><td colspan="2"></td></tr>
<tr><td>最大干密度</td><td></td><td>最优含水量/%</td><td></td><td>含水量实测值/%</td><td colspan="2"></td></tr>
<tr><td>压实系数（设计值）</td><td></td><td>试验结果</td><td></td><td>试验单编号</td><td colspan="2"></td></tr>
</table>

检查结论			
施工单位	项目技术负责人： 记录人： 年　月　日	监理（建设）单位	监理工程师（建设单位代表）： 年　月　日

三、主体结构施工阶段

目前，钢筋混凝土结构建筑居多，按照此结构类型介绍主体结构常见的施工实习流程。

实习流程：柱、墙钢筋绑扎→柱、墙模板施工→梁、板、梯模板施工→梁、板梯钢筋绑扎→柱墙梁板混凝土浇筑→柱墙梁板梯的模板拆除→填充墙砌筑。

施工员除掌握第三章第三节主体结构工程的内容外，还应重点掌握以下内容。

1．钢筋工程

（1）柱钢筋施工

1）柱筋绑扎示意如图 4-18 所示。

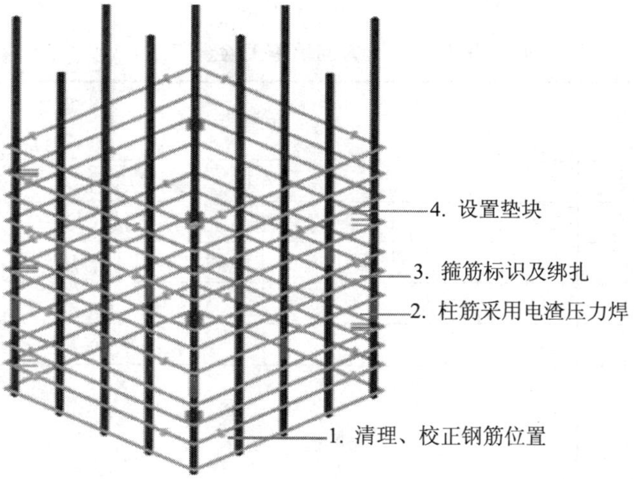

图 4-18　柱筋绑扎示意

2）施工要点：施工员除按照第三章第三节一、施工技术准备的内容以外，还应重点掌握如下内容。

① 修整、清理。清理下面预留柱筋上的混凝土渣，根据柱边线校正柱立筋位置，最底层柱插筋应根据柱边线固定立筋位置，支模时再次校正与固定。

② 根据柱箍筋形式与数量往立筋上套箍筋，并注意箍筋开口处沿柱四角通转布置。

③ 竖向钢筋连接位置。柱接头常采用电渣压力焊或机械连接，柱竖向钢筋接头严禁

设在箍筋加密区范围内，同一平面内竖向钢筋接头按 50%错开不小于 35 *d*（*d* 为柱主筋，下同），如图 4-19 所示。

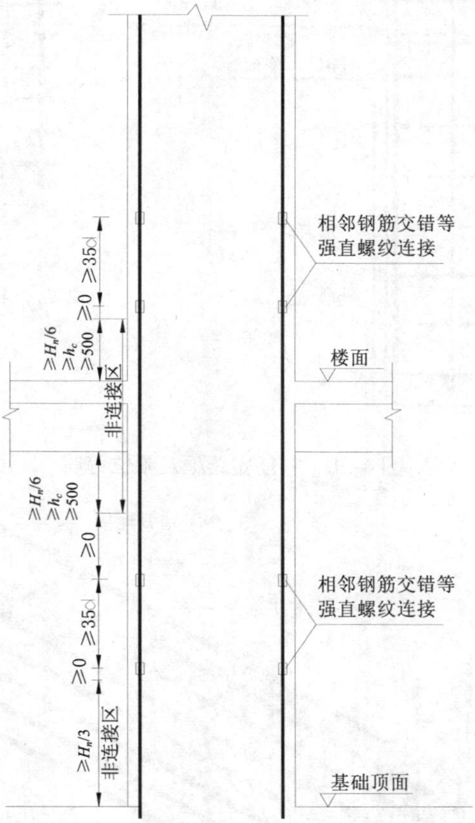

（注：H_n—所在楼层的柱净高；h_c—柱截面的长边尺寸）

图 4-19 柱竖向钢筋接头位置

④ 检查柱子歪、扭位现象，调整合格后在柱上口设置柱定距框（固定钢筋的位置，可周转使用），且在柱上口设置 1～2 道柱限位箍筋，定距框与限位箍筋与柱主筋绑扎牢固。柱筋定距框及限位箍筋如图 4-20 所示。

⑤ 柱筋绑扎完毕后设置保护层垫块，根据保护层厚度用塑料垫圈卡在柱主筋上，间距 600 mm，梅花形布置。

（2）梁钢筋施工

梁筋绑扎常采用模外绑扎，重点为梁柱节点区的锚固及节点区的柱筋加密。

1）梁钢筋绑扎示意如图 4-21 所示。

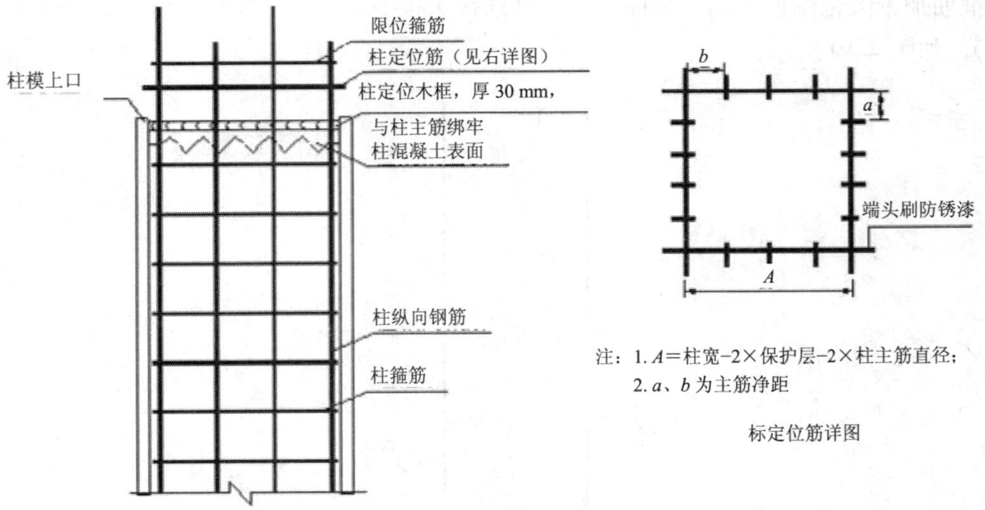

图 4-20　柱筋定距框及限位箍筋

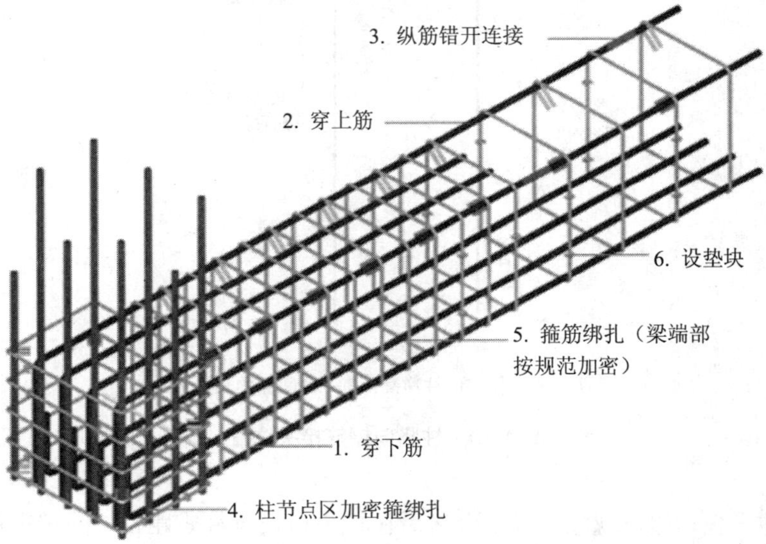

图 4-21　梁钢筋绑扎示意

2）施工要点：

① 绑扎前应明确梁筋绑扎顺序，原则上应先绑短向主梁、再绑长向主梁、再绑短向次梁、最后绑长向主梁。

② 箍筋间距分档：起步箍筋距柱边、框架梁边 50 mm 开始设置，加密区及非加密区间距按设计要求，主次梁交接处沿主梁附加箍筋间距 50 mm、每侧共 3 道，按以上间距在已支好的梁底模板上画出箍筋分档线。

③ 在已支好梁底模板上画出箍筋分档线，摆放主梁下部纵向受力钢筋，并连接纵筋接头。

④ 穿纵筋：按设计根数摆放纵筋，穿筋时应根据方案或设计要求确定哪个方向的梁纵筋先穿，并从边支座向中间穿入，纵筋伸入支座的水平长度应满足锚固要求，双排钢筋之间应垫上短钢筋棍，当纵筋连接完后，调整纵筋间距并与箍筋固定。

⑤ 纵筋接头位置：上筋接头设置在跨中 1/3 范围内，下筋接头设置在支座处，同一连接区段内接头不大于 50%，错开距离不小于 35 d（d 为钢筋直径）。

⑥ 梁筋绑扎完后，拆除临时支撑架，将梁落入梁底板上，将梁位置调正，垫塑料垫块，底部垫块间距 600 mm，侧面垫块间距 800 mm，梅花形布置。

⑦ 梁柱节点处，应采用沉梁法绑扎，以确保节点处柱箍筋的根数及间距，沉梁法绑扎方法如下：

a. 首先将梁下部的钢筋穿好，然后根据梁高计算出核芯区内需加柱箍筋数量，将所需箍筋（未绑扎）套到柱主筋上。

b. 在箍筋四角分别用 1 根 18 的钢筋（长度取最高框架梁高）作导筋，将节点区箍筋按要求间距绑在导筋上固定成短钢筋笼。

c. 再穿梁的上部钢筋使钢筋笼与梁筋同时绑扎，绑扎完毕后，将梁筋骨架与柱箍筋钢筋笼一起落入梁、柱模板内。

d. 将变形的柱箍筋钢筋笼调整好，并与柱主筋固定。

⑧ 梁钢筋的间距及各排筋的排距必须均匀，满足最小间距要求，当不能满足最小间距要求时，应与设计协商，采用调整钢筋的规格、排数或其他方法解决。切忌不要将一排筋的位置放在二排筋的位置上，或只满足钢筋总根数要求而不顾钢筋的间距、排数。

（3）板钢筋施工

板钢筋绑扎时应注意锚固长度、搭接长度及位置符合规范要求，另外钢筋网片不得超高。

1）作业条件：

① 模板已经过预检验收合格。

② 轴线控制线已弹好并经过检查验收。

③ 预留钢筋已清理干净并校正完毕，特别注意墙变截面的钢筋校正。

④ 混凝土施工缝已凿去表面浮浆并清理干净。

2）板钢筋绑扎示意如图 4-22 所示。

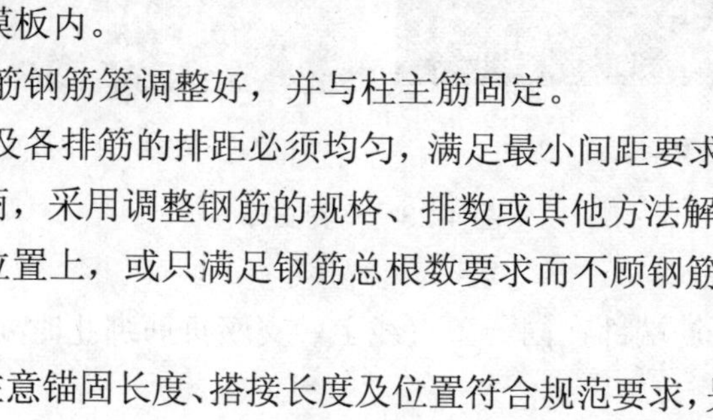

图 4-22　板钢筋绑扎示意

3）施工要点：

① 钢筋网片相交点全部绑扎，相邻绑扎点成八字扣，搭接部位应绑扎三扣，所有绑扎丝头朝向混凝土内部。

② 板下层钢筋网片边绑扎边垫保护层垫块，常采用大理石垫块，间距 600 mm，梅花形布置。

③ 上下层钢筋之间采用工字形或人字形马凳铁支撑。支撑支座负筋马凳在楼板两个方向高度应不一致，两个马凳高度相差一个分布钢筋的直径。马凳支撑如图 4-23 所示。

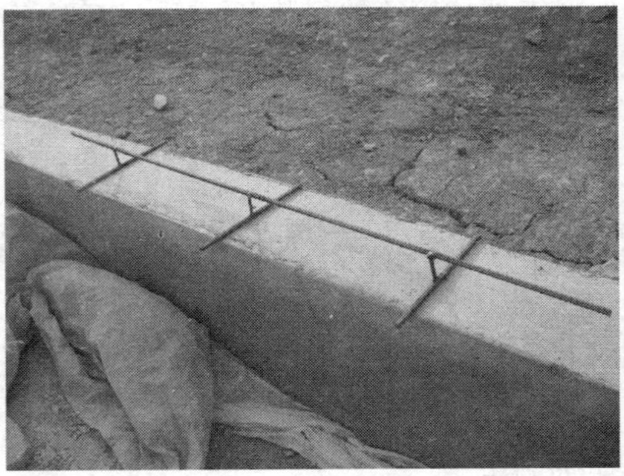

（a）工字形马凳加工图

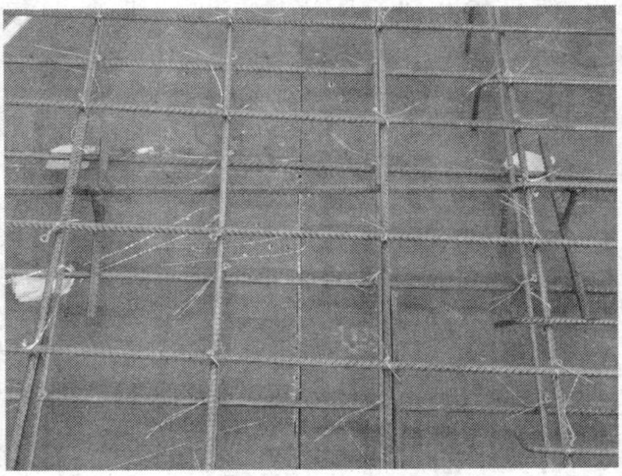

（b） 工字形马凳安装图

图 4-23　马凳支撑

④ 为了保证负弯矩筋端部在同一条直线上，支座负筋绑扎时要求在端部拉通线就位绑扎。

⑤ 楼板上有预留洞时，小于 300 mm 的洞，板钢筋可从洞边绕过；大于 300 mm 的洞，板钢筋断开，并按图纸要求加筋补强。

（4）墙体钢筋绑扎

墙体钢筋绑扎重点部位为墙连梁钢筋的绑扎以及洞口加筋补强，绑扎顺序为先端柱，后分布筋，最后为连梁及洞口补强加筋。

1）作业条件：

① 轴线、墙边线及控制线已弹好并经过预检验收。

② 混凝土施工缝已凿去表面浮浆并清理干净。

③ 墙体钢筋绑扎前，在两侧各搭设两排脚手架，每步高度 1.8 m，脚手架上满铺脚手板，确保操作人员具有良好的作业环境。

2）墙体钢筋绑扎示意如图 4-24 所示。

图 4-24　墙体钢筋绑扎示意

3）绑扎要点：

① 绑扎前，用扁铲剔凿浮浆、石渣，清理干净，及时弹出墙体内外边线及控制线。

② 校正甩槎筋位置。

根据已弹好的墙内外边线，对保护层偏大或偏小的钢筋按 1∶6 打弯对钢筋进行校正；对钢筋间距偏差超过±5 mm 的也要进行校正。校正甩槎筋位置如图 4-25 所示。

图 4-25　校正甩槎筋位置

③ 校正甩槎竖向筋时，第一根竖向筋要求距两侧柱边距离为 50 mm，中间钢筋间距按图纸设计要求从中间向两边排列，排至第二根竖向筋时，如钢筋间距不符合图纸要求，允许对其进行调整，但钢筋间距不应大于图纸设计要求，墙体竖向钢筋排列如图 4-26 所示。

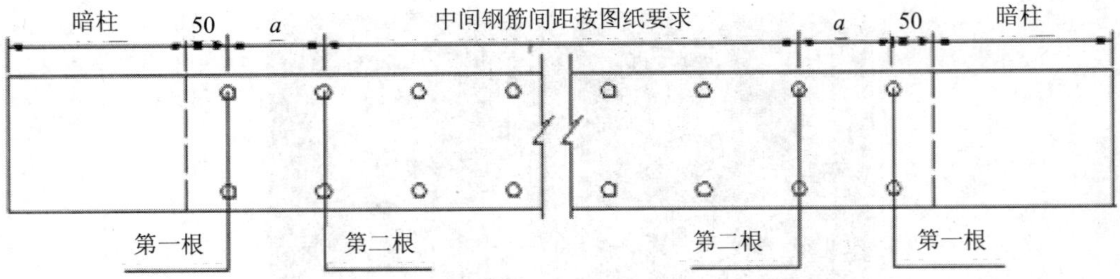

图 4-26　墙体竖向钢筋排列

④ 柱钢筋绑扎完后，较正垂直度并用钢管架将柱筋固定后再绑扎墙筋。剪力墙竖筋、水平筋的接头位置、接头百分率及搭接长度如图 4-27 所示。水平筋在端柱内的锚固长度应符合设计及规范要求。

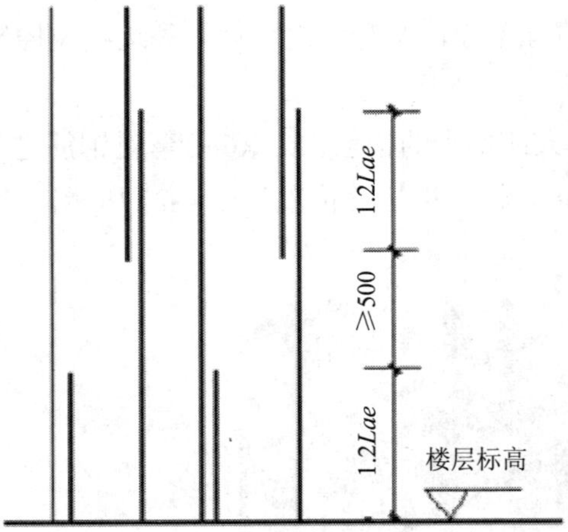

竖向钢筋搭接构造

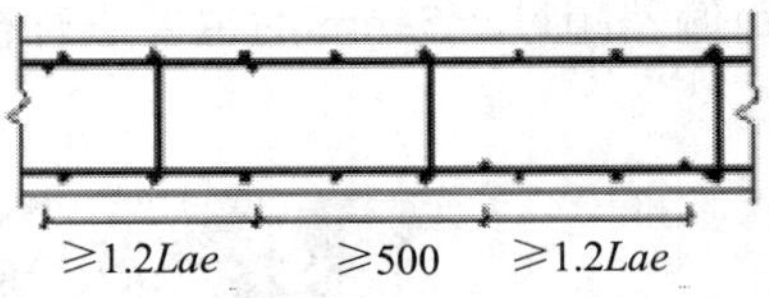

剪力墙水平筋交错搭接
（沿高度每隔一根错开搭接）

注：*Lae* 表示抗震构件的钢筋锚固长度。

图 4-27　剪力墙筋搭接构造

⑤ 连梁钢筋绑扎：

a. 墙分布筋绑扎完后，绑扎连梁钢筋，根据建筑 50 线进行量测，确保洞口高度准确。

b. 连梁主筋锚入洞口两侧墙内的长度要符合设计锚固要求。

c. 连梁箍筋与主筋用 20#绑扎丝采用兜扣绑扎，箍筋叠合处沿连梁上筋交错布置。

d. 箍筋 135°弯钩保证平行，在进两端柱内 50 mm 要设置一道箍筋，在柱外距柱边 50 mm 设置第一道起步箍筋。

e. 连梁位置处如有水电预留洞，要求根据设计总说明对连梁进行补强。连梁钢筋绑扎完后，拆除柱临时固定架。

⑥ 水平梯子筋设置：

a. 在墙模板上口 100 mm 处放置水平梯子筋，水平梯子筋可周转使用，水平梯子筋与墙竖向筋用绑扎丝绑牢。在墙上口设置水平梯子筋保证墙竖筋间距，保证墙竖向筋的平直。

b. 检查墙体钢筋歪、扭位现象，调整合格后按要求设置塑料垫圈，塑料垫圈卡在水平钢筋或柱箍筋上呈梅花状布置，间距 600 mm。

⑦ 施工中应注意柱钢筋绑扎的好坏，直接关系到墙体整个钢筋的绑扎质量，柱绑扎前应用线坠校正调直，绑扎中随时注意不得外扭、偏斜，绑扎完后搭设简易临时支撑架固定，待连梁钢筋绑扎完后才能拆除。

（5）楼梯钢筋绑扎

楼梯钢筋绑扎如图 4-28 所示。

图 4-28　楼梯钢筋绑扎

1）楼梯梁筋绑扎：将楼梯梁上下筋锚入柱，画箍筋间距、套箍筋（箍筋弯钩叠合处沿上筋交错布置），调整纵筋间距与箍筋绑扎牢固，其中上部纵向钢筋与箍筋用套扣法绑扎。

2）平台板、梯段板钢筋绑扎：在梯段板、平台板上画纵筋及分布筋间距分档线；布筋时，梯段板筋、平台板筋锚入梁内长度符合最小锚固要求；平台板预留筋与待连接的平台板筋采用搭接连接；梯段板网片筋交点用八字扣全部绑扎牢固，边绑扎边垫垫块，间距 600 mm 梅花形布置，防止混凝土浇筑时垫块下滑，用绑扎丝将垫块与主筋绑牢。踏步板筋与梯段板筋以及平台板双层网片筋之间要求垫马凳支撑，保证上层筋及负筋位置。

2. 模板工程

（1）柱模板

1）柱模板示意图：模板常采用竹（木）胶合板，如图 4-29 所示。

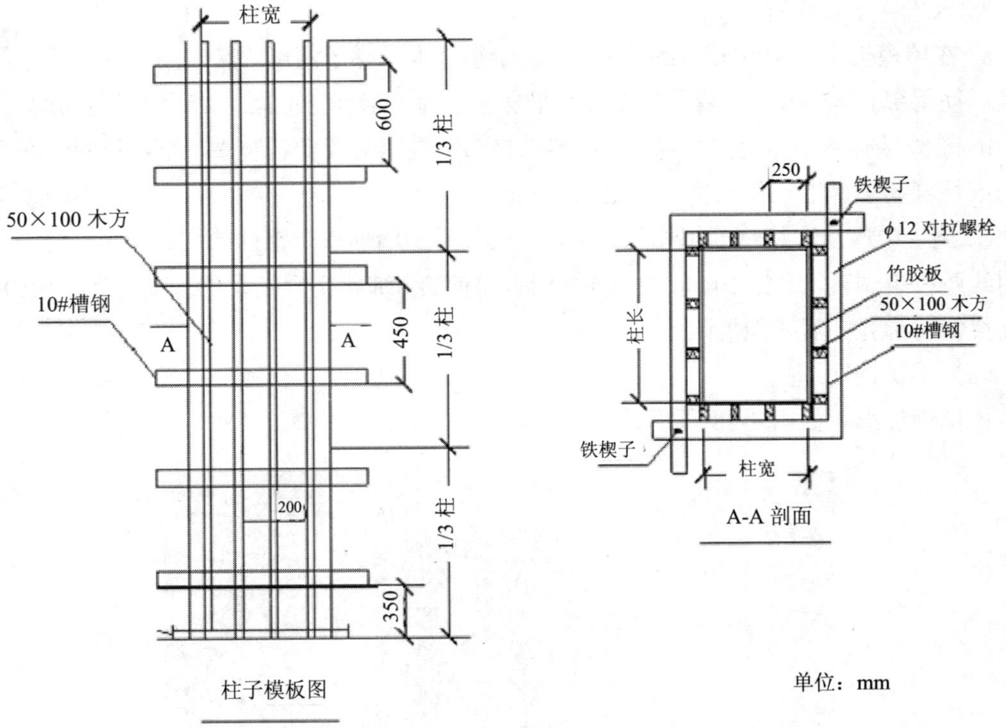

图 4-29　柱子模板示意

2）柱模施工要点：

① 柱模安装前，必须在楼板面放线、验线，放线时应弹出中心线、边线、支模控制线。

② 柱根施工缝处经剔凿、清理、吹洗净后，据柱模控制线找准模板位置，调整其垂直度。逐块修整板面、边框，清理混凝土残渣，泥浆，并涂刷脱模剂。

③ 框架柱钢筋骨架中间加设井字形钢筋限位，限位钢筋采用ϕ16 钢筋，钢筋限位与钢筋保护层卡共同组成模板内支撑。

④ 防止柱模板根部浇筑混凝土漏浆，支模前应在楼面柱子根部粘贴海绵条。

⑤ 柱模板加固常采用与满堂脚手架支撑连接，利用可调支撑及斜拉撑将柱模板固定，并在四个方向将柱模固定。

（2）墙体模板

墙体模板常采用竹（木）胶合板：次龙骨内楞采用ϕ48×3.5 钢管，横向分布，间距不大于 400 mm；主龙骨外楞采用ϕ 48×3.5 双肢钢管，水平分布间距为 500 mm。对拉螺栓采用直径ϕ14 的圆钢加工，竖向分布间距按墙下部 1/3 间距不大于 300 mm，中间 1/3 间距不大于 450 mm，上部间距不大于 550 mm 竖向布置，水平分布间距同主龙骨。剪力墙模板构造如图 4-30 所示（非防水墙体对拉螺栓设 PVC 套管以便对拉螺栓的周转使用）。

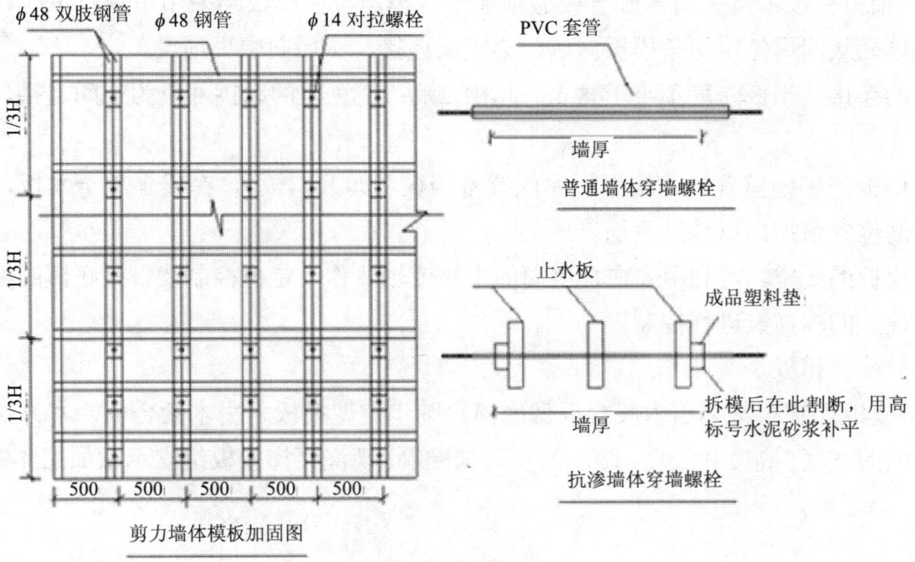

图 4-30　剪力墙模板构造

（3）楼层现浇梁、板模板

1）梁模板：框架梁采用木胶合板配制梁侧、梁底模板。侧模背次龙骨木方沿梁纵向布置，间距 300 mm，侧模主龙骨用双钢管，间距 500 mm，梁侧模增加对拉螺栓固定，对拉螺栓沿梁高每 500 mm 设一道，纵向间距每 600 mm 设置一道。梁底模木方间距沿梁宽≤150 mm，支撑体系扣件式钢管脚手架。根据楼面弹出的轴线在柱子上弹出梁位置和水平线，按设计标高调整支架的标高，安装梁底模板并拉线找平，当梁跨度≥4 m 时，跨中梁底处按设计起拱，如无要求时，起拱高度一般为梁跨的 1‰～3‰。现浇梁板模板支设如图 4-31 所示。

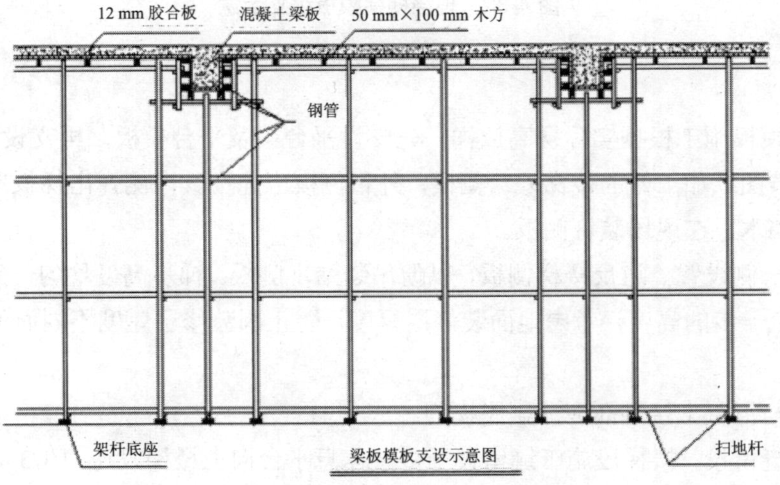

图 4-31　现浇梁板模板支设

2）顶板模板：常采用木胶合板做顶板平台模，楼板模板当采用单块就位时，宜以每个铺设单元从四周先用阴角模板与墙、梁模板连接，然后向中央铺设。

板的起拱，当板跨度不小于 8 m，起拱 2‰；注意板的起拱部位为中间起拱，四周不起拱。

在楼板施工缝留置处，根据板厚放置木挡板（即开口板），在梁上放一木板，其中间要按钢筋位置留豁口以通过钢筋。

梁模板的定位，可利用弹在柱侧面的中线或轴线作为定位控制线，梁底模的标高按弹在墙、柱上的标高线进行控制。

（4）楼梯模板

1）模板配置：常采用木胶合板做底模。踏步定型模板采用木胶合板，木方作背肋，按照楼梯的宽度、高度和长度，踏步的步数来配制。现浇楼梯模板组立示意如图 4-32 所示。

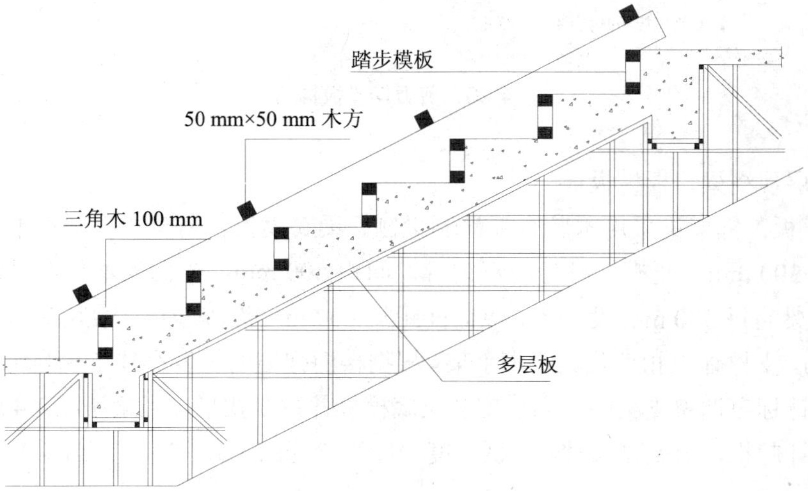

图 4-32　现浇楼梯模板组立示意

2）安装要点：

① 楼梯模板施工根据实际层高放样，先支设平台梁及平台模板，再支设楼梯段底模，然后支设已按图纸加工好的楼梯外帮侧模，外帮侧模应先在其内侧弹出梯板厚度线，钉好固定侧板的挡木，在现场装钉侧板。

② 靠墙一侧设置一道反楼梯侧板，以便吊装踏步侧板。梯步高度均匀一致，特别是最下一步及最上一步的高度，考虑地面装修层厚度，防止因装修层厚度不同而使踏步高度不协调。

③ 模板与混凝土接触面应涂刷脱模剂。

④ 施工缝留设：楼梯段施工缝留设于楼层休息平台向上楼梯段跨中 1/3 处。在各层楼面标高处休息平台施工缝留设于距平台梁 250 mm 处。

⑤ 施工缝处理：在浇筑前，将施工缝处松动的石子凿除，并浇水湿润，冲洗干净，但不得积水，浇筑前在施工缝处采用与所浇筑混凝土成分相同去除粗骨料的砂浆结合。

（5）模板制作注意事项

选择含水率小于 9%的 50 mm×100 mm 的木方，检查木方截面尺寸，在 50 mm 宽的侧面刨光，保证尺寸一致。模板面板加工前，先检查周边是否有破损，若有破损，裁去破损的边角。柱、梁的模板加工满足截面尺寸，两对角线误差小于 1 mm，尺寸过大的模板需进行刨边，否则禁止使用。翘曲、变形的木方不得作为龙骨使用。板块与板块竖向接缝处理，做成企口式拼接，然后加柱箍、支撑体系将柱固定。竹胶板模板表面平整度控制在 1 mm 以内，拼缝小于 1 mm，模板具备足够刚度、强度、稳定性，并做抛光和防潮处理。

模板加工完成后经施工员、质量员验收合格后，方可使用。

（6）模板安装注意事项

1）模板及支撑结构具有足够的强度、刚度和稳定性；固定在模板上的预埋件和预留孔不得遗漏，安装牢固且位置准确。重要预埋件根据相关设计图纸精确加工，辅以经纬仪、水准仪准确定位，安装牢固；梁、板、剪力墙所有模板的轴线位置、截面尺寸、平整度、垂直度通过自检、互检、交接检严格检查，确认无误后，进入下一道工序。

2）模板安装前，向施工班组、操作工人进行技术交底；混凝土浇筑前认真复核模板位置，柱墙模板垂直度和梁板标高，准确检查预留孔洞位置及尺寸是否准确无误，模板支撑是否牢靠，接缝是否严密。梁柱接头处是模板施工的难点，处理不好将严重影响混凝土的外观质量，此处一定要精心制作，固定牢靠。

3）所有模板在使用前都要清理干净，钢模板需涂刷专用脱模剂，模板的结构必须牢固可靠，几何尺寸符合设计要求。

4）混凝土施工时安排木工看模，出现问题及时处理。

5）做好定位基准工作。据控制轴线用墨斗在结构板面上弹出柱、墙结构尺寸线及梁的中轴线。在柱墙竖向钢筋上部 50 cm 标注高程控制点，用于控制梁板模标高。

6）对独立高柱定型模板的安装（如圆柱），其周围外脚手架要搭设牢固，并在下面留出模板运输通道，每片模板先运到靠柱根部，拼装后用手动倒链提到施工高度，下面用钢管初步固定后进行安装，检查垂直度是否符合要求，最后在柱模上中下部位用钢管与外架顶牢，外架必须和柱下部已浇混凝土部分抱箍。

7）模板在施工过程中应注意面板的保护，且必须加强工人对混凝土模板的保护意识，施工过程中应防止钢筋、钢管脚手架等对模板面板造成的物理损伤，以及在吊装模板的过程中，绳索等对模板边的损坏，以确保所浇筑混凝土的饰面效果。

8）模板细部处理：梁板模板与柱墙面的接缝处均用 2 mm 厚的防水海绵胶条粘贴处理，防止水泥浆的流失。模板表面涂刷的专用隔离剂要均匀，保持混凝土表面的颜色一致。

（7）模板拆除

柱、墙模板，其混凝土强度应在其表面及棱角不致因拆模而受到损害时，方可拆除且不早于2天。承重模板，包括梁、板等水平结构构件的底模，应在与结构同条件养护的试块强度达到规定要求时，方可进行拆除。拆模时，梁板结构的模板通过同条件养护的混凝土试件强度试验结果并结合结构尺寸和规范要求来确定，拆模时混凝土立方体抗压强度标准值见表4-15。

表4-15　拆模时混凝土立方体抗压强度标准值

构件类型	构件跨度/m	混凝土立方体抗压强度标准值的百分率/%
板	≤2	≥50
	＞2，≤8	≥75
	＞8	≥100
梁、拱、壳	≤8	≥75
	＞8	≥100
悬臂构件	—	≥100

拆模顺序及方法参见第三章第三节二、模板工程中的内容。

3. 混凝土施工

（1）混凝土施工实习工艺流程

实习工艺流程如图4-33所示。

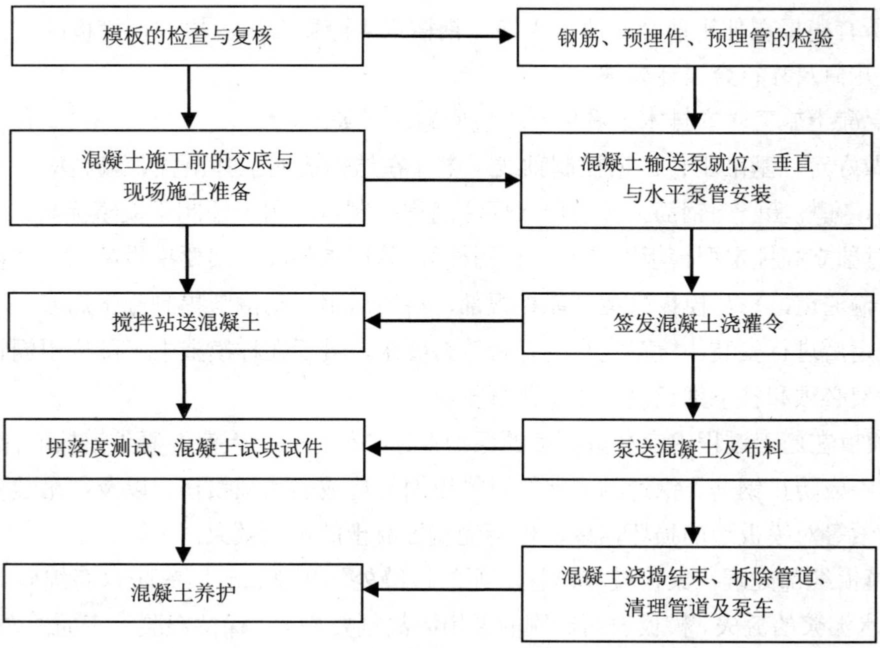

图4-33　实习工艺流程

（2）混凝土浇筑

混凝土浇筑一般采用单段单层柱、墙、梁、顶板、楼梯段混凝土整体浇筑施工方法。

1）柱、墙混凝土浇筑前，底部应填以 50～100 mm 厚与混凝土同配比去除粗骨料的砂浆。浇筑混凝土应连续进行，间隔时间不应超过 2 h，每层浇筑厚度控制在 600 mm 左右，因此必须预先安排好混凝土下料点位置和振捣器操作人员数量。振捣棒移动间距应小于 500 mm，每一振点的延续时间以表面呈现浮浆为度，为使上下层混凝土结合成整体，振捣器应插入下层混凝土 50 mm。振捣时注意钢筋密集及洞口部位，为防止出现漏振，须在洞口两侧同时振捣，下灰高度也要大体一致。大洞口的洞底模板应开口，并在此处浇筑振捣。混凝土柱、墙浇筑完毕之后，将上口甩出的钢筋加以整理，用木抹子按标高线将墙上表面混凝土找平。

2）楼梯段混凝土自下而上浇筑，先振实底板混凝土，达到踏步位置时再与踏步混凝土一起浇筑，不断连续向上推进，并随时用木抹子（或塑料抹子）将踏步上表面抹平。楼梯混凝土宜连续浇筑完，多层楼梯的施工缝应留置在楼梯段跨中 1/3 的部位。

3）梁、板混凝土浇筑时先将梁的混凝土分层浇筑成阶梯形向前推进，当达到板底标高时，再与板的混凝土一起浇筑，随着阶梯不断延长，板的浇筑也不断向前推进，当梁高度大于 100 mm 时，可先将梁单独浇筑至板底以下 50 mm 处，然后再浇板。为防止板出现裂缝，先用插入式振捣棒振捣，然后用平板振动器振捣，直到表面泛出浆为止，再用铁滚辗压，在初凝前，用铁抹子压光一遍，最后在终凝前再用木抹子压光一遍。

当梁柱混凝土的强度等级不同，在浇筑梁板混凝土时，要优先浇筑接头部位的高强度混凝土，梁板混凝土的浇筑随后跟进。如图 4-34 所示。

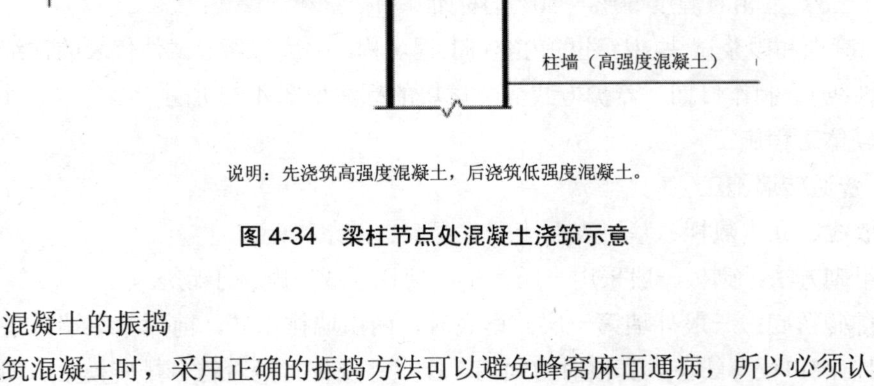

说明：先浇筑高强度混凝土，后浇筑低强度混凝土。

图 4-34　梁柱节点处混凝土浇筑示意

（3）混凝土的振捣

在浇筑混凝土时，采用正确的振捣方法可以避免蜂窝麻面通病，所以必须认真对待，精心操作。对墙、梁和柱均采用 HZ—50 插入式振捣器；在梁相互交叉处钢筋较密，可改用 HZ6X—30 插入式振动器进行振捣；对楼板浇筑混凝土时，当板厚大于 150 mm 时，采用 HZ—50 插入式振动器，但棒要斜插，然后再用平板式振动器振一遍，将混凝土整平；当板厚小于 150 mm 时，可采用 ZW10 平板式振动器振捣。

（4）混凝土的养护

混凝土浇筑完毕后，为保证已浇好的混凝土在规定的龄期内达到设计要求的强度，控制混凝土产生收缩裂缝，应及时采取有效的养护措施。

1）常温条件下养护：

① 各部位混凝土浇筑完毕拆除模板后，剪力墙、柱进行浇水养护。

② 水平结构的梁、板在表面用麻布覆盖，防止水分蒸发过快而使混凝土失水，常温下浇水养护不少于 7 天，每天浇水次数以使混凝土表面处于湿润状态为宜。养护要成立专门小组进行，重点控制好前 3 天的养护质量。

2）冬施期间混凝土养护：

① 采用综合蓄热法养护。

② 对于水平结构的梁、板，先在混凝土表面覆盖一层塑料布薄膜，然后根据气温条件再覆盖 1～2 层环保型阻燃草帘被。

③ 柱、墙在混凝土强度达到 4 MPa，温度冷却到 5℃并和环境温度之差不大于 20℃之前要求在模板上填塞聚苯板，绑环保型阻燃草帘被进行保温养护，在墙顶、柱顶位置处先覆盖一层黑塑料布薄膜，然后再覆盖两层草帘被进行保温保湿养护；模板拆除后在柱墙混凝土表面涂刷养护剂的方法进行养护。

④ 养护时间：抗渗混凝土不得少于 14 天，普通混凝土不得少于 7 天。

⑤ 混凝土强度达 1.2 MPa 后，允许操作人员行走，进行轻便工作，但不得有冲击性操作。

3）现场标养室及试块的标注：

① 标养室温度、湿度条件应符合的要求：混凝土和水泥砂浆试块标养条件为温度 20℃±2℃，相对湿度 95%以上的环境或水中的标准条件。水泥混合砂浆试块标养条件为温度 20℃±3℃，相对湿度 60%～80%的标准条件。

② 混凝土和砂浆试块应标注的内容：工程名称、强度等级、试件代表的详细工程部位（楼层、轴线）、制作日期、养护方式等。试块的标注如图 4-35 所示。

4．砌体工程施工

（1）普通砖墙施工

1）放线、立皮数杆、基层表面清理、湿润、砂浆拌制。

2）组砌方法：砌体一般采用一顺一丁、梅花丁或三顺一丁砌法。

3）排砖撂底：一般外墙第一层砖撂底时，两山墙排丁砖，前后檐纵墙排条砖。根据弹好的门窗洞口位置线，认真核对窗间墙、垛尺寸及位置是否符合排砖模数。如不符合模数时，可在征得设计同意的条件下将门窗的位置左右移动，使其符合排砖的要求。若有破活，七分头砖或丁砖应排在窗口中间、附墙垛或其他不明显的部位。移动门窗口位置时，应注意暖卫立管安装及门窗开启时不受影响。另外，排砖还考虑在门窗口上边的砖墙合拢时也不出现破活。

图 4-35 试块的标注

4）盘角：砌砖前应先盘角，每次盘角不要超过 5 层。新盘的大角，及时进行吊、靠。如有偏差要及时修整。盘角时要仔细对照皮数杆的砖层和标高，控制好灰缝大小，使水平灰缝均匀一致。大角盘好后再复查一次，平整度和垂直度完全符合要求后，再挂线砌墙。

5）挂线：砌筑一砖半墙必须双面挂线，如果长墙几个人均使用一根通线，中间应设几个小支点，小线要拉紧，每层砖都要穿线看平，使水平缝均匀一致，平直通顺；砌一砖厚混水墙时宜采用外手挂线。

6）砌砖：

① 砖墙的转角处，每皮砖的外角应加砌七分头砖。当采用一顺一丁砌筑形式时，七分头砖的顺面方向依次砌顺砖，丁面方向依次砌丁砖。一顺一丁转角砌法如图 4-36 所示。

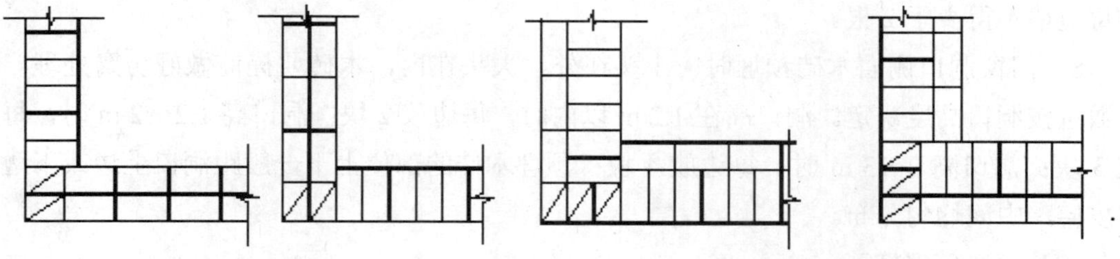

（a）一砖墙转角　　（b）一砖半墙转角

图 4-36 一顺一丁转角砌法

② 砖墙的丁字交接处，横墙的端头隔皮加砌七分头砖，纵横隔皮砌通。当采用一顺一丁砌筑形式时，七分头砖丁面方向依次砌丁砖。一顺一丁的丁字交接处砌法如图 4-37 所示。

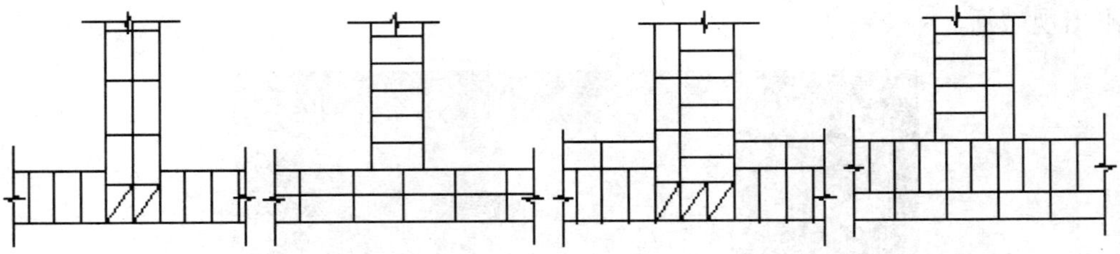

（a）一砖墙丁字接　　（b）一砖半墙丁字接

图 4-37　一顺一丁的丁字交接处砌法

③ 砖墙的十字交接处，应隔皮纵横墙砌通，交接处内角的竖缝应上下相互错开 1/4 砖长。一顺一丁的十字交接处砌法如图 4-38 所示。

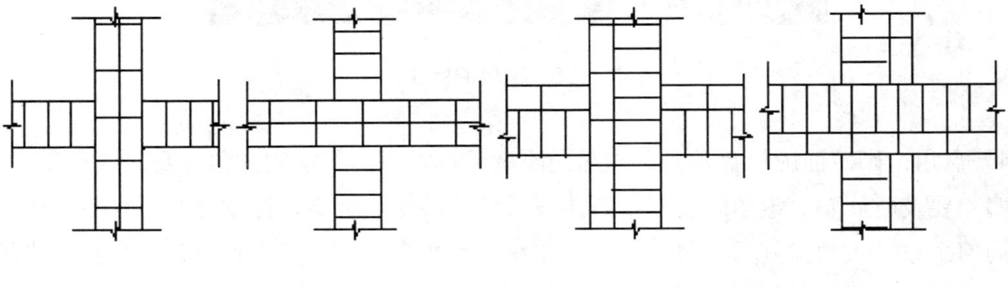

（a）一砖墙十字接　　（b）一砖半墙十字接

图 4-38　一顺一丁的十字交接处砌法

④ 宽度小于 1 m 的窗间墙，应选用整砖砌筑，半砖和破损的砖应分散使用在受力较小的砖墙，小于 1/4 砖块体积的碎砖不能使用。

7）留槎：外墙转角处应同时砌筑，隔墙与承重墙不能同时砌筑又留成斜槎时，可于承重墙中引出凸槎，并在承重墙的水平灰缝中预埋拉接筋，其构造符合规范直槎的要求，但每道墙不得少于 2 根。

8）门窗洞口侧面木砖预埋时应小头在外，大头在内，木砖要提前做好防腐处理。木砖数量按洞口高度决定。洞口高在 1.2 m 以内时，每边放 2 块；洞口高 1.2～2 m 时，每边放 3 块；洞口高 2～3 m 时，每边放 4 块；预埋木砖的部位上下一般距洞口上边或下边各四皮砖，中间均匀分布。

（2）空心砖墙施工

1）放线：空心砖墙砌筑前，应在楼面上定出轴线位置，在柱上标出标高线。

2）立皮数杆：在各转角处设立皮数杆，皮数杆间距不得超过 15 m。皮数杆上应注明门窗洞口、木砖、拉结筋、圈梁、过梁的尺寸标高。皮数杆应垂直、牢固、标高一致。

3）排列空心砖：第一皮砌筑应试摆，尽量采用主规格空心砖。按墙段实量尺寸和空心砖规格尺寸排列摆块，不足整块的可锯截成需要尺寸，但不小于空心砖长度的1/3。

4）拉线：在皮数杆上相对空心砖上边线之间拉准线，空心砖以准线砌筑。

5）砂浆拌制：砂浆拌制宜采用机械搅拌。搅拌加料顺序和时间：先加砂、掺合料和水泥干拌1 min，再加水湿拌。总的搅拌时间不得少于4 min。若加外加剂，则在湿拌1 min后加入。

6）砌筑：

① 砌空心砖宜采用刮浆法。竖缝应先批砂浆后再砌筑。当孔洞呈垂直方向时，水平铺砂浆，应用套板盖住孔洞，以免砂浆掉入孔洞内。

② 空心砖墙应采用全顺侧砌，上下皮竖缝相互错开1/2砖长。空心砖墙与普通砖墙交接如图4-39所示。

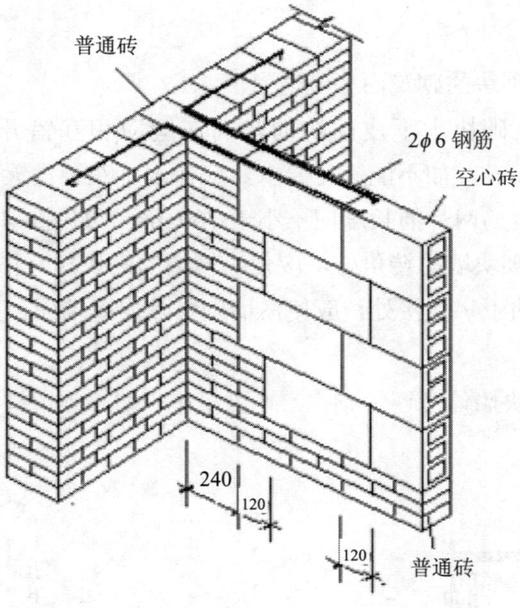

图4-39 空心砖墙与普通砖墙交接

③ 空心砖墙中不够整砖部分，宜用无齿锯加工制作非整砖块，不得用砍凿方法将砖打断。补砌时应使灰缝砂浆饱满。

④ 空心砖与普通砖墙交接处，应以普通砖墙引出不小于240 mm长与空心砖墙相接，并与隔2皮空心砖高在交接处的水平灰缝中设置2ϕ6钢筋作为拉结筋，拉结钢筋在空心砖墙中的长度不小于空心砖长加240 mm。

⑤ 空心砖墙的转角处，应用烧结普通砖砌筑，砌筑长度角边不小于240 mm。

⑥ 空心砖墙砌筑不得留斜槎或直槎，中途停歇时，应将墙顶砌平。在转角处、交接处，空心砖与普通砖应同时砌筑。

⑦ 管线槽留置时，可采用弹线定位后用开槽机开槽，不得采用斩砖预留槽的方法。

7）勾缝：在砌筑过程中，应采用“原浆随砌随收缝法”，先勾水平缝，后勾竖向缝。灰缝与空心砖面要平整密实，不得出现丢缝、瞎缝、开裂和黏结不牢等现象，以避免墙面渗水和开裂，以利于墙面粉刷和装饰。

8）砌筑到顶部预留一定距离，静置 7 天以后，可采用斜砌的方法进行补砌，或采用细石混凝土加防腐木楔进行补砌。

（3）轻骨料混凝土小型空心砌块砖墙施工

参考本章普通混凝土小型空心砌块相关内容。

（4）蒸压加气混凝土砌块墙施工

1）蒸压加气混凝土砌块砌体施工放线、立皮数杆、排列砌块、拉线、砂浆拌制及勾缝见空心砖的相关规定。

2）砌筑：

① 蒸压加气混凝土砌块的砌筑面上应适量洒水。

② 蒸压加气混凝土砌块上下皮砌块的竖向灰缝应相互错开，相互错开长度宜为 300 mm，并不小于 150 mm。如不能满足要求，应在水平灰缝设置 2ϕ6 的拉结钢筋或ϕ4 钢筋网片，拉结钢筋或钢筋网片的长度应不小于 700 mm。如图 4-40 所示。

③ 蒸压加气混凝土砌块墙的转角处，应使纵横墙的砌块相互搭接，隔皮砌块露端面。蒸压加气混凝土砌块墙的丁字交接处，应使横墙砌块隔皮露端面，并坐中于纵墙砌块。如图 4-41 所示。

④ 每一楼层内的砌块墙体应连续砌完，不留接槎。如必须留槎时，应留成斜槎，或在门窗洞口侧边间断。

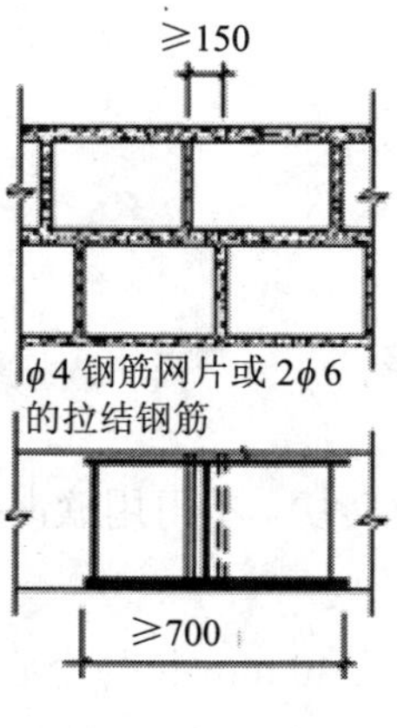

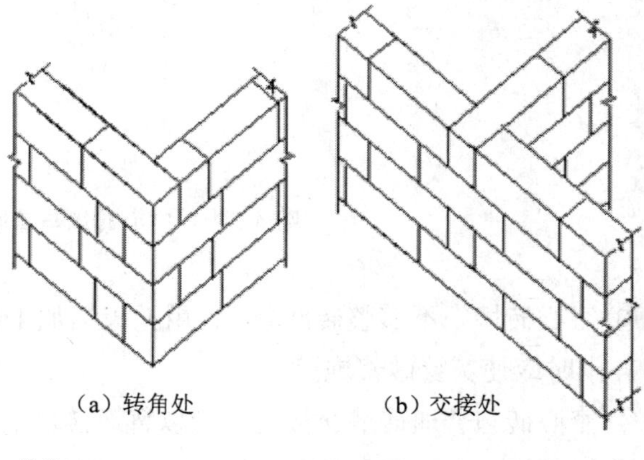

单位：mm

图 4-40　蒸压加气混凝土砌块墙中拉结筋　　　图 4-41　蒸压加气混凝土砌块的转角处、交接处砌法

⑤ 蒸压加气混凝土砌块墙的转角处、与结构柱交接处，均应沿墙高或柱高 1 m 左右，在水平灰缝中放置拉结钢筋，拉结钢筋为 2ϕ6，钢筋应预先埋置在结构柱内，伸入墙内时不少于 700 mm。

⑥ 蒸压加气混凝土砌块外墙的窗口下一皮砌块下的水平灰缝应设置拉结钢筋，拉结钢筋为 3ϕ6，钢筋伸过窗口侧边应不小于 500 mm。砌块墙窗口下配筋如图 4-42 所示。

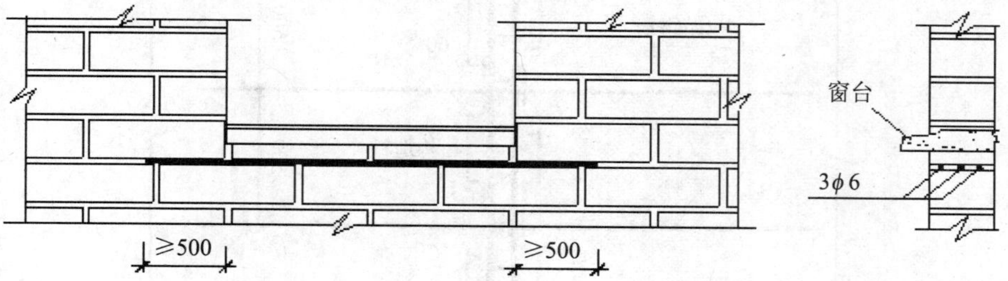

单位：mm

图 4-42 砌块墙窗口下配筋

⑦ 蒸压加气混凝土砌块墙上不得留设脚手眼。

⑧ 蒸压加气混凝土砌块墙如无切实有效措施，不得用于下列部位：建筑物室内地面标高以下部位；长期浸水或经常受干湿交替部位；受化学环境侵蚀（如强酸、强碱）或在高浓度二氧化碳情况下等环境；砌块表面经常处于 80℃以上的高温环境。

⑨ 砌筑到顶部预留一定距离，静置 7 天以后，可采用斜砌的方法进行补砌，或采用细石混凝土加防腐木楔进行补砌。

（5）构造柱设置

1）放线、立皮数杆、基层表面清理、湿润、砂浆拌制。

2）构造柱钢筋绑扎：钢筋一般采用 HPB235 级或 HRB335 级钢筋，竖向钢筋绑扎前必须做除锈、调直处理。钢筋末端应作弯钩。底层构造柱的竖向受力钢筋与基础圈梁（或混凝土底脚）的锚固长度不应小于 35 倍竖向钢筋直径，并保证钢筋位置正确。

构造柱的竖向受力钢筋需接长时，可采用绑扎接头，其搭接长度一般为 35 倍钢筋直径，在绑扎接头区段内的箍筋间距不应大于 200 mm。

构造柱应沿整个建筑物高度对正贯通，严禁层与层之间构造柱相互错位。

3）砌筑砌体：墙与构造柱的连接处应砌成马牙槎，砌马牙槎应先退后进，以保证构造柱脚为大断面。每一个马牙槎的高度不宜超过 300 mm，并应沿墙高每隔 500 mm 设置 2ϕ6 拉结钢筋，拉结钢筋每边伸入墙内不宜小于 600 mm。砖墙与构造柱连接如图 4-43 所示。

4）构造柱支模：在每层砖墙及其马牙槎砌好后，在马牙槎周边位置粘贴双面胶带，然后支设模板，将模板与所在墙的两侧双面胶带严密贴紧，支撑牢固，防止模板在接茬处漏浆。

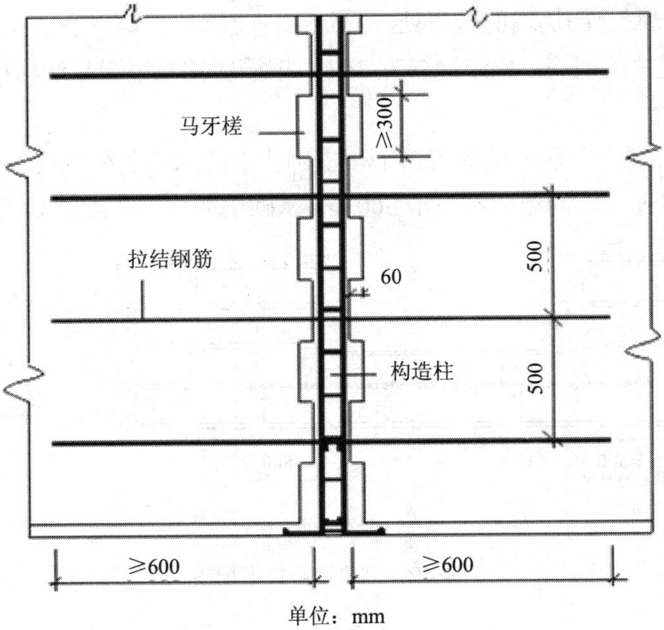

图 4-43 砖墙与构造柱连接

在逐层安装模板之前，必须根据构造柱轴线校正竖向钢筋位置和垂直度。箍筋间距应准确，并分别与构造柱的竖筋和圈梁的纵筋相垂直，绑扎牢靠。构造柱钢筋的混凝土保护层厚度一般为 20 mm，并不得小于 15 mm。

支模时还应注意在构造柱的底部（圈梁面上）应留出 2 皮砖高的孔洞，以便清理模板内的杂物，清除后封闭。

5）混凝土浇筑：在构造柱浇筑混凝土前，必须将马牙槎部位和模板浇水湿润（钢模板面不浇水，刷隔离剂），并将模板内的砂浆残块、砖渣等杂物清理干净。并在结合面处注入适量与构造柱混凝土相同的去石水泥砂浆。

浇筑构造柱的混凝土，其坍落度一般以 50～70 mm 为宜，以保证浇筑密实，也可根据施工条件及气温高低，在保证浇筑密实情况下加以调整。混凝土应随拌随用，拌和好的混凝土应在 1.5 h 内浇灌完。

构造柱的混凝土浇筑可以分段进行，每段高度不宜大于 2 m。在施工条件较好，并能确保浇筑密实时，也可每一楼层一次浇筑。

浇筑构造柱混凝土时，宜用插入式振动器，分层捣实。振捣棒随振随拔，每次振捣层的厚度不得超过振捣棒有效长度的 1.25 倍，一般为 200 mm 左右。振捣棒应避免直接触碰钢筋和砖墙，严禁通过砖墙传振，以免砖墙鼓肚和灰缝开裂。

新老混凝土接槎处，须先用水冲洗、湿润，再铺 10～20 mm 厚的水泥砂浆（用原混凝土配合比去掉石子），方可继续浇筑混凝土。

在砌完一层墙后和浇筑该层构造柱混凝土前，应及时对已砌好的独立墙体加稳定支撑，必须在该层构造柱混凝土浇筑完毕后，才能进行上一层的施工。

第四节 施工员的施工组织管理协调

施工组织管理的内容主要包括“三控三管一协调”，施工员在施工组织管理过程中，应重点掌握对进度和成本的控制。

一、施工员对工程进度的组织管理

建设工程项目是在动态条件下实施的，因此进度控制也就必然是一个动态的管理过程，包括进度目标的分析和论证，其目的是论证进度目标是否合理，进度目标有否可能实现；在收集资料和调查研究的基础上编制进度计划；进度计划的跟踪检查和调整，包括定期跟踪检查所编制进度计划的执行情况，若执行有偏差，则采取纠偏措施，并视必要调整进度计划。作为施工员应重点掌握进度计划的编制、跟踪检查和调整。工期控制程序如图4-44 所示。

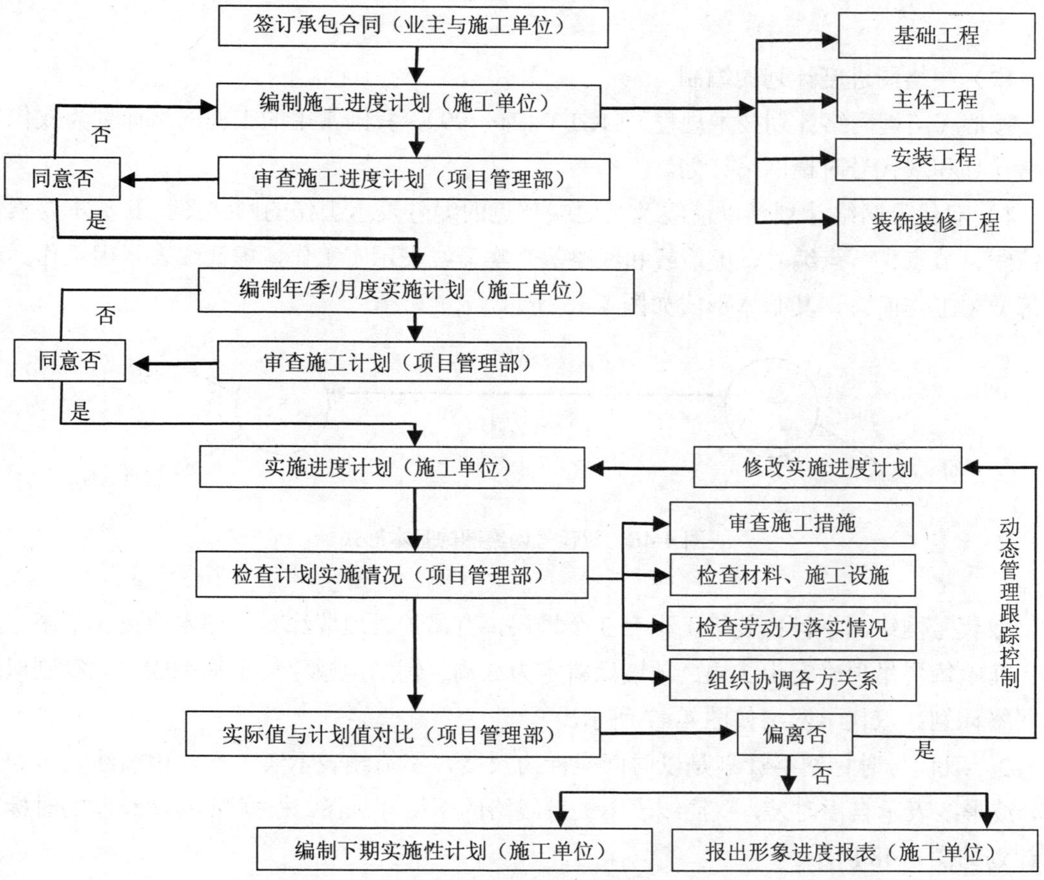

图 4-44 工期控制程序

1. 进度计划的编制

进度计划的编制常采用横道图或网络图的形式。

（1）横道图进度计划的编制

横道图是一种最简单、运用最广泛的传统计划编制方法。横道图的表头为工作及简要说明，项目进展表示在时间表格上，按照所表示工作的详细程度，时间单位可分为小时、天、周、月等，这些时间单位经常用日历表示。横道图也可将工作简要说明放在横道线上，横道图计划表中进度（横道）线与时间坐标相对应，其优点是表达方式直观，易于看懂计划编制的意图，其缺点是工序之间逻辑关系不易表达清楚，只能用手工，工作量大等。适用于小型项目或大型项目的子项上。横道图如图 4-45 所示。

序号	分项工程名称	天数													
		2	4	6	8	10	12	14	16	18	20	22	24	26	28
1	土方工程														
2	基础工程														
3	承台梁工程														

图 4-45 横道图

（2）网络图进度计划的编制

按照《工程网络计划技术规程》(JGJ/T 121—99)，我国常用的工程网络计划为双代号网络计划和双代号时标网络计划。

1）双代号网络计划是以箭线及其两端节点的编号表示工作的网络图，其基本要素包括箭线、节点、节点编号、虚箭线和线路等。实箭线表示实工作，虚箭线表示虚工作。对于每一项工作而言，其基本形式如图 4-46 所示。

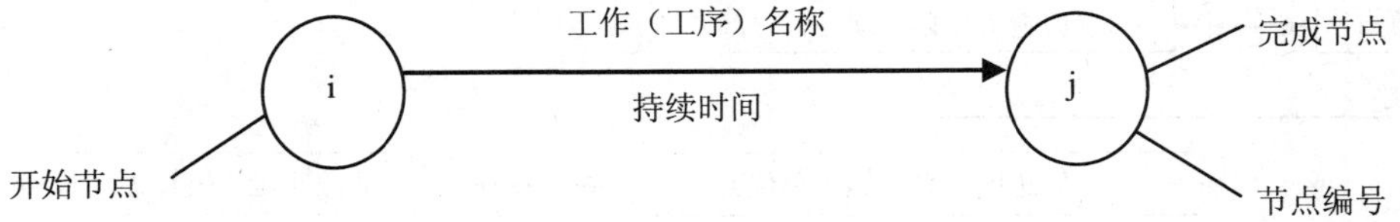

图 4-46 双代号网络图的基本形式

双代号网络图举例：装修工程有 3 个楼层，有吊顶、顶墙涂料和铺木地板 3 个施工过程。其中每层吊顶确定为 3 周、顶墙涂料定为 2 周、铺木地板定为 1 周完成。试绘制双代号网络计划。双代号网络如图 4-47 所示。

2）双代号时标网络计划是以时间坐标为尺度，实箭线表示实工作，虚箭线表示虚工作，波形线表示自由时差，双箭线表示关键线路的网络计划图。根据图 4-47 绘制的时标网络计划如图 4-48 所示。

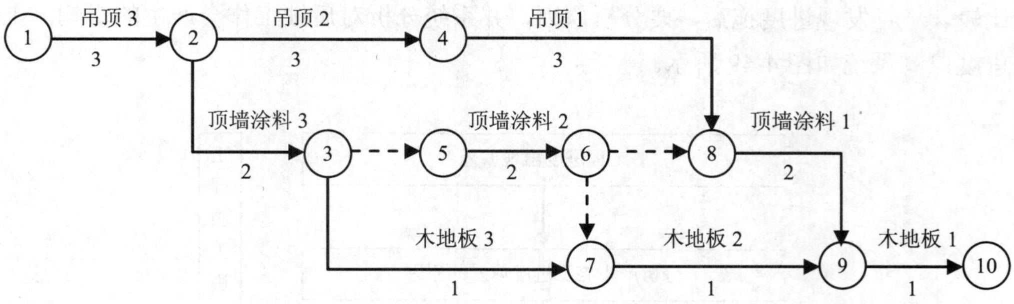

图 4-47 双代号网络

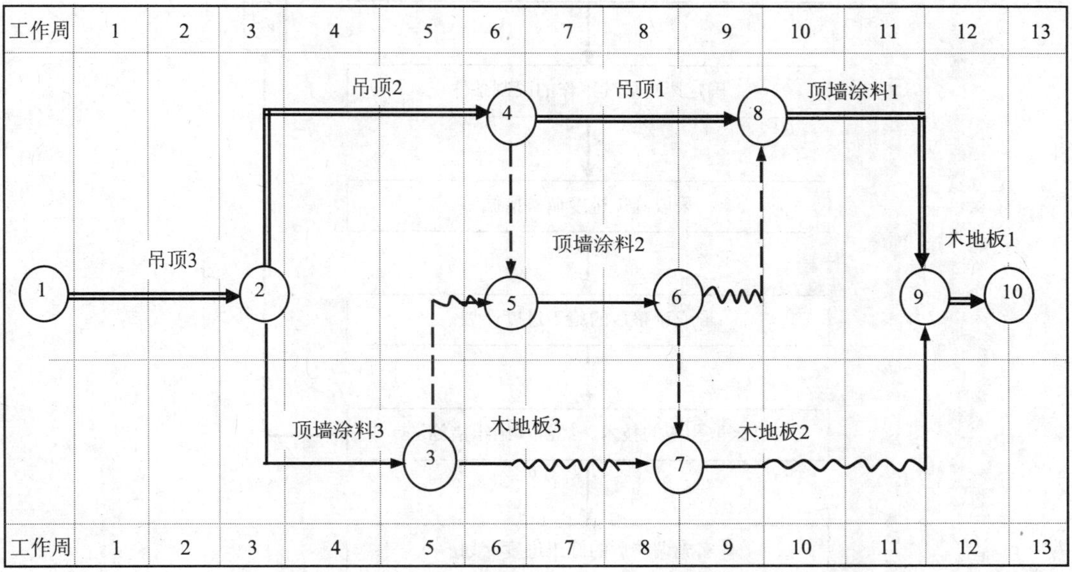

图 4-48 双代号时标网络计划

（3）单位工程进度计划的编制步骤

编制步骤：收集编制依据→划分施工过程、施工段和施工层→确定施工顺序→计算工程量→计算劳动量或机械台班需用量→确定持续时间→绘制可行施工进度计划图→优化并绘制正式施工进度计划图。

2．进度计划的控制

在确保工程质量和安全的基础上，对工程施工进度实行严格控制，以总进度网络计划为依据，按不同施工阶段、不同专业工种分解为不同的进度分目标，以各项技术、管理措施为保证手段，进行施工全过程的动态控制。

（1）管理措施

施工进度计划的控制是一个循序渐进的动态控制过程，施工现场的条件和情况千变万化，施工员要及时了解和掌握与施工进度有关的各种信息，不断将实际进度与计划进度进行比较。一旦发现进度拖后，要分析原因，并系统分析对后续工作会产生的影响。工程施工进度控制系统如图 4-49 所示。

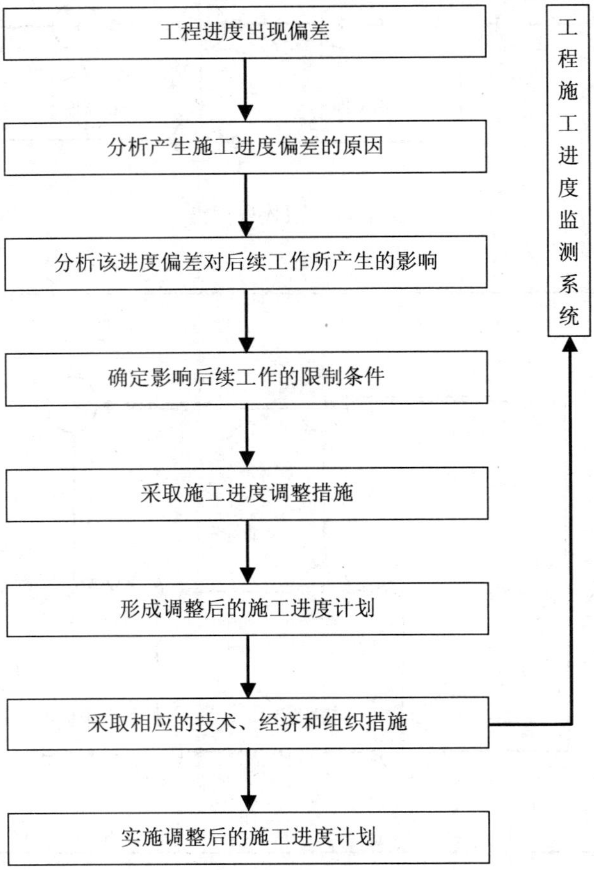

图 4-49 工程施工进度控制系统

1）建立严格的《施工日志》制度，逐日详细记录工程进度，质量、设计修改、工地洽商和现场拆迁等问题，以及工程施工过程必须记录的有关问题。

2）坚持每周定期召开由施工负责人主持，各专业工程施工负责人参加的工程施工协调会议，听取关于工程施工进度问题的汇报，协调工程施工外部关系，解决工程施工内部矛盾，对其中有关施工进度的问题提出明确的计划调整意见。

3）各级领导必须“干一观二计划三”，提前为下道工序的施工做好人力、物力和机械设备的准备，确保工程一环扣一环地紧凑施工。对于影响工程施工总进度的关键项目、关键工序，主要领导和有关管理人员必须跟班作业，必要时组织有效力量，加班加点突破难点，以确保工程总进度计划的实现。

（2）保证工期的技术措施

1）设计变更因素：设计变更因素是进度执行中最大干扰因素，其中包括改变部分工程的功能引起大量变更施工工作量，以及因设计图纸本身的欠缺而变更或补充造成增量、返工，打乱施工流水节奏，致使施工减速、延期甚至停顿。针对这些现象，施工员要通过理解图纸与建设单位意图，进行自审、会审和与设计院交流，采取主动姿态，最大限度地实现事前预控，把影响降到最低。

2）保证资源配置：

① 劳动力配置充分、合理。

② 材料按照进度计划及时进货，满足施工要求。

③ 机械配备满足工程正常施工使用，还要保证有效备用。

④ 资金配备确保施工能顺利进行。

⑤ 后勤保障完善。

3）技术因素：

① 实行工种流水交叉，循序跟进的施工程序，抢工期期间昼夜分两班作业。

② 发扬技术力量雄厚的优势，大力应用、推广“三新项目”（新材料、新技术、新工艺），运用 ISO 9002 国际标准、TQC、网络计划、计算机等现代化的管理手段或工具为本工程的施工服务。

（3）对配属队伍的进度管理

1）要求配属劳务队伍配备精干施工人员进行本工程施工，所有人员上报上岗证，配属队伍配备相应班组长、安全员、质量员，各班组长均服从项目部指挥，确保政令畅通。

2）按内部定额及工程量确定进场人员数量，并准备备选施工队伍，确保能随时进场施工。

3）根据工程竣工日期，编制详尽的各分部分项总体施工计划、月计划及周计划，严格按计划目标进行施工，建立目标奖罚制度。明确关键工序，对影响施工进度的关键工序，配属队伍负责人必须亲自组织力量，加班加点进行突击，技术负责人及班组长要跟班作业，确保关键工序按时完成。

4）施工计划列入合同管理范围，未完成计划即按违约进行处理。配属队伍必须找出滞后原因并制订追赶计划，如一周内能完成计划，项目部撤销违约责任的追究，如两周内仍未完成计划，项目部有权与配属劳务队伍解除施工合同，并处相应罚款。

5）项目部保证资金正常运转，确保施工质量、安全和施工资源正常供应。同时为了进一步保证工程进度，采用劳动竞赛制度，对能够在保证质量的前提下提前完成进度计划的配属队伍进行奖励，对未完成进度计划的进行处罚。

6）制订周例会及不定期例会制度，配属队伍经理、施工员、班组长参加例会，落实本周计划，并研究解决现场施工中的重点及难点问题，保证工期顺利进行。同时由配属队伍提供料具单，料具单必须注明最迟进场时间，项目部安排专人给予调配或购买，对进场后需复检的材料，如钢筋、水泥等提前进场，以便检测报告在使用前出具，确保不出现停工待料现象。

7）各配属队伍应合理安排施工顺序，科学组织施工，各工序相互穿插施工，主体阶段安装预留、预埋随时插入，不占用关键线路时间，保证良好配合避免互相影响施工，造成工序时间延长。

8）与配属队伍签订农忙季节确保施工人员数量的协议，保证在农忙季节不影响工程正常进度，否则项目部有权对合同内的内容另行安排配属队伍施工，直至解除与原配属队伍合同。

二、施工员对施工成本的组织管理

工程的施工成本目标是使工程实际成本始终控制在合同价范围之内，并保证各项上缴费用。在此基础上，通过及时、严密、有效的成本管理工作力争多获利润，取得较好的经济效益。由于施工员这一岗位贯穿于整个施工过程，故施工员对成本的控制起举足轻重的作用。

1. 施工项目成本的概念

施工项目成本是指建筑业企业以施工项目作为成本核算对象的施工过程中所耗费的生产资料转移价值和劳动者的必要劳动所创造的价值的货币形式。即某施工项目在施工中所发生的全部生产费用总和，包括所消耗的主、辅材料，构配件，周转材料的摊销费或租赁费，施工机械台班费或租赁费，支付给生产工人的工资、奖金以及项目经理部为组织和管理工程所发生的全部费用支出。

施工项目成本不包括劳动者为社会所创造的价值（如税金和计划利润），也不应包括不构成施工项目价值的一切非生产支出。

施工项目成本是建筑业企业的产品成本，亦称工程成本，一般以项目的单位工程作为成本核算对象，通过各单位工程成本核算的综合来反映施工项目成本。

2. 施工项目成本控制的概念

施工项目成本控制，是指项目经理部在项目成本形成的过程中，为控制人、机、材消耗和费用支出，降低工程成本，达到预期的项目成本目标，所进行的成本预测、计划、实施、核算、分析、考核、整理成本资料与编制成本报告等一系列活动。

3. 施工项目成本控制的程序

施工项目成本控制的程序如图 4-50 所示。

4. 成本控制

成本根据判定的成本目标，执行成本管理程序，对成本形式的每项经营活动进行监督和调整，使成本始终控制在预算成本范围内。通过成本管理程序能够及时发现成本偏差，随即分析原因，采取措施予以纠正，达到降低成本的目的。在成本计划初步确定后，为了保证成本计划的实现，业务部门按各自职能范围具体落实。如人工费，内业部门每月按照劳动力计划及其动态曲线，向项目经理提供人员使用情况报表。在每一结构施工面积减少之前，根据施工实情相应减少人数，报与项目经理，尽量减少人员投入。

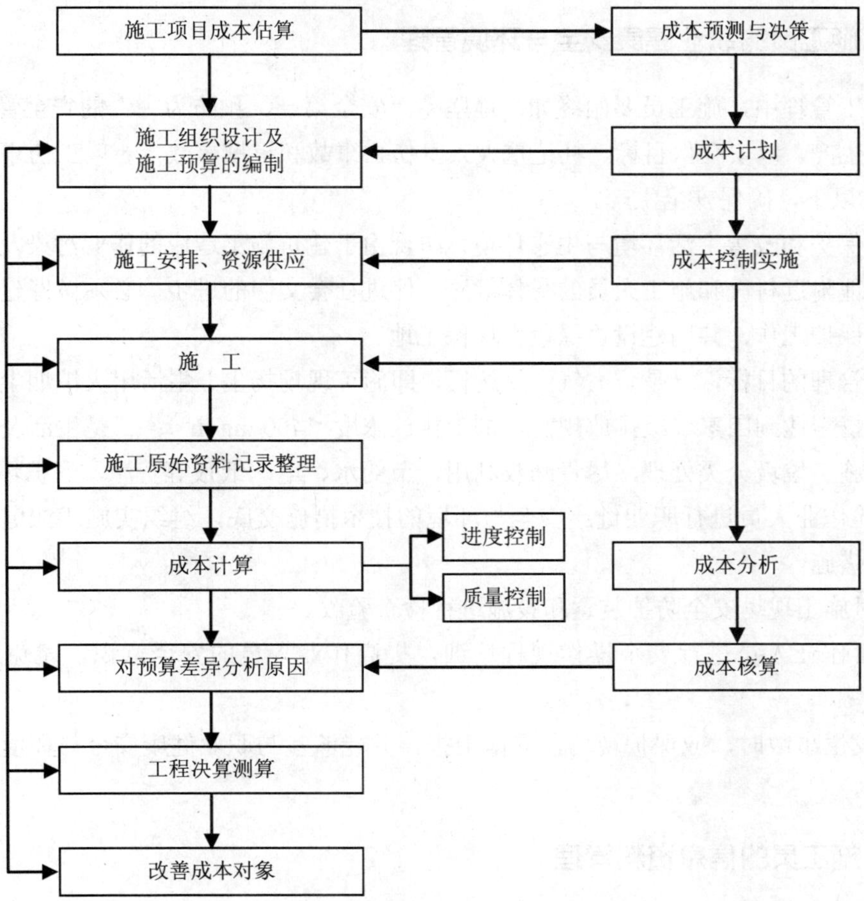

图 4-50　施工项目成本控制的程序

施工过程中的成本控制是通过经常及时的成本分析，检查各个时期各项费用的使用情况和成本计划的执行情况，分析节约和超支的原因，从而挖掘降低成本的潜力。成本分析工作，每月末进行一次，将本月预算数与实际发生的人工费、材料费、机械费、管理费分项进行对比，考核计划成本的执行情况。着重分析预算成本与实际成本的差异，找出原因，制订调整措施，再进入成本控制循环，使项目成本始终保持在有明确目标的轨迹上。

对材料费用控制：材料费的控制主要从材料采购单价入手，在市场价格低落时购入或签订材料采购合同，将因材料市场价格波动引起的费用增加尽量减少。采用合理经济的施工工艺，如模板系统采用实用快捷的快拆系统，加速模板周转及施工进度，提高劳动效率。同时注意废旧回收；钢筋合理配料，并采用适宜的形式接长，节约钢筋量。在材料使用过程中，严格按照工程量，采取限额领料形式，建立起一套从计划→采购→到使用的管理制度，减少材料费用在各个环节的耗损因素，做好成本的事前控制。

三、施工员的职业健康安全与环境管理

在施工管理中，施工员要始终如一地坚持“安全第一、预防为主”的安全管理方针，以安全促生产，以安全保目标。杜绝重大人身伤亡事故和机械事故，一般工伤事故频率控制在15‰以下，确保安全生产。

为了保护和改善生活环境与生态环境，防止由于建筑施工造成的作业污染及扰民，保障建筑工地附近村民和施工人员的身体健康，促进社会文明的进步，必须做好建筑施工现场的环境保护工作，共同建设“绿色”环保工地。

环境管理的目标，一是防大气污染达标，即施工现场扬尘、生活用火炉烟尘的排放符合要求（扬尘达到国家二级排放规定，烟尘排放浓度＜400 mg/m^3）；二是生活及生产污水达标，即施工垃圾分类处理，尽量回收利用，节约水、电、纸张等资源，保护环境。

1）向作业人员进行职业健康安全与环境的技术措施交底，组织实施职业健康安全与环境技术措施。

2）对施工现场安全防护装置和设施进行检查验收。

3）对作业人员进行安全操作规程培训，提高作业人员的安全意识，避免产生安全隐患。

4）发生事故时，应保护现场，立即上报，并能够参与职业健康安全与环境问题的调查分析。

四、施工员的信息资料管理

1. 施工员的施工记录工作

施工员应对施工记录做到办理及时，时间准确，手续齐全。其主要内容如下：

1）地基钎探：应有钎探记录、绘制探点布置图、应有钎探结论及甲方签字盖章，地基需做处理时，应将处理部位尺寸、标高等情况记入钎探平面图中，并有复验记录。

2）桩基施工记录：应按规定做试桩和桩的施工记录、试验记录、绘制桩位竣工图和补桩平面图。

3）结构安装：预制混凝土楼板（屋面板）的安装记录，混凝土构件、钢构件、木构件等均应有吊装记录，应有构件型号、部位、搁置长度、固定方法等。

4）现场预应力记录：应有张拉记录和施加预应力记录。

5）沉降观测：凡设计要求做观测的项目，应有沉降观测记录，并有观测点的平面布置图与沉降曲线。

6）施工测量记录：混凝土冬期测温应包括大气温度、原材料温度、出机温度、入模温度和养护温度，并附测温点、部位、深度布置图。

7）施工放线记录：工程定位放线、定位测量、验线记录及楼层测量记录。

8）通风道、垃圾道畅通记录：应全部检查，并做好记录。

9）质量事故处理记录：应有质量事故报告，处理方案和实施记录。

10）单位（子单位）工程安全和功能检验主要抽查记录。

2．施工员的施工日志工作

施工日志是单位工程技术档案资料的内容之一，是工程竣工后存入工程技术档案的备查资料。施工日志应用统一格式的专用记录本，由施工员按单位工程记录，不得混用。记录的内容主要是日期、当日的气候、施工动态和技术质量问题及与工程有关的其他内容。工程施工日志见表4-16。

表4-16 工程施工日志

鲁JJ—039

年 月 日 星期			天气 气温 ℃ 风力 级 风向/		
当日工程 施工部位		当日工程 施工内容		当日工程 形象进度	

今日检（试）验情况	
备 注	

1）施工内容、部位、进度要记录详细。

2）原材料进场验收及检验情况：水泥、钢材、预拌混凝土、砖等进场数量、使用部位、规格、强度等级及生产厂家，进场验收情况，抽样检验数量及试验部位、试验结果等。

3）施工试验情况：混凝土、砂浆试块留置的组数、代表部位、强度等级、试验结果；焊缝抽样检验情况；混凝土、砂浆的配合比及计量情况。

4）基础、楼层放线抄测记录；对班组的技术交底记录；对混凝土结构、试块、水泥地面浇水、养护情况。

5）工程质量检查情况：隐蔽工程的参加人员、验收部位及存在的问题；原材料、施工试验不合格的处理；实体质量指过程质量检查情况及隐蔽验收检查情况，应注明部位、数量、项目内容、限期整改情况及参加人员。质量检查存在的问题及改进措施；发生的质量、安全事故的情况。

6）工程设计变更情况。

7）劳动力安排情况。

8）安全网、安全带、安全帽、井架、施工机械设备等检查记录。

9）其他情况的记录。

施工日志要做到从开工到竣工逐日及时记录，内容齐全、真实、准确，文字简练、清楚。

五、施工员与项目部内部其他岗位的协调

1．与质量员的协调

施工员负责对施工作业班组技术交底工作，质量员实施检查、监督。

2．与测量员的协调

施工员组织测量放线，有两方面工作职责，一是要为测量员具体进行测量工作时提供支持和便利；二是在测量员测量工作完成后组织技术、质量等有关人员进行“验线”。

3．与质量员的协调

施工员参与质量员质量检查工作，并落实预控措施和检查后提出整改措施。

4．与材料员的协调

施工员与材料员经常沟通，落实材料进场时间、卸货地点；发生变更调整，及时通知材料员进行协商处理。

5．与资料员的协调

施工员汇总、整理本岗位相关技术资料，移交给资料员。

第五节　岗位实务简述

一、建筑工程施工规范标准的分类

建筑工程施工规范标准分类见表4-17。

表4-17　建筑工程施工规范标准分类

序号	分类标准	分类名称及表示方法	举　例	备　注
1	按等级分类	国家标准：GB、GBJ	《砌体结构工程施工质量验收规范》（GB 50203—2011） 《水泥混凝土路面施工及验收规范》（GBJ 97—1987）	国家标准是在全国范围内统一的技术要求，由国务院标准化行政主管部门编制计划，协调项目分工，组织制定（含修订），统一审批、编号、发布
2	按等级分类	行业标准：城镇建设工程行业标准CJJ；建筑工程行业标准JGJ、BJG	《城镇道路工程施工与质量验收规范》（CJJ 1—2008） 《钢筋机械连接技术规程》（JGJ 107—2010）	行业标准由国务院有关行政主管部门编制计划，组织草拟，统一审批、编号、发布，并报国务院标准化行政主管部门备案。行业标准是对国家标准的补充，行业标准在相应国家标准实施后，自行废止

序号	分类标准	分类名称及表示方法	举例	备注
3	按等级分类	地方标准：DBJ	《建筑工程施工技术资料管理规程》（DBJ 14—023—2004）	地方标准由省、自治区、直辖市人民政府标准化行政主管部门编制计划，组织草拟，统一审批、编号、发布，并报国务院标准化行政主管部门和国务院有关行政主管部门备案。地方标准不得与国家标准、行业标准相抵触
4	按等级分类	企业标准：QB	《建筑工程施工质量验收企业统一标准》（JS/QB 1001—2003）	企业标准是指企业所制订的产品标准和在企业内需要协调、统一的技术要求和管理、工作要求所制订的标准。其水平和严格程度不低于上级标准，其代表国家先进水平的最严格标准
5	按标准的性质分类	强制性标准：GB、JGJ	《工程测量规范》（GB 50026—2007）《建筑施工模板安全技术规范》（JGJ 162—2008）	强制性标准是指保障人体健康、人身、财产安全及法律、法规规定必须强制执行的标准，是在任何情况下都必须无条件执行的标准
6	按标准的性质分类	推荐性标准：中国工程建设标准化协会标准CECS；GB/T	《建筑工程预应力施工规程》（CECS 180—2005）《建设工程项目管理规范》（GB/T 50326—2006）	推荐性标准指生产、交换、使用等方面，通过经济手段或市场调节而自愿采用推荐性标准一类标准。自愿采用，若采用，写入合同，则对签约双方具有强制性，需共同遵守

二、建筑工程中土建常用的标准与规范

1）《建筑工程施工质量验收统一标准》（GB 50300—2013）

2）《土方与爆破工程施工及质量验收规范》（GB 50201—2012）

3）《建筑地基基础工程施工质量验收规范》（GB 50202—2002）

4）《砌体工程施工质量验收规范》（GB 50203—2011）

5）《混凝土结构工程施工质量验收规范》[GB 50204－2002（2011 版）]

6）《钢结构工程施工质量验收规范》（GB 50205—2001）

7）《木结构工程施工质量验收规范》（GB 50206—2012）

8）《屋面工程质量验收规范》（GB 50207—2012）

9）《地下防水工程质量验收规范》（GB 50208—2011）

10）《建筑地面工程施工质量验收规范》（GB 50209—2010）

11）《建筑装饰装修工程质量验收规范》（GB 50210—2001）

12）《建筑节能工程施工质量验收规范》（GB 50411—2007）

13）《建设工程监理规范》（GB 50319—2013）

14）《建设工程项目管理规范》（GB/T 50326—2006）

15)《建筑工程施工组织设计规范》(GB/T 50202—2009)

16)《建设工程质量检测管理办法》(建设部第 141 号令)

17)《建筑拆除工程安全技术规范》(JGJ 147—2004)

18)《建筑工程施工现场环境与卫生标准》(JGJ 146—2013)

19)《施工现场临时用电安全技术规范》(JGJ 46—2005)

三、工程项目组织实施的管理形式

工程项目组织实施的管理形式分为依次施工、平行施工、流水施工 3 种形式。

1. 依次施工

依次施工又称顺序施工，是将拟建工程项目的整个建造过程分解成若干施工过程，按照施工工艺流程顺次进行施工，前一个施工过程完成后，后一个施工过程才开始施工；对建筑群而言，是指一栋建筑物全部竣工后，再进行另一栋建筑物的施工。依次施工是最基本、最原始的施工组织方式。依次施工适用于场地小、资源供应不足、工期不紧时，组织大包队施工。

2. 平行施工

平行施工是将几个相同的施工过程，分别在工作面及资源保证供应的条件下，组织相同专业工作队，在同一时间、不同的空间上同时进行施工；或将几栋建筑物同时开工，平行进行施工。平行施工适用于工期很紧的工程。

3. 流水施工

流水施工是将拟建工程项目全部建造过程，在工艺上分解为若干施工过程，在平面上划分为若干施工段，在竖直方向划分为若干施工层；然后按照施工过程组成立相应的专业工作队；各专业工作队的工人使用相同的机具、材料，按照施工顺序的先后，依次不断的投入到各施工层中的各施工段工作，在规定的时间内完成所承担的施工任务。

流水施工可使各工作队实行专业化施工，为工人提高技术熟练程度以及改进操作方法和生产工具创造了有利条件，可充分提高劳动生产率。劳动生产率得到提高，相应可以减少工人人数和临时设施数量，从而可以节约投资，降低成本；同时专业化施工，有助于保证工程质量。因而流水施工是最常用的一种工程项目组织实施的管理形式。

四、流水施工的组织方法

在流水施工中，根据流水节拍是否有规律可循，流水施工分为无节奏流水和有节奏流水。有节奏流水施工根据流水节拍的特点可分为等节奏流水和异节奏流水。

1. 无节奏流水施工

无节奏流水施工是指在组织流水施工时，全部或部分施工过程在各个施工段上的流水节拍不相等的流水施工，这种施工是流水施工中最常见的一种。

2．等节奏流水施工

等节奏流水施工是指在有节奏流水施工中，各施工过程的流水节拍都相等的流水施工，又称为全等（固定）节拍流水施工。

3．异节奏流水施工

异节奏流水施工是指在有节奏流水施工中，各施工过程的流水节拍各自相等而不同施工过程之间的流水节拍不尽相等的流水施工，又可分为等步距和异步距两种方式。异步距异节奏流水施工是指一个施工过程由一个专业队完成，流水步距一般不相等的流水施工。等步距异节奏流水施工是通过对流水节拍较大的施工过程增加专业队，使流水步距均相等，并达到缩短流水工期的目的。

第六节　案　例

【案例一】

某综合楼工程，地下 1 层，地上 10 层，钢筋混凝土框架结构，建筑面积 28 500 m^2。某施工单位与建设单位签订了工程施工合同，合同约定工期 20 个月，施工单位根据合同工期编制了施工进度计划，并且绘制出施工进度计划如图 4-51 所示。（单位：月）

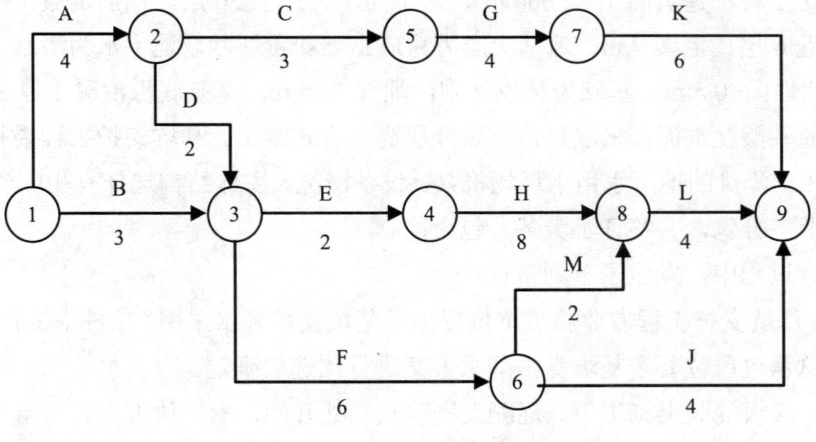

图 4-51　施工进度计划

在施工中发生了如下事件：

事件一：因建设单位修改设计，工作 K 停工 2 个月；

事件二：因建设单位供应的建筑材料未按时进场，致使工作 H 延期 1 个月；

事件三：因不可抗力原因致使工作 F 停工 1 个月；

事件四：因施工单位原因工程发生质量事故返工，致使工作 M 实际进度延迟 1 个月。

【问题】

（1）指出该网络计划的关键线路，并指出由哪些关键工作组成。

（2）针对本案例上述事件，施工单位是否可以提出工期索赔的要求？理由是什么？

（3）上述事件发生后，本工程网络计划的关键线路是否发生改变，如有改变，指出新的关键线路。

（4）对于索赔成立事件，工期可以顺延几个月？实际工期是多少个月？

【参考答案】

（1）关键线路为：①→②→③→④→⑧→⑨；关键工作为：A、D、E、H、L。

（2）事件一：施工单位不可以提出工期索赔要求，因为该工作不影响总工期。

事件二：施工单位可以提出工期索赔要求，因为该工作在关键线路上，影响总工期，且属建设单位责任。

事件三：施工单位不可以提出工期索赔要求，因为该工作不影响总工期。

事件四：施工单位不可以提出工期索赔要求，因为是施工单位自身责任造成的。

（3）关键线路没有发生改变。

（4）可顺延工期 1 个月。实际工期是 21 个月。

【案例二】

某办公楼工程，建筑面积 82 000 m^2，地下 3 层，地上 20 层，钢筋混凝土框架剪力墙结构，距邻近 6 层住宅楼 7 m。地基土层为粉质黏土和粉细砂，地下水为潜水，地下水位−9.5 m，自然地面−0.5 m。基础为筏板基础，埋深 14.5 m，基础底板混凝土厚 1 500 mm，水泥采用普通硅酸盐水泥，采取整体连续分层浇筑方式施工。基坑支护工程委托有资质的专业单位施工，降排的地下水用于现场机具、设备清洗。主体结构选择有相应资质的 A 劳务公司作为劳务分包，并签订了劳务分包合同。

合同履行过程中，发生了下列事件：

事件一：基坑支护工程专业施工单位提出了基坑支护降水采用“排桩＋锚杆＋降水井”方案，施工总承包单位要求基坑支护降水方案进行比选后确定。

事件二：底板混凝土施工中，混凝土浇筑从高处开始，沿短边方向自一端向另一端进行。在混凝土浇筑完 12 h 内对混凝土表面进行保温保湿养护，养护持续 7 天。养护至 72 h 时，测温显示混凝土内部温度 70℃，混凝土表面温度 35℃。

事件三：结构施工至 10 层时，工期严重滞后。为保证工期，A 劳务公司将部分工程分包给了另一家有相应资质的 B 劳务公司，B 劳务公司进场工人 100 人。因场地狭小，B 劳务公司将工人安排在本工程 1 间地下室居住。工人上岗前，项目部安全员向施工作业班组进行了安全技术交底，双方签字确认。

【问题】

（1）事件一适用于本工程的基坑支护降水方案还有哪些？

（2）降排的地下水还可用于施工现场哪些方面？

（3）指出事件二中底板大体积混凝土浇筑及养护的不妥之处，并说明正确做法。

（4）指出事件三中的不妥之处，并分别说明理由。

【参考答案】

（1）本项目为深基坑，深基坑支护方案：排桩、地下连续墙、水泥土桩墙、逆作拱墙；降水方案有：真空井点、喷射井点、管井井点。

（2）降排的地下水还可用于：① 经检测符合要求后可用于浇筑混凝土；② 经检测符合规定后可用于混凝土养护；③ 经检测符合规定后可用于生活用水；④ 可用于消防用水；⑤ 可用于洒水降尘；⑥ 可用于井点回灌。

（3）① 混凝土浇筑从高处开始，沿短边方向自一端向另一端进行不妥。正确做法：应从低处开始，由长边向短边进行；② 在混凝土浇筑完 12h 内对混凝土表面进行保温保湿养护，养护持续 7 天不妥。正确做法：应及时覆盖保温保湿材料进行养护，养护时间不少于 14 天；③ 混凝土内部温度 70℃，混凝土表面温度 35℃不妥。正确做法：混凝土里表温差不大于 25℃。

（4）① 主体结构选择有相应资质的 A 劳务公司作为劳务分包不妥。理由：主体结构不能分包给劳务公司。

② A 劳务公司将部分工程分包给了另一家有相应资质的 B 劳务公司不妥。理由：劳务分包不能再进行分包，这是违法分包。

③ B 劳务公司将工人安排在本工程地下室居住不妥。理由：在建工程内不得住人。

④ 100 人在一个地下室居住不妥。理由：每间房≤16 人。

⑤ 项目部安全员向施工作业班组进行了安全技术交底，双方签字确认不妥。理由：安全技术交底不能由安全员进行，应由技术负责人交底，而且要层层交底到每一个作业人员和现场管理人员，并经双方签字。

第五章　资料员岗位实训

施工技术资料，作为建筑工程的重要组成部分，与现场施工相互呼应，并伴随着施工进度及时整理。施工技术资料应由具备资格的资料员专门负责收集、整理和归档，由技术负责人或相关人员进行过程的监督、审核。

施工技术资料包括施工管理资料、施工质量验收资料和施工技术检测（试验）资料。

施工管理资料是施工阶段各方责任主体对施工过程采取组织、技术、质量措施进行管理，实施过程控制，记录施工过程中组织管理、监督实体形成情况资料文件的统称。主要包括工程质量管理、施工记录、材质证明文件、施工试验等内容。

施工质量验收资料是施工阶段各方责任主体对工程施工各阶段工序质量进行验收并签署意见而形成资料文件的统称。主要包括检验批、分项、分部（子分部）、单位（子单位）工程实体、观感验收等验收内容。

施工技术检测资料是施工阶段各方责任主体在施工过程中为保证原材料、半成品和设施、设备质量、品质性能而采取第三方检验手段加以证明而形成资料的统称。主要包括各种性能检验报告等。

资料管理工作流程如图 5-1 所示。

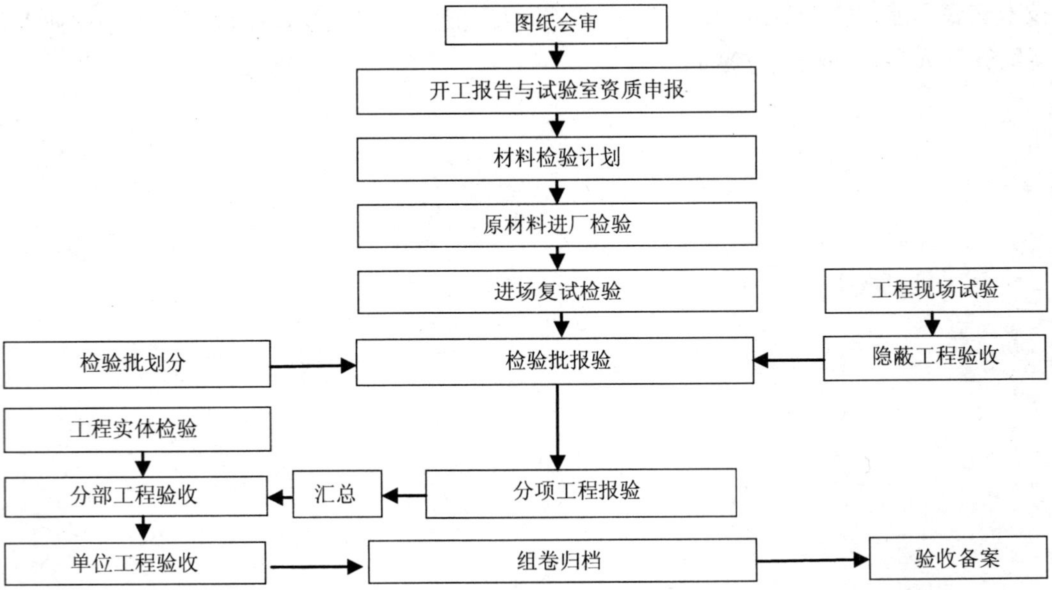

图 5-1　资料管理工作流程

第一节　资料员顶岗实习的目的与任务

一、顶岗实习的目的

通过企业顶岗实习，了解建筑构造、结构体系及其特点；熟悉单位工程的施工流程；加深对典型建筑工程的单位工程、分部分项工程的施工技术、施工组织与管理过程的理解；进一步了解建筑企业的组织结构和企业经营管理方式及施工项目部的组成；熟悉建筑企业项目部主要岗位的工作内容；掌握资料员岗位的工作基本技能。通过企业实践，培养分析问题和解决问题的独立工作能力，为将来参加工作打下良好的基础。

二、顶岗实习的任务

了解各分部分项工程的施工质量验收的程序；了解施工资料的往来传递、追溯及借阅的管理；熟悉资料文件的申报、审批的程序；掌握工程技术档案资料表格的填写方法；熟悉其签字盖章手续；熟悉文件资料的归档、编号保管、核查借阅等管理方法；熟悉施工资料的立卷、归档、验收与移交。

第二节　岗位职责及任职资格

一、岗位职责

资料员的岗位职责见表 5-1。

表 5-1　资料员的岗位职责

项次	分类	主要工作职责
1	资料计划管理	（1）参与制订施工资料管理计划 （2）参与建立施工资料管理规章制度
2	资料收集整理	（3）负责建立施工资料台账，进行施工资料交底 （4）负责施工资料的收集、审查及整理
3	资料使用保管	（5）负责施工资料的往来传递、追溯及借阅管理 （6）负责提供管理数据、信息资料
4	资料归档移交	（7）负责施工资料的立卷、归档 （8）负责施工资料的封存和安全保密工作 （9）负责施工资料的验收与移交
5	资料信息系统管理	（10）参与建立施工资料管理系统 （11）负责施工资料管理系统的运用、服务和管理

二、任职资格

1. 资料员需具备的学历和职业经历

施工现场职业实践最少年限见表 5-2。

表 5-2　施工现场职业实践最少年限

岗位名称	施工现场职业实践最少年限/a				
	土建类本专业专科及以上学历	土建类相关专业专科及以上学历	土建类本专业中职学历	土建类相关专业中职学历	非土建类中职及以上学历
资料员	1	2	3	4	4

2. 资料员应具备的专业技能

资料员应具备的专业技能见表 5-3。

表 5-3　资料员应具备的专业技能

项次	分类	专业技能
1	资料计划管理	（1）能够参与编制施工资料管理计划
2	资料收集整理	（2）能够建立施工资料台账 （3）能够进行施工资料交底 （4）能够收集、审查、整理施工资料
3	资料使用保管	（5）能够检索、处理、存储、传递、追溯、应用施工资料 （6）能够安全保管施工资料
4	资料归档移交	（7）能够对施工资料立卷、归档、验收、移交
5	资料信息系统管理	（8）能够参与建立施工资料计算机辅助管理平台 （9）能够应用专业软件进行施工资料的处理

3. 资料员应具备的专业知识

资料员应具备的专业知识见表 5-4。

表 5-4　资料员应具备的专业知识

项次	分类	专业知识
1	通用知识	（1）熟悉国家工程建设相关法律法规 （2）了解工程材料的基本知识 （3）熟悉施工图绘制、识读的基本知识 （4）了解工程施工工艺和方法 （5）熟悉工程项目管理的基本知识
2	基础知识	（6）了解建筑构造、建筑设备及工程预算的基本知识 （7）掌握计算机和相关资料管理软件的应用知识 （8）掌握文秘、公文写作基本知识

项次	分类	专业知识
3	岗位知识	（9）熟悉与本岗位相关的标准和管理规定 （10）熟悉工程竣工验收备案管理知识 （11）掌握城建档案管理、施工资料管理及建筑业统计的基础知识 （12）掌握资料安全管理知识

第三节　资料员实习流程

一、施工准备

1．熟悉建设项目的有关资料和施工图等

资料员首先按照第四章第三节中所讲自审图纸的方法学习掌握图纸内容，并结合图纸会审、施工组织设计、技术交底等内容掌握相关技术要求。

2．参与制订施工资料管理计划

资料员应协助项目经理或技术负责人制订施工资料管理计划。施工资料管理计划的内容包括资料台账，资料管理流程，资料管理制度以及资料的来源、内容、标准、时间要求、传递途径、反馈的范围、人员及职责和工作程序等。

在制订施工资料管理计划和建立施工资料管理规章制度时，一是要满足相关法律法规和公司相关制度，二是要切实结合本工程的具体特点进行制订。

3．参与建立施工资料管理规章制度

资料员应协助项目经理或技术负责人建立施工资料管理规章制度。工程资料管理应制度健全、岗位责任明确，并应纳入工程建设管理的各个环节和各级相关人员的职责范围。

在建立施工资料管理规章制度时，一是要满足相关法律法规和公司相关制度，二是要切实结合本工程的具体特点进行制订。

4．负责建立工程资料台账

建立完整的工程资料台账既是达到加强工程资料管理的需要，也是达到提高公司内部管理水平的需要。

（1）工程资料台账建立的主要目的

1）一是在台账的记录、整理和积累过程中起到自我监督作用，强化项目管理；

2）二是促进企业规范管理上档次，提高企业管理水平的需要；

3）三是对项目和项目管理人员起到自我保护作用。

（2）工程资料台账建立的方法

将资料里一些内容按照既定的格式打印出来，一些内容由人工手写完成，另外有相关人员的签字确认，然后按相同内容的资料进行分类归档并进行管理登记，并做好卷内目录。

（3）填写内容及要求

根据技术资料内容，可在施工准备阶段、施工阶段、竣工验收阶段建立主要台账。

工程资料台账编制内容主要应包括序号、工程资料题名、原编字号、编制单位、编制日期、页次和备注。台账内容应与案卷内容相符，排在卷内资料最前面。

1）序号：案卷内的资料按先后顺序从阿拉伯数字“1”开始编号。

2）工程资料题名：填写文字材料和图纸名称，无标题的资料应根据内容拟写标题。

3）原编字号：资料制发机关的发字号或图纸编号。

4）编制单位：资料的形成单位和主要责任单位名称。

5）编制日期：资料的形成时间（文字材料为原资料形成日期，竣工图为编制日期）。

6）页次：填写文件在卷内所排的起始页号。最后一份文件填写起止页号。

7）工程资料的内容必须真实、准确，与工程实际相符合。

8）工程资料应采用耐久性强的书写材料，如碳素墨水、蓝黑墨水，不得使用易褪色的书写材料，如圆珠笔、复写纸、铅笔等（测量记录除外）。

9）工程资料应字迹清楚，图样清晰，图表整洁，签字盖章手续完备。

5．施工技术资料的建档

施工技术资料在形成过程中应按目录设置分类整理。目录分为总目录、分目录、子目录。总目录是整个资料各分册的汇总，包括土建资料的A、B、C、D、E、F 6个分册和安装的各分册，放在资料的最前面，应注明卷名、分册名称及代码、卷盒序号；分目录应注明分册名称及代码、分册细目名称及代码、分册案本序号；子目录应注明分册细目名称及代码、文件名称、文件编号及有关项目，各目录项目设置应齐全，填写内容应详尽、清晰。

（1）A分册：原材料、构配件出厂质量证明资料分目录

举例：A—1钢筋合格证质量证明单子目录：

· 合格证、复印件（或抄件）贴条

· 材料、构配件进场检验记录表

原材料出厂质量证明文件是对产品质量的证明资料，主要是合格证和出厂检验报告，有时两者可以合并，比如钢材；钢材也可以采用抄件；合格证、抄件应贴在贴条上。通常合格证应列出产品品种和主要性能指标，像钢筋要列出化学成分、力学性能，并加盖厂家红章。当用户有特殊要求时，合格证还应列出某些专门检验数据，像钢材的冲击韧性。

除了合格证和出厂检验报告以外，钢筋机械连接等还要求有形式检验报告。产品检验分为出厂检验和形式检验两类，形式检验是确认产品或过程应用结果的适用性所进行的检验。是对产品质量进行全面考核，即对产品标准中规定的技术要求全部进行检验（而且必要时还可以增加检验项目）。产品归口检测依据“检验中心经政府认定的承检范围”确定。企业可在具有承检资格的检验中心自行选择。

（2）B分册：试验资料分目录

1）B_1分册：原材料、构配件试验资料子目录：

B_1—1 钢筋复试及见证检测报告；
B_1—2 水泥复试及见证检测报告；
B_1—3 砖、砌块、墙板复试及见证检测报告；
B_1—4 型钢复试报告单；
B_1—5 钢筋（钢材）化学成分分析报告单；
B_1—6 预应力锚具、夹具、连接器复试报告单；
B_1—7 锚具、夹具、连接器静载锚固性能报告单；
B_1—8 外加剂复试及见证检测报告单；
B_1—9 粗骨料试验报告单；
B_1—10 细骨料试验报告单；
B_1—11 防水材料复试及见证检测报告单。
2）B_2 分册：施工试验资料子目录：
B_2—1 素土压实系数试验报告单；
B_2—2 灰土压实系数试验报告单；
B_2—3 砂、砂石垫层压实系数试验报告单；
B_2—4 地基承载力试验报告单；
B_2—5 砂浆配合比通知单；
B_2—6 砂浆标养试块试验及见证检测报告、强度统计评定记录；
B_2—7 砂浆同条件试块试验报告单；
B_2—8 砂浆砌体检测报告单；
B_2—9 混凝土配合比通知单；
B_2—10 混凝土标养试块试验及见证检测报告、强度统计评定记录；
B_2—11 混凝土检测报告单；
B_2—12 混凝土抗渗试块试验报告单；
B_2—13 混凝土同条件试块试验报告单及结构实体混凝土强度评定记录；
B_2—14 钢筋试焊试验报告单；
B_2—15 钢筋施工焊试验报告单及见证检测报告单；
B_2—16 钢筋机械连接工艺试验报告单；
B_2—17 钢筋机械连接试验报告单及见证检测报告单。
（3）C 分册：施工管理资料分目录：
C—1 工程概况表；
C—2 工程项目施工管理人员名单；
C—3 施工现场质量管理检查记录；
C—4 施工组织设计及施工技术方案审核表；
C—5 施工组织设计及施工技术方案；

C—6 技术交底记录；
C—7 开工报告；
C—8 工程施工日志；
C—9 专业操作上岗证；
C—10 预检记录；
C—11 班组自检记录；
C—12 工序交接检查记录。
（4）D 分册：施工控制资料分目录：
D—1 工程定位测量放线记录汇总表；
D—2 工程定位测量记录；
D—3 基槽验线记录；
D—4 楼层平面放线记录；
D—5 楼层标高抄测记录；
D—6 地基钎探记录；
D—7 建筑物沉降观测记录；
D—8 构件吊装记录；
D—9 建筑物垂直度、标高测量记录（一）；
D—10 建筑物垂直度、标高测量记录（二）；
D—11 混凝土开盘鉴定（现场搅拌）；
D—12 混凝土坍落度测试记录；
D—13 混凝土浇灌申请书；
D—14 混凝土拆模申请表；
D—15 混凝土工程施工记录；
D—16 混凝土搅拌测温记录；
D—17 混凝土养护测温记录；
D—18 大体积混凝土养护测温记录；
D—19 预拌混凝土交货检验记录表和交货试块报告；
D—20 预应力筋张拉记录（一）；
D—21 预应力筋张拉记录（二）；
D—22 有黏结预应力结构灌浆记录；
D—23 焊接材料烘焙记录；
D—24 混凝土结构子分部工程结构实体钢筋保护层厚度验收记录；
D—25 隐蔽工程验收记录（对结构重要部位的隐蔽应附见证照片记录）；
D—26 钢筋隐蔽工程检查验收记录；
D—27 新材料、新工艺施工记录；

D—28 工程质量事故调（勘）查记录；

D—29 建设工程质量事故报告；

D—30 单位（子单位）工程质量竣工验收记录；

D—31 单位（子单位）工程质量控制资料核查记录；

D—32 单位（子单位）工程安全和功能检验资料核查及主要功能抽查记录；

D—33 单位（子单位）工程观感质量检查记录；

D—39 分部（子分部）工程验收记录；

D—40 分部（子分部）工程观感检查记录；

D—41 分项工程质量验收记录；

D—42 检验批质量验收记录。

（5）E 分册：设计、勘察资料分目录：

E—1 地质勘察报告；

E—2 地基验槽检查记录；

E—3 地基处理记录；

E—4 地基验收记录；

E—5 设计图纸审查意见；

E—6 图纸会审、设计变更、洽商记录汇总表；

E—7 图纸会审；

E—8 设计变更通知单；

E—9 工程技术洽商；

E—10 设计交底记录；

E—11 质量事故（问题）设计处理意见（方案）；

E—12 竣工图纸。

（6）F 分册：专项资料分目录

F—1 基坑支护土方专项资料；

F—2 地基基础工程施工技术及质量验收资料；

F—3 钢结构工程施工技术及质量验收资料；

F—4 幕墙工程施工技术及质量验收资料。

6．填报施工组织设计报审表、开工报告等资料

根据合同约定，建设单位已取得主管单位审批建设许可证，施工单位完成如下开工前的各项准备工作后，上报监理单位审批通过后，方能进行下道工序施工。

1）施工组织设计（含主要管理人员和特殊工资格证明）；

2）施工测量放线；

3）主要人员、材料、设备进场；

4）施工现场道路、水、电、通讯等已达到开工条件。

工程开工报告见表 5-5。

表 5-5 工程开工报告

建设单位： 鲁 JJ—006

工程名称				工程地点			
施工单位				监理单位			
建筑面积	m^2	结构层数		中标价格	万元	承包方式	
定额工期	天	计划开工日期		计划竣工日期		合同编号	
说明							

上述准备工作已就绪，定于 正式开工，希望监理（建设）单位于 前进行审核，特此报告。

施工单位：

项目经理： （公章）

年 月 日

审核意见：

总监理工程师（建设单位项目负责人）： （公章）

年 月 日

二、基础施工阶段

基础施工阶段对应的资料表格填写内容，如图 5-2 所示。

1．原材料、半成品、成品出厂合格证明和试验报告

（1）原材料、半成品、成品出厂合格证明资料

主要包括合格证和出厂检验报告，当材料进场时，由材料员负责收集，收集齐全后送交资料员，由资料员整理归档。

原材料质保书、设备出厂合格证原则上要求是原件，其内容应齐全、准确、真实；抄件应注明原件存放单位，并有抄件人、抄件单位的签字和盖章；复印件要注明原件存放单位，并盖有原件存放单位的红章。质保书（合格证）上应由供货单位注明供货数量，并由监理（建设）单位在“原材料（设备）合格证（复印件、抄件）贴条”上确认在每个工程中使用的数量和部位（楼层、检验批或系统）。

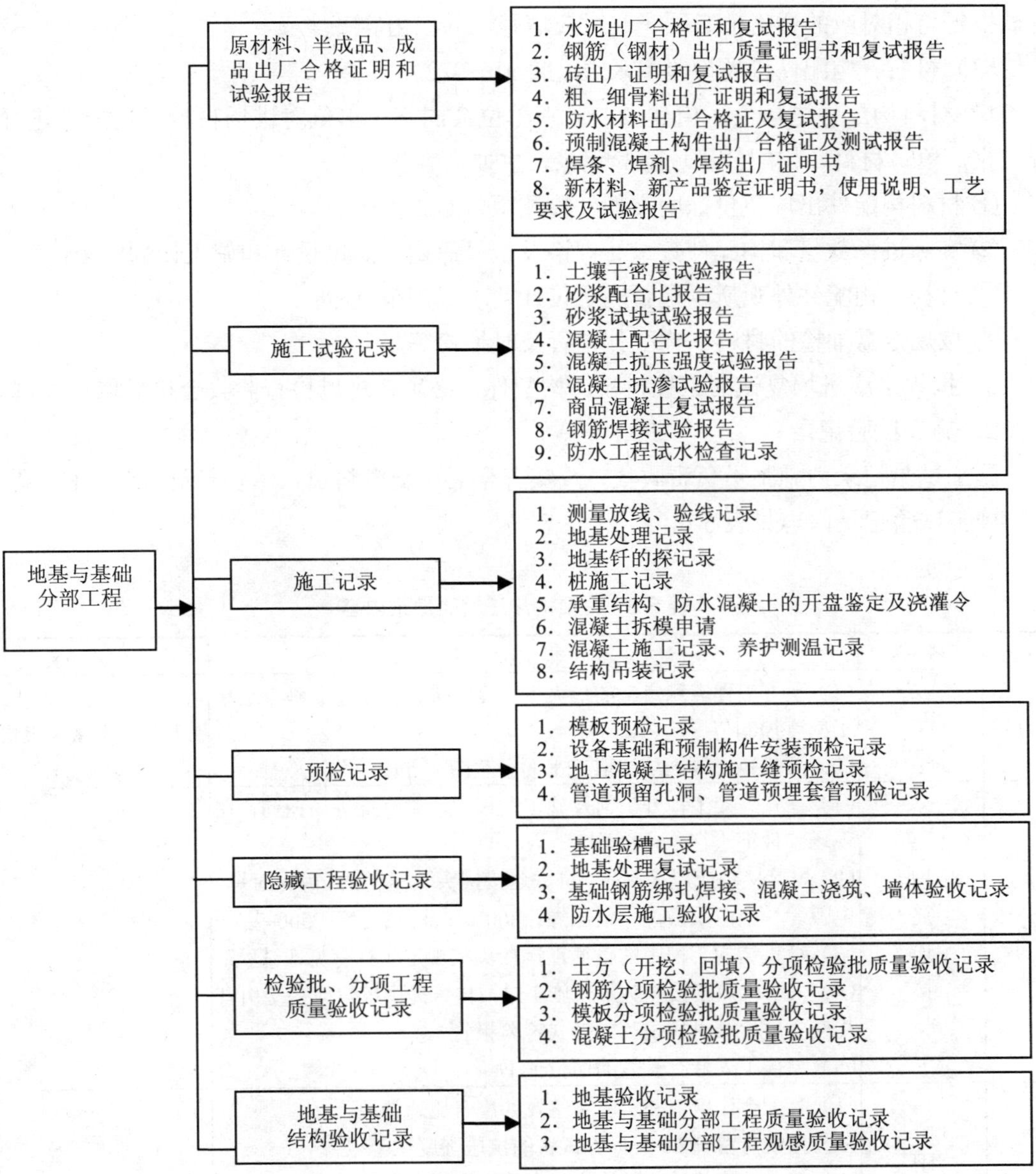

图 5-2 基础施工阶段对应的资料表格填写内容

（2）原材料、半成品、成品试验报告

主要是指按规定需要进行复试材料的复试报告。进场材料的抽样复验由材料员负责，质量员监督实施，材料员可以委派取样员按照取样规范取样。最终合格实验报告送交资料员进行整理归档。

实验报告复试合格后，方能进行材料的使用，尤其应注意实验报告的日期必须在检验批资料评定日期之前。

原材料（设备）合格证（复印件、抄件）贴条必须及时按不同品种、规格分别填写。

复试报告与相对应的合格证必须一一对应填写，并应内容齐全。

（3）材料、构配件进场检验记录表（鲁 JJ—022）

1）材料构配件进场后，由建设、监理单位会同施工单位对进场材料、构配件进行检查验收，填写材料、构配件进场检验记录，主要内容包括：

① 材料构配件出厂质量证明文件及检测报告是否齐全；

② 实际进场数量和构配件数量、规格及型号等是否满足设计和施工计划要求；

③ 材料、构配件外观质量是否满足设计要求或规范规定；

④ 按规定需抽检的材料、构配件是否及时抽检等。

2）按规定应进场复试的工程材料、构配件，必须在进场检查验收合格后取样复试。

2．施工试验记录

施工试验记录由施工员负责收集，收集齐全后送交资料员，由资料员整理归档。其主要的施工试验记录内容见表 5-6。

表 5-6　主要的施工试验记录内容

序号	名 称	基 本 要 求	质量记录
1	回填土	（1）土方工程应测定土的最大干密度和最优含水量，确定最小干密度控制值 （2）按规范绘制回填土取点平面示意图，分段、分层取样	土工击实试验报告
2	钢筋连接	（1）正式焊接工程开工前及施工过程中，对每批进场钢筋，在现场条件下进行工艺检验 （2）焊接接头或焊接制品、机械连接接头取样复试（闪光对焊、电弧焊、电渣压力焊、气压焊：300 头；机械连接：500 头） （3）承重结构工程中的钢筋连接接头按规定实行有见证试验 （4）采用机械连接接头形式施工时，技术提供单位应提交由有相应资质检测机构出具的形式检验报告 （5）焊接工人持有有效的岗位证书	
3	砌筑砂浆	（1）有配合比申请和实验室签发的配合比通知单 （2）按规定留置 28 天标养试块的抗压强度试验报告 （3）承重结构的砂浆试块实行有见证取样和送检 （4）有单位工程《砌筑砂浆试块抗压强度统计、评定记录》，评定方法和标准：① 同一验收批砂浆试块抗压强度平均值≥立方体抗压设计强度；② 同一验收批砂浆试块抗压强度的最小值≥立方体抗压设计强度的 0.75 倍	每一层或 250 m^3
4	混凝土	（1）有配合比申请和试验室签发的配合比通知单 （2）28 天标养和相应数量同条件养护试块抗压强度试验报告；冬施还有受冻临界强度和转常温试块的抗压强度试验报告 （3）抗渗混凝土、特种混凝土应有专项试验报告 （4）承重结构混凝土抗压试块实行有见证取样和送检 （5）有单位工程《混凝土试块抗压强度统计、评定记录》	100 盘或连续浇筑 1 000 m^3 时每 200 m^3 或建筑地面每 1 000 m^2；抗渗混凝土每 500 m^3

序号	名 称	基 本 要 求	质量记录
5	支护工程施工记录	（1）锚杆按设计要求进行现场抽样试验，有锁定力（拉拔力）试验报告 （2）支护工程使用的砂浆、混凝土应有配合比和强度试验报告；有抗渗要求的应有《抗渗试验报告》	
6	桩基工程试验记录	（1）地基按设计进行承载力检验，有承载力检验报告 （2）桩基进行承载力和桩体质量检测（由检测机构出具报告） （3）桩基工程使用的混凝土应有配合比和强度试验报告；有抗渗要求的应有《抗渗试验报告》	

（1）土壤试验记录（鲁 JJ—036）

土壤试验主要指对回填土和人工地基土的密实度试验。其试验方法有环刀法、灌水法和灌砂法。最常用的为环刀法。

采用环刀法取样时，取样数量为：柱基回填，抽样柱基总数的 10%，但不少于 5 个；基槽回填，每层按 20～50 m 取一组，但不少于一组；基坑和室内回填，每层按 100～500 m^2 取样一组，但不少于一组；场地平整填方，每层按 400～900 m^2 取样一组，但不少于一组。灌砂法或灌水法取样数量较环刀法适当减少。

（2）钢筋焊接、机械连接试验报告

在工程开工或者每批钢筋正式焊接前，参与该项施焊的焊工应模拟现场条件进行焊接工艺试验（称为模拟焊或试焊）。试验合格后，方可正式施焊（称为施工焊）。试验结果应符合质量检验与验收时的要求。每种牌号、每种规格钢筋至少做一组试件。若第一次未通过，应改进工艺，调整参数，直至合格为止。

试验报告的内容应包括工程名称、取样部位（模拟试件或施焊试件部位）、批量、钢筋牌号、规格、焊接种类、焊工姓名及考试合格证编号、施工单位、力学性能试验结果；弯心直径及弯曲角度。

（3）砂浆、混凝土配合比

根据设计图纸中对砂浆和混凝土强度等级的要求，从现场取相应砂石、水泥等原材料送到有资质实验室，委托配制配合比。由于配合比的试验，需进行试配，周期较长，正式报告需 28 天后出具，故配合比的配制工作宜早进行，最好一开工就进行委托登记。

（4）砂浆、混凝土实验报告

包括砂浆试块实验报告、混凝土抗压强度试验报告、混凝土抗渗试验报告、商品混凝土复试报告。

3．施工记录

施工记录由施工员负责记录，整理完后交由资料员归档。

（1）工程定位测量记录（鲁 JJ—018）

测绘部门根据规划许可证（附件）批准的建筑工程位置及标高依据，测定建筑物的红线桩。

施工测量单位应依据测绘部门提供的放线成果、红线桩及场地控制网（或建筑物控制网），测定建筑物位置、主控轴线及尺寸和建筑物±0.000绝对标高，并填写工程定位测量记录，报监理单位审核。

工程定位测量完成后，由建设单位报请具有相应资质的测绘部门验线。

（2）基槽验线记录（鲁JJ—019）

施工单位根据主控轴线和基底平面图，检验建筑物外轮廓线、集水坑、电梯井、垫层标高、基槽断面尺寸和坡度线等，填写基槽验线记录，报监理单位审核。

（3）地基钎探记录（鲁JJ—043）

钎探记录是用于检验浅层土（如基槽）的均匀性，确定地基的允许承载力及检验土的质量的记录。

钎探记录首先绘制钎探点平面布置图，确定钎探点布置及顺序编号，按照钎探图及有关规定进行钎探并做钎探记录。钎探记录应有钎探结论，并应符合下列要求：

1）钎探点平面布置图应与实际基槽（坑）相一致，应标出方向及基槽（坑）各轴线，各轴线号要与设计基础图相一致；

2）钎探点的布置应符合工程设计文件及有关规范、标准的要求；

3）钎探平面布置图上各点应与现场各钎探点一一对应，不得有误；图上各点应沿基槽（坑）方向按顺序编号，并将距槽边的尺寸、布点形式详细标注在图上。

4）钎探记录表中各步锤数应为现场实际打钎的锤击数，钎探深度应符合设计要求。钎探过程中如出现异常情况，应在备注栏中注明。

5）地基需作处理时，应将处理部位的尺寸、标高、轴线位置等情况详细标注到钎探平面图中，并应有处理情况的检查验收记录。

（4）地基处理记录（鲁JJ—045）

地基处理记录是指施工单位会同监理（建设）单位对地基处理情况的检查验收记录，应注明各部位是怎么处理的，处理后是否达到设计要求和质量验收规范的规定。地基处理需作检测试验的应按有关要求进行检测试验。

（5）混凝土开盘鉴定（鲁JJ—008）

现场搅拌的C40（含C40）以上混凝土由施工单位组织建设（监理）单位、搅拌机组、混凝土试配单位进行开盘鉴定，并填写《混凝土开盘鉴定表》，共同认定试验室签发的混凝土配合比中组成材料是否与现场施工所用材料相符、混凝土拌合物性能及标养28天的抗压强度结果是否满足要求等。

（6）混凝土浇灌申请书（鲁JJ—010）

正式浇筑混凝土前，施工单位应检查各项准备工作（如钢筋、模板工程检查；水电预埋检查；材料设备及其他准备等），自检合格填写混凝土浇灌申请书，报请监理单位检查，许可后方可浇筑混凝土。

（7）混凝土拆模申请表（鲁 JJ—011）

在拆除现浇混凝土结构板、梁、悬臂构件等底模和柱墙侧模前，必须填写混凝土拆模申请并附拆模试块强度检验报告，达到拆模规定强度后方可拆模。底模及支架拆除时的混凝土强度应符合设计要求，当设计无具体要求时，混凝土强度应符合规范要求，参照第四章第三节的相关内容。

（8）混凝土施工记录（鲁 JJ—047）

混凝土施工记录一般适用于现场搅拌的混凝土。

1）混凝土配合比检查情况：主要是因砂石含水率变化而进行混凝土配合比的现场实际调整。

2）混凝土施工记录表中关于试块的留置情况栏内有标养试块及同条件试块。同条件试块是根据结构实体检验方案来留置的。此部分内容需待混凝土试压报告取回后方能填写、补全。

3）混凝土施工记录应真实反映当天混凝土的施工情况，逐日及时填写，不能累积填写，混凝土施工数量如实填写，不能估计填写。

（9）混凝土养护测温记录

1）混凝土搅拌测温记录（鲁 JJ—048）：混凝土冬期现场搅拌施工时，应进行搅拌测温记录，主要包括大气温度、原材料温度、出罐温度和入模温度等。

2）混凝土养护测温记录（鲁 JJ—049）：混凝土冬期施工养护测温应进行混凝土入模后的养护测温记录。混凝土冬期施工养护测温应先绘制测温点布置图，包括测温点的部位深度等。测温记录应包括大气温度、各测温孔的实测温度、同一时间测得的各测温孔的平均温度和间隔时间等。此外还应进行成熟度计算（本次、累计）。表格中各温度值需标注正负号。

混凝土的冬期施工应符合国家现行标准和施工技术方案的规定。

测温起止时间指室外日平均气温连续 5 天低于 5℃起，至室外日平均气温连续 5 天高于 5℃冬期施工结束。掺加防冻剂的混凝土未达到抗冻监界强度（4 MPa）之前每隔 2h 测量一次，达到抗冻监界强度（4 MPa）且温度变化正常，测温间隔时间可由 2h 调整为 6h。

3）大体积混凝土养护测温记录（鲁 JJ—050）：应对入模时的大气温度、各测温孔温度、内外温差和裂缝进行检查和记录；并附测温点布置图，包括测温点的布置。

（10）施工检查记录（鲁 JJ—056）

按照现行规范要求应进行施工检查的重要工序，且相关规定无相应施工记录表格的，填写施工检查记录表格，此表格通用，适用于各专业。

4．预检记录（鲁 JJ—040）

1）预检是对施工过程某重要工序进行的预先质量控制的检查记录。预检是预防质量事故发生的有效途径，使质量偏差在过程中得到纠正。

2）预检程序：须办理预检的分项工程完成后，由施工员填写预检记录，技术负责人组织质量员、施工员及班组长进行验收。

3）预检项目及内容：

① 定位测量放线。

② 模板：检查几何尺寸、轴线标高、预埋件、预留孔位置及模板牢固性、接缝严密性、起拱情况、节点做法等。

③ 设备基础和预制构件安装：检查设备基础位置、混凝土强度、标高、几何尺寸、预留孔、预埋件等。

④ 地上混凝土结构施工缝：检查留置的方法、位置、接茬处理等。

⑤ 预留孔洞、预埋套管等。

5．检验批验收资料（见资料表格鲁 JJ—082 至鲁 JJ—219）

1）检验批由监理工程师或建设单位项目技术负责人组织项目专业质量员等进行验收。将“质量验收规范的名称和编号”印制在表格中“主控项目、一般项目”的上方、“施工质量验收规范规定”前。

2）单位名称填写：施工单位、分包单位，填写施工单位的全称，应与合同上公章名称相一致。项目经理填写合同中约定的负责人。在装饰、安装分部工程施工中，有分包单位时，应填写分包单位全称，分包单位的项目经理也应是合同中指定的项目负责人，这些人员由填写人填写。

3）施工执行标准名称及编号：按照不低于国家质量验收规定的企业标准来操作，企业标准应有编制人、批准人、批准时间、执行时间、标准名称及编号，并且已备案。

4）主控项目、一般项目施工单位检查评定记录：

① 对定量项目直接填写检查的数据。

② 对定性项目，当符合规范规定时，采用打“√”的方法标注；当不符合规范规定时，采用打“×”的方法标注。或者填写具有实质内容的专业评语，如“压实系数为 97%，实验报告编号为×××，符合要求”。

③ 有混凝土、砂浆强度等级的检验批，按规定留取试件后，填写试件编号，待试件试验报告出来后，再对检验批进行判定，并在分项工程验收时进一步进行强度评定及验收。

④ 对既有定性又有定量的项目，各个子项目质量均符合规范规定时，采用打“√”的方法标注；否则采用打“×”的方法标注。无此项内容的采用打“—”的方法标注。

⑤ 一般项目中的定性项目基本达到要求，采用打“√”的方法标注；否则采用打“×”的方法标注，每个检验批若出现一处“×”，则该检验批判定为不合格，要返工重做。

⑥ 一般项目带有数据的定量项目，用检测点的合格率来判定是否符合要求。将实际测量的数值填入表格内，超企业标准而没有超过国家验收规范的数字用符号“○”将其圈住；对超过国家验收规范的用普通三角符号“△”圈住。

定量项目中每个项目都有 80%及以上（混凝土保护层为 90%）检测点的实测数值达到规范的规定，其余 20%超偏点其最大偏差一般不超过规范规定允许偏差的 1.5 倍（钢结构为 1.2 倍），也就是说，有数据的项目，除必须达到规定数值外，其余可放宽，最大放宽至

1.5 倍（钢结构为 1.2 倍）。

5）监理（建设）单位验收记录：在施工过程中，通常监理人员以平行、旁站或巡回的方法进行监理，对施工质量进行查看和测量，并参加施工单位的重要项目的检测。对符合验收规范规定的项目，填写“合格”或“符合要求”，对不符合验收规范规定的项目，暂不填写，待处理后再验收，但应做标记。

6）施工单位检查评定结果：

① 施工单位自行检查评定合格后，应注明“主控项目满足要求，一般项目全部合格”或“检查评定合格”。

② 专业工长（施工员）和施工班、组长栏目由本人签字，以示承担责任。质量员代表企业逐项检查评定合格，填写表格并填写结果，签字后交监理工程师验收。

7）监理（建设）单位验收结论：主控项目、一般项目验收合格，混凝土、砂浆试件强度待试验报告出来后判定，其余项目已全部验收合格，注明“合格，通过验收”，专业监理工程师或建设单位的专业技术负责人签字。

6．隐蔽工程验收（鲁 JJ—037、鲁 JJ—038）

（1）隐蔽工程的定义

隐蔽工程是指上一道工序结果被下一道工序覆盖，一般情况下难以检查的项目。隐蔽工程验收记录为通用施工记录，适用于各专业。

（2）隐蔽工程的内容

1）土方工程：基槽、房心回填前检查基底清理、标高情况等。

2）支护工程：检查锚杆、土钉的品种、规格、数量、位置、插入长度、深度、垂直度，钢筋笼规格、位置、槽底清理、沉渣厚度等。

3）桩基工程：检查钢筋笼规格、尺寸、沉渣厚度、清空情况等。

4）地下防水工程：检查混凝土变形缝、施工缝、后浇带、穿墙套管、埋设件等设置的形式和构造，防水层基层、防水材料规格、厚度、铺设方式、阴阳角处理、搭接密封处理等。

5）预应力工程：检查预留孔道的规格数量、位置、形状、端部预埋垫板；预应力筋下料长度、切断方法、竖向位置偏差、护套的完整性；锚具、夹具、连接点组装等。

6）钢结构工程：检查地脚螺栓规格、位置、埋设方法、紧固等。

（3）隐蔽工程的验收流程

验收流程：隐蔽前施工→隐蔽工程准备→通知监理/甲方检查→隐蔽前相关试验→试验合格（不合格退回上一步）→办理隐蔽工程合格签证→隐蔽→完成。

施工单位完成隐蔽工程的工作内容后，首先按检验批或分项工程对该部分工作内容质量进行检验评定，必须达到合格标准；同时要按有关规定填写《隐蔽工程验收记录》和《隐蔽工程报验申请表》，监理单位接到申请后首先要核查相关质保资料如原材料质保书和复检报告、必要的施工记录、设计变更联系单等。监理单位组织进行验收，监理单位根据工程部位情况邀请各方建设主体参加，如地基验槽应邀请设计、勘察、建设和质量监督站参加，重要楼层的钢筋隐检须报建设单位和当地质量监督站。验收完成后相关单位在《隐蔽工程验收记录》上签字确认，分部分项工程的质量评定一般是在施工单位自检合格基础上由监理单位组织复查，分项工程由监理工程师组织、分部工程右总监或总监代表组织。

隐蔽工程验收，应由施工单位在隐蔽验收日提前 48 h 通知相关验收单位。但如果建设单位或监理工程师在施工单位通知检验后 12 h 内未能进行检验，则视为建设单位和监理检验合格，承包商有权覆盖并进行下一步工序。

7. 分项工程验收资料（鲁 JJ—081）

分项工程是在检验批合格基础上进行的，是一个统计过程。但有时在检验批中无法检验的项目，在分项工程中直接验收，如砌体工程的全高垂直度、砂浆强度的评定等。

1）分项工程是在检验批合格基础上进行的，是一个统计过程，通常起归纳整理的作用，没有实质性验收内容。需注意如下三点：一是检查检验批是否将整个工程覆盖了，有没有漏掉部位；二是检查混凝土、砂浆强度要求的检验批，到龄期后能否达到规范规定；三是将检验批的资料统一，依次进行登记整理，以方便管理。

2）表的填写：表名填上所验收分项工程的名称；表头及检验批部位、区段、施工单位检查评定结果，由施工单位项目专业质量员填写，由施工单位的项目专业技术负责人检查后给出评价“合格”或“不合格”并签字，交监理单位或建设单位验收。

3）监理单位验收意见：监理单位的专业监理工程师（或建设单位的专业负责人）应逐项审查，若同意验收则填写“合格，通过验收”并签字确认；若不同意验收，则指出存在的问题，并明确处理意见和完成时间。

8. 地基与基础结构验收

（1）地基验收记录（鲁 JJ—046）

地基验收是在地基验槽处理完后，在基础施工前进行的质量验收活动，目的是对地基验槽、地基处理效果做出的综合评价。

（2）分部（子分部）工程验收记录（鲁 JJ—079）

地基与基础分部工程包括无支护土方、有支护土方、地基处理、桩基、地下防水、混凝土基础、砌体基础、劲钢（管）混凝土结构和钢结构子分部工程。根据具体工程所含上述内容的有无，来填写相关施工内容。

1）分部（子分部）工程的名称填写要具体，并注明是分部还是子分部。

2）分项工程填写应是全部分项工程，并写明检验批的数量。

3）资料审查按子分部工程分别检查，按层次进行，并判断其能否达到完整的要求，判定达到 3）、4）要求，施工单位填写“合格”，监理单位填写“同意验收”，并将资料附在后边。

4）安全和功能抽查，每项检测有单项报告，其结果能达到设计要求。

5）观感质量验收按单位工程的程序和要求进行，并附评价表。

6）各单位的项目经理、项目负责人及总监理工程师签字确认。

（3）分部（子分部）工程观感质量检查记录（鲁 JJ—080）

1）在施工单位验收合格的基础上，监理再验收。

2）由总监理工程师组织有关专业监理工程师，会同施工单位（包括分包、总包单位）项目负责人及专业技术质量人员共同进行，表内项目包括不了的，可按规定增加。

3）该记录表格完全满足或好于规范规定的应打“√”；基本满足规范规定、满足安全和使用功能的可打“O”；满足不了规定，影响安全和使用功能的应打“×”。

4）质量评价根据抽查质量状况，有 80%及以上打“√”的，且其他点均基本满足规范规定，满足安全和使用功能，质量评价为“好”；达不到 80%，且无“×”的应为“一般”；有一处（点）不满足规范规定，影响安全和使用功能的应为“差”，并应按《建筑工程施工质量验收统一标准》第 5.0.6 条进行处理。

5）观感质量综合评价：所检项目有 50%及以上达到好的，评价应为“好”；达不到 50%的，评价应为“一般”；有“差”的应按《建筑工程施工质量验收统一标准》第 5.0.6 条进行处理。

6）检查结论：符合规范和设计要求或满足安全和使用功能，填写同意验收。

三、主体结构施工阶段

主体结构施工阶段对应的资料表格填写内容，如图 5-3 所示。

1．原材料、半成品、成品出厂合格证明和试验报告

参照本节二、基础施工阶段的原材料、半成品、成品出厂合格证明和试验报告的相关内容。

2．施工试验记录

施工试验记录由施工员负责收集，收集齐全后送交资料员，由资料员整理归档。施工试验记录见表 5-7。

表 5-7　施工试验记录

序号	名称	基 本 要 求
1	混凝土	（1）有配合比申请和试验室签发的配合比通知单 （2）有按规定留置 28 天标养试块和相应数量同条件养护试块的抗压强度试验报告；冬施还应有受冻临界强度试块和转常温试块的抗压强度试验报告 （3）抗渗混凝土、特种混凝土应有专项试验报告 （4）承重结构的混凝土抗压试块按规定实行有见证取样和送检 （5）有单位工程《混凝土试块抗压强度统计、评定记录》
2	预应力工程施工试验记录	（1）混凝土按规范要求留置标养、同条件试块，有相应抗压强度试验报告 （2）后张法有黏结预应力工程灌浆用水泥浆有性能试验报告
3	钢结构工程施工试验记录	（1）高强度螺栓有摩擦面抗滑移系数检验报告及复试报告，实行有见证送试 （2）首次使用的钢材、焊接材料、焊接方法、焊后热处理等进行焊接工艺评定，有评定报告

序号	名称	基 本 要 求
3	钢结构工程施工试验记录	（3）一级、二级焊缝做缺陷检验，有相应资质检测单位的超声波、射线探伤检验报告或磁粉探伤报告 （4）安全等级为一级、跨度 40 m 及以上的公共建筑钢网架，且设计有要求的，对焊（螺栓）球节点进行节点承载力试验，并实行有见证送试 （5）防腐、防火涂料做涂层厚度检测，防火涂层有检测单位的检测报告 （6）焊（连）接工人持有效岗位证书

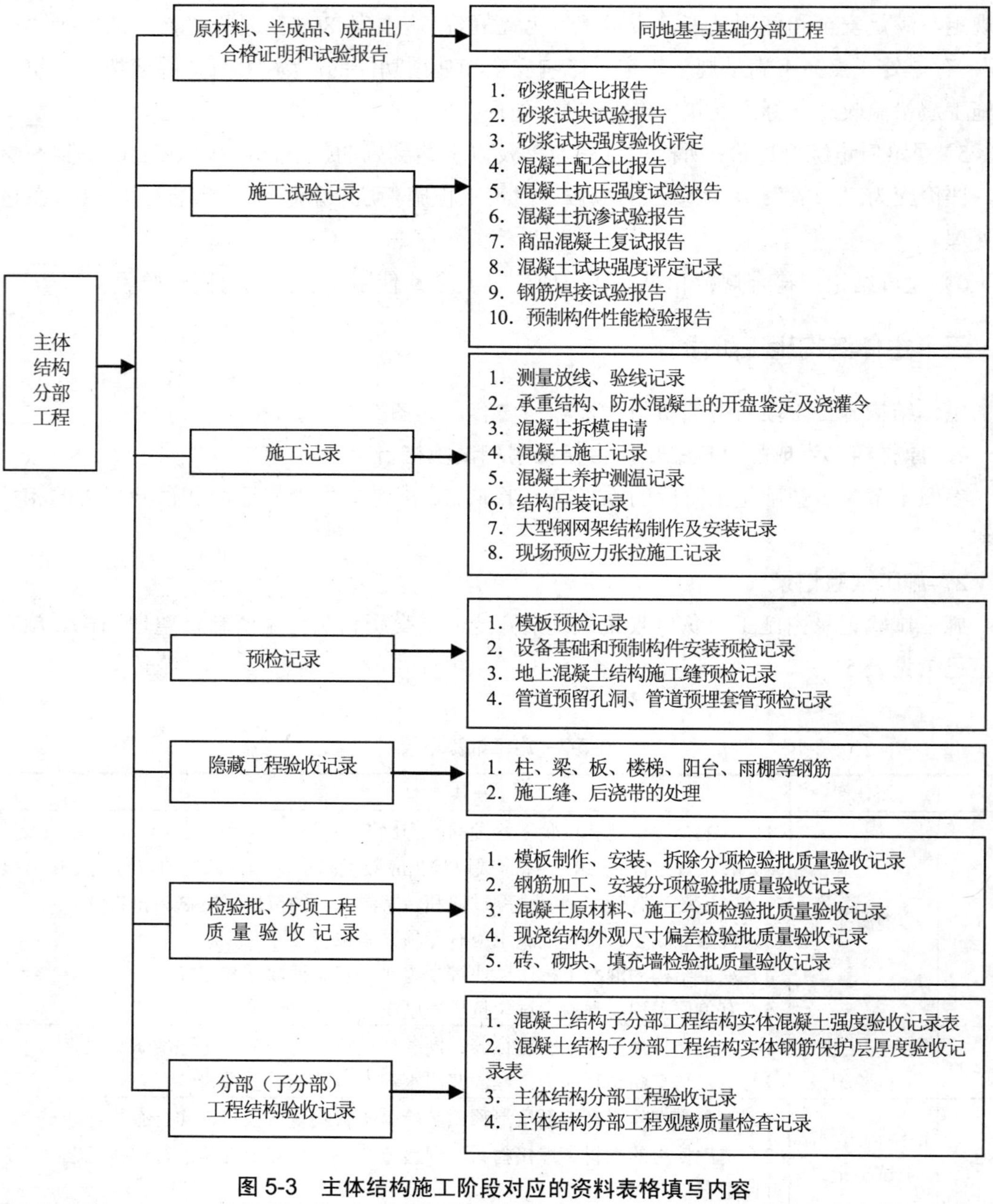

图 5-3　主体结构施工阶段对应的资料表格填写内容

（1）砂浆试块强度统计、评定记录（鲁 JJ—033）

砂浆试块试压后，应将砂浆试块试压报告按施工部位及时间顺序编号，及时登记在《砂浆试块试压报告目录表》中，按单位工程同品种、同强度等级砂浆为同一验收批，参加评定的必须是标养 28 天试块强度，工程中所用各品种、各强度等级的砂浆强度都应分别进行统计评定，并填写《砂浆试块强度统计、评定记录》。

（2）混凝土试块强度统计、评定（鲁 JJ—032）

混凝土试块试压后，应将混凝土试块试压报告按施工部位及时间顺序编号，及时登记在《混凝土试块试压报告目录表》中。按单位工程同品种、同强度等级混凝土为同一验收批，参加评定的必须是标养 28 天试块强度。工程所用各品种、各强度等级的混凝土都应分别进行统计评定。

3．施工记录

（1）楼层平面放线记录（鲁 JJ—020）

楼层平面放线内容包括轴线竖向投测控制线、各层墙柱轴线、墙柱边线、门窗洞口位置线、垂直度偏差等，施工单位在完成楼层平面放线后，填写楼层平面放线记录，报监理单位审核。

（2）楼层标高抄测记录（鲁 JJ—021）

楼层标高抄测主要包括楼层＋0.5 m（或＋1.0 m）水平控制线等。完成楼层标高抄测后，填写此表，报监理单位审核。

（3）混凝土施工记录

参见本节二、基础施工阶段的混凝土施工记录。

（4）预应力筋张拉记录

预应力筋张拉记录（I）包括预应力施工部位、预应力筋规格及抗拉强度、张拉程序、平面示意图、应力记录、伸长量等；

预应力筋张拉记录（II）对每根预应力筋的张拉伸长实测值进行记录；

预应力筋张拉记录还应附预应力钢丝镦头强度抽检记录，现场混凝土试验报告，现场预应力锚夹具出厂合格证及硬度、锚固能力报告等。

4．预检记录

参见本节二、基础施工阶段的预检记录内容。

5．检验批验收

参见本节二、基础施工阶段的检验批验收内容。

6．隐蔽工程验收

参见本节二、基础施工阶段的隐蔽工程验收内容。

7．分项工程验收

参见本节二、基础施工阶段的分项工程验收内容。

8．主体结构验收

（1）结构实体检验

结构实体检验应在监理工程师（建设单位项目专业技术负责人）的见证下，由施工项目技术负责人组织实施；承担结构实体检验的试验室应具有相应的资质。

结构实体检验的内容包括混凝土强度、钢筋保护层厚度以及工程合同约定的项目，必要时可检验其他项目。

1）混凝土结构子分部工程结构实体混凝土强度验收记录（鲁 JJ—065）：

① 对混凝土强度的检验，应以在混凝土浇筑地点制作并与结构实体同条件养护的试件强度为依据；也可根据合同的约定，采用非破损或局部破损的检测方法，按国家现行有关标准的规定进行。

② 当未能取得同条件养护试件强度、同条件养护试件强度不合格时，应委托法定检测单位按国家有关标准的规定进行鉴定检测，以鉴定检测结果作为评定和处理的依据。混凝土强度的鉴定检测数量应符合下列要求：

a. 若采用回弹法时，每一检测单元检测梁、板、柱、墙等应不少于 30%的构件，且不少于 100 个测区，每个构件设 5～10 个测区，当有悬挑梁时，抽取悬挑梁的数量应不少于所抽取构件数量的 30%；在回弹检测的构件中应至少抽取 3 个构件进行钻芯法检测，以采用回弹—钻芯综合法进行对比检测。

b. 若采用钻芯法检测时，每工作班浇筑的混凝土至少抽取 3 组芯样进行检测。

c. 若采用其他检测方法，其检测数量和部位应具有代表性，且应符合相应国家标准规定。

③ 混凝土结构实体强度评定表见表 5-8。

表 5-8　混凝土结构实体强度评定

<table>
<tr><th>序号</th><th>结构部位
或构件名称</th><th>设计混凝土强度
等级</th><th>标养试件强度
评定</th><th>同条件养护试件强度
评定 600℃·d
和 1.10 系数</th><th>采用非破损或局部
破损检验结果</th></tr>
<tr><td rowspan="2">1</td><td rowspan="2">柱及框架</td><td></td><td></td><td></td><td></td></tr>
<tr><td></td><td></td><td></td><td></td></tr>
<tr><td rowspan="2">2</td><td rowspan="2">梁、板</td><td></td><td></td><td></td><td></td></tr>
<tr><td></td><td></td><td></td><td></td></tr>
<tr><td colspan="2">评定结果</td><td colspan="4">（1）同条件养护试件强度评定：
1）标养试件评定达到设计、规范规定；
2）同条件养护试件（600℃ · d）×1.10 检验达到设计、规范规定
（2）采用非破损或局部破损检验方法评定：
1）标养试件评定达到设计、规范规定；
2）非破损或局部破损检验达到设计、规范规定</td></tr>
</table>

汇总人：　　　　　年　　月　　日

2）混凝土结构子分部工程结构实体钢筋保护层厚度验收记录（鲁 JJ—065）：

① 钢筋保护层厚度检验的结构部位，应由监理（建设）、施工等各方根据结构构件的重要性共同确定；对梁、板类构件，应各抽取构件数量的 2%且不少于 5 个构件进行检验；当有悬挑构件时，抽取的构件中悬挑梁类、板类构件所占比例均不宜小于 50%。

② 对选定梁类构件，应对全部纵向受力钢筋的保护层厚度进行检验；对选定的板类构件，应抽取不少于 6 根纵向受力钢筋的保护层厚度进行检验，对每根钢筋在有代表性的部位测量一点（检测现浇板上部扣筋保护层厚度时，检测点应距墙或梁大于等于 500 mm 以上）。

③ 检验可采用非破损或局部破损，或非破损并用局部破损进行校准的方法。

④ 钢筋保护层厚度检验时，纵向受力钢筋保护层厚度的允许偏差为：梁类构件 +10 mm，−7 mm；板类构件（+8 mm，−5 mm）。

⑤ 对梁、板类构件纵向受力钢筋的保护层厚度应分别进行验收，验收合格应符合下列规定：

a. 当全部钢筋保护层厚度检验的合格点率 90%及以上时，检验结果判为合格。

b. 当全部钢筋保护层厚度检验的合格点率小于 90%但不小于 80%时，可再抽取相同数量的构件进行检验；当按两次抽样总和计算的合格点率为 90%及以上时，检验结果仍应判为合格。

c. 每次抽样结果中不合格点的最大偏差均不得大于允许偏差值的 1.5 倍。

⑥ 结构实体钢筋保护层厚度评定见表 5-9。

表 5-9 结构实体钢筋保护层厚度评定

序号及名称	项目允许偏差	实测数据					判定情况
1. 梁类	＋10 mm，−7 mm 1.5 倍为（＋15 mm，−11 mm）						① 实测点 100%合格； ② 实测点 90%及以上合格； ③ 实测点 80%及以上，不足 90%时再抽查同样数量实测点，按两次抽测点总和计算的合格率达到 90%及以上
2. 板类	＋8 mm，−5 mm 1.5 倍为（＋12 mm，−8 mm）						① 实测点 100%合格； ② 实测点 90%及以上合格； ③ 实测点 80%及以上，不足 90%时再抽查同样数量实测点，按两次抽测点总和计算的合格率达到 90%及以上
评定结果		（1）梁类、板类实测点合格率都达到 100%时为一档； （2）梁类、板类实测点有一项达不到 100%，但都达到 90%及以上时为二档； （3）梁类、板类实测点合格率有一项是或两项是经过再抽样达到 90%及以上时为三档； （4）梁类、板类实测点当有实测值超过 1.5 倍允许偏差值时，不得评优良					

汇总人：　　　　年　　月　　日

（2）分部（子分部）工程验收记录（鲁 JJ—079）

主体结构分部工程包括混凝土结构、砌体结构、劲钢（管）混凝土结构、钢结构、木结构、网架和索膜结构子分部工程。根据具体工程所含上述内容的有无，来填写相关施工内容。

参见本节二、基础施工阶段分部（子分部）工程验收记录内容。

（3）分部（子分部）工程观感质量检查记录（鲁 JJ—080）

参见本节二、基础施工阶段分部（子分部）工程观感质量检查验收记录内容。

第四节　资料收集整理、归档移交

一、资料的收集

1．及时参与相关施工活动

施工单位文件资源的收集、管理工作必须纳入整个工程项目管理的全过程，资料员应该参加有关工程的技术、质量、安全、协调等各方面的会议，并应经常深入施工工程现场，了解施工动态，及时准确地掌握工程施工管理方面的全面信息，便于对资料及时收集、整理、核对和管理监控。

资料员在接收资料时应仔细核对资料名称、份数、资料状况（正本或副本；原件或复印件；完好或破损）。

2．保持同步收集

资料的收集工作与工程施工的每一道工序密切相关，必须与工程的施工进度同步进行，以保证文件资源的准确性和时效性。

3．认真把关资料

资料员应与项目经理、施工技术负责人密切配合，严把文件资料的质量关。无论是对企业内部，还是对相关单位（如分包单位、供货单位）之间往来的文件资料都应认真核查、校对，发现问题，及时纠正。

二、资料的整理

施工资料必须及时整理、分类。施工技术资料在形成过程中应按目录设置分类整理，土建资料分为 A、B、C、D、E、F 共 6 个分册。主要包括 A 分册：原材料、构配件出厂质量证明资料分目录；B 分册：试验资料分目录；C 分册：施工管理资料分目录；D 分册：施工控制资料分目录；E 分册：设计、勘察资料分目录；F 分册：专项资料分目录。参见第三节资料员实习流程相关内容。

三、资料的存放保管

项目经理部应配置适当的房间、必要存放资料的箱柜，用来存放文件资料。资料员应加强资料管理并增强防范意识，做好“防火、防盗、防露、防虫、防光、防尘”等工作。

四、资料的发布及借阅

1）应建立健全完善的关于文件及资料的收集、分类、整理、保存、传阅、借阅、查阅等制度，严格按照规定的程序办理，避免文件资料的丢失和损坏。

2）资料分发要填写“文件和资料发放登记表”，借阅要填写“资料借阅登记表”，签字备查。收文应记录文件名、文件摘要、发放部门、文件编号、收文日期，收文人员应签字。

3）借阅或传阅应注明借阅或传阅的日期，借阅人名，传阅责任人，传阅范围及期限，借阅或传阅人应当签字认可，到期应及时归还；借阅或传阅文件借（传）出后，应在文件夹的内附目录中做上标记。

4）资料外借一般不超过 1 个月，最长不超过 2 个月。超过规定时间应办理续借手续。资料员保存的资料数量任何时候不应少于两套，只剩两套时，原则上不再外借，特殊情况下急需借阅的，必须经过项目经理签字批准。

5）借阅资料要及时归还。

6）对借出归还的资料要认真核对清点。

7）收到归还的资料要及时放回原处，并在借阅登记表上注销。

8）资料员对借出资料每月汇总一次，对到期未还的资料发出催还通知。

五、资料的立卷、归档、验收和移交

整理后的文件应及时组卷，按照合同和有关规定，及时把建设单位、施工单位、城建档案馆保存收藏的竣工资料，分别进行移交，完好归档。

1．立卷

1）定义：立卷是指建设工程资料在归档时按照一定的原则方法，将有保存价值的资料分门别类整理成案卷，亦称组卷。

2）立卷的基本原则：立卷应遵循工程文件的自然形成规律，保持卷内文件的有机联系，便于档案的保管和利用。一个建设工程由多个单位工程组成时，工程文件应按单位工程组卷。

3）立卷的方法：工程文件可按建设程序划分为工程准备阶段文件、监理文件、施工文件、竣工图、竣工验收文件五部分。工程准备阶段文件可按建设程序、专业、形成单位等组卷；监理文件可按单位工程、分部工程、专业、阶段等组卷；施工文件可按单位工程、分部工程、专业、阶段等组卷；竣工图可按单位工程、专业等组卷；竣工验收文件按单位工程、专业等组卷。

4）立卷过程中宜遵循的要求：案卷不宜过厚，一般不超过 40 mm；案卷内不应有重份文件；不同载体的文件一般应分别组卷。

5）卷内文件的排列：文字材料按事项、专业顺序排列。同一事项的请示与批复、同一文件的印本与定稿、主体与附件不能分开，并按批复在前、请示在后，印本在前、定稿在后，主体在前、附件在后的顺序排列。图纸按专业排列，同专业图纸按图号顺序排列。既有文字材料又有图纸的案卷，文字材料排前、图纸排后。

6）案卷的编目：

① 编制卷内文件页号应符合下列规定：

a. 卷内文件均按有书写内容的页面编号。每卷单独编号，页号从“1”开始。

b. 页号编写位置：单面书写的文件在右下角；双面书写的文件，正面在右下角，背面在左下角。折叠后的图纸一律在右下角。

c. 成套图纸或印刷成册的科技文件材料，自成一卷的，原目录可代替卷内目录，不必重新编写页码。

d. 案卷封面、卷内目录、卷内备考表不编写页号。

② 卷内目录的编制应符合下列规定：

a. 卷内目录式样宜符合表 5-11 的要求。

b. 序号：以一份文件为单位，用阿拉伯数字从“1”依次标注。

c. 责任者：填写文件的直接形成单位和个人。有多个责任者时，选择两个主要责任者，其余用“等”代替。

d. 文件编号：填写工程文件原有的文号或图号。

e. 文件题名：填写文件标题的全称。

f. 日期：填写文件形成的日期。

g. 页次：填写文件在卷内文件首页之前。

h. 卷内目录排列在卷内文件首面之前。

③ 卷内备考表的编制应符合下列规定：

a. 卷内备考表的式样宜符合表 5-12 的要求。

b. 卷内备考表主要标明卷内文件的总页数、各类文件页数（照片张数），以及立卷单位对案卷情况的说明。

c. 卷内备考表排列在卷内文件的尾页之后。

案卷备考表的说明，主要说明卷内文件复印件情况、页码错误情况、文件的更换情况等。没有需要说明的事项可不必填写。

④ 案卷封面的编制应符合下列规定：

a. 案卷封面印刷在卷盒、卷夹的正表面，也可采用内封面形式。

b. 案卷封面的内容应包括档号、档案馆代号、案卷题名、编制单位、起止日期、密级、保管期限、共几卷、第几卷。

c. 档号应由分类号、项目号和案卷号组成。档号由档案保管单位填写。

d. 档案馆代号应填写国家给定的本档案馆的编号。档案馆代号由档案馆填写。

e. 案卷题名应简明、准确地提示卷内文件的内容。案卷题名应包括工程名称、专业名称、卷内文件的内容。

f. 编制单位应填写案卷内文件的形成单位或主要责任者。

g. 起止日期应填写案卷内全部文件形成的起止日期。

h. 保管期限分为永久、长期、短期 3 种期限。

i. 密级分为绝密、机密、秘密三种。同一案卷内有不同密级的文件，应以高密级为本卷密级。

⑤ 卷内目录、卷内备考表、案卷内封面应采用 70 g 以上白色书写纸制作，幅面统一采用 A4 幅面。卷内目录、卷内备考表、案卷内封面分别见表 5-10、表 5-11 和表 5-12。

表 5-10　卷内目录

序号	文件编号	责任者	文件题名	日期	页次	备注

表 5-11　卷内备考表

本案共有文件材料　　　页，其中：

文字材料_____页，图样材料_____页，

照片_____张。

说明：

立卷人：

年　月　日

审核人：

年　月　日

表 5-12　案卷内封面

档　　号＿＿＿＿＿＿＿＿＿＿＿＿ 档案馆代号＿＿＿＿＿＿＿＿＿＿＿＿ 案卷题名＿＿＿＿＿＿＿＿＿＿＿＿＿ 编制单位＿＿＿＿＿＿＿＿＿＿＿＿＿ 编制日期＿＿＿＿＿＿＿＿＿＿＿＿＿ 密　　级＿＿＿＿＿＿保管期限＿＿＿ 共＿＿卷　　　　　　第＿＿卷

7）案卷的装订：案卷可采用装订与不装订两种形式。装订应采用线绳三孔左侧装订法，要整齐、牢固，便于保管和利用。装订时必须剔除金属物。

案卷装具一般采用卷盒、卷夹两种形式。卷盒的外表尺寸为 310 mm×220 mm，厚度分别为 20 mm、30 mm、40 mm、50 mm。卷夹的外表尺寸为 310 mm×220 mm，厚度一般为 20～30 mm。卷盒、卷夹应采用无酸纸制作。

案卷脊背的内容包括档号、案卷题名，案卷脊背式样见表 5-13。

表 5-13　案卷脊背式样

档号
案卷题名

2．归档

（1）定义

归档是指资料形成单位完成其工作任务后，将形成的资料整理立卷后，按规定移交给档案管理机构。

（2）归档包含三层含义

一是各参建单位将本单位在工程建设过程中形成的资料向本单位档案管理机构移交；

二是各参建单位将本单位在工程建设过程中形成的资料向建设单位档案管理机构移交；

三是建设单位按照现行《建设工程文件归档整理规范》（GB/T 50328—2001）要求，将汇总的该建设工程的档案向地方城建档案管理部门移交。

（3）归档应符合的规定

1）归档文件必须完整、准确、系统，能够反映工程建设活动的全过程。

2）根据建设程序和工程特点，归档可以分阶段进行，也可以在单位或分部工程通过竣工验收后进行。

3）勘察、设计、施工单位在收齐工程文件并整理立卷后，建设单位、监理单位应根据城建管理机构的要求对档案文件的完整、准确、系统情况和案卷质量进行审查，审查合格后向建设单位移交。

4）工程档案一般不少于两套，一套由建设单位保管，一套（原件）移交当地城建档案馆（室）。

5）勘察、设计、施工、监理等单位向建设单位移交档案时，应编制移交清单，双方签字、盖章后方可交接。

6）凡设计、施工及监理单位需要向本单位归档的文件，应按国家有关规定要求单独立卷归档。

7）工程资料归档保存期限应符合国家现行有关标准的规定。当无相关规定时，不宜少于5年。

（4）归档的质量要求

1）归档的工程文件应为原件。

2）工程文件的内容及其深度必须符合国家有关工程勘察、设计、施工、监理等方面的技术规范、标准和规程。

3）工程文件的内容必须真实、准确，与工程实际相符合。

4）工程文件应采用耐久性强的书写材料，如碳素墨水、蓝黑墨水，不得使用易褪色的书写材料，如红色墨水、纯蓝墨水、圆珠笔、复写纸、铅笔等。

5）工程文件应字迹清楚，图样清晰，图表整洁，签字盖章手续完备。

6）工程文件中文字材料幅面尺寸规格宜为A4幅面（297 mm×210 mm）。图纸宜采用国家标准图幅。

7）工程文件的纸张应采用能够长期保存的韧性大、耐久性强的纸张。

8）所有竣工图均应加盖竣工图章。

9）竣工图章的基本内容应包括“竣工图”字样、施工单位、编制人、审核人、技术负责人、编制日期、监理单位、现场监理、总监。竣工图章尺寸为 50 mm×80 mm。竣工图章应使用不易褪色的红印泥，应盖在图标栏上方空白处。竣工图章内容见表 5-14。

表 5-14　竣工图章内容

竣工图			
施工单位			
编制人		审核人	
技术负责人		编制日期	
监理单位			
总监		现场监理	

10）利用施工图改绘竣工图，必须标明变更修改依据；凡施工图结构、工艺、平面布置等有重大改变，或变更部分超过图面 1/3 的，应当重新绘制竣工图。

11）不同幅面的工程图纸应按《技术制图　复制图的折叠方法》（GB/T 10609.3—2009）统一折叠成 A4 幅面（297 mm×210 mm），图标栏露在外面。

3．建设工程文件和档案资料的验收

工程档案由建设单位进行验收，属于向地方城建档案管理部门报送工程档案的工程项目，还应会同城建档案管理部门共同验收。

为确保工程档案的质量，各编制单位、城建档案管理部门、建设行政管理部门等要对工程档案进行严格检查验收。编制单位、制图人、审核人、技术负责人必须进行签字或盖章。对不符合技术要求的，一律退回编制单位进行改正、补齐，问题严重可令其重做。不符合要求者，不能交工验收。

城建档案管理机构在进行工程档案预验收时，应重点验收以下内容：

1）工程档案齐全、系统、完整；

2）工程档案的内容真实、准确地反映工程建设活动和工程实际状况；

3）工程档案已整理立卷，立卷符合本规范的规定；

4）竣工图绘制方法、图式及规格等符合专业技术要求，图面整洁，盖有竣工图章；

5）文件形成、来源符合实际，要求单位或个人签章文件应签章手续完备；

6）文件材质、幅面、书写、绘图、用墨、托裱等符合要求。

4．建设工程文件和档案资料的移交

1）施工单位应向建设单位移交施工资料；

2）实行施工总承包的，各专业承包单位向施工总承包单位移交施工资料；

3）监理单位应向建设单位移交监理资料；

4）工程资料移交时及时办理移交手续，填写工程资料移交书、移交目录；

5）列入城建档案管理部门接收范围的工程，建设单位在工程竣工验收后 3 个月内向城建档案管理部门移交一套符合规定的工程档案。移交工程档案时，应办理移交手续，填写移交目录，双方签字盖章后交接。

第五节　资料管理软件的应用

建筑工程资料是工程建设及竣工验收的必备条件，也是对工程进行检查、维护、管理、使用、改建和扩建的原始依据。

随着信息时代的到来，计算机以其存储量大、准确性高、处理速度快等特点，成为现代化管理的必备工具，运用计算机管理技术进行建筑工程资料的编制是建筑业发展的趋势。

目前建筑工程资料管理软件众多，一般是根据《建筑工程施工质量验收统一标准》（GB 50300—2013）、《建设工程文件归档整理规范》（GB/T 50328—2001）等文件，并结合各省市的工程资料管理标准或规程及其施工质量验收规范的标准用表等编制的资料软件系统。建筑工程资料软件的应用改变了过去落后的手工资料填写方式，大大地提高了资料员的工作效率，并且制作的资料样式美观，更易满足建筑工程档案管理、归档的要求。

现以“品茗施工资料制作与管理软件”为例，简要介绍资料软件的使用。

一、软件安装与卸载

将安装光盘放入光驱，找到“品茗资料山东 2012.exe”文件并双击，将出现如下图所示的欢迎界面。

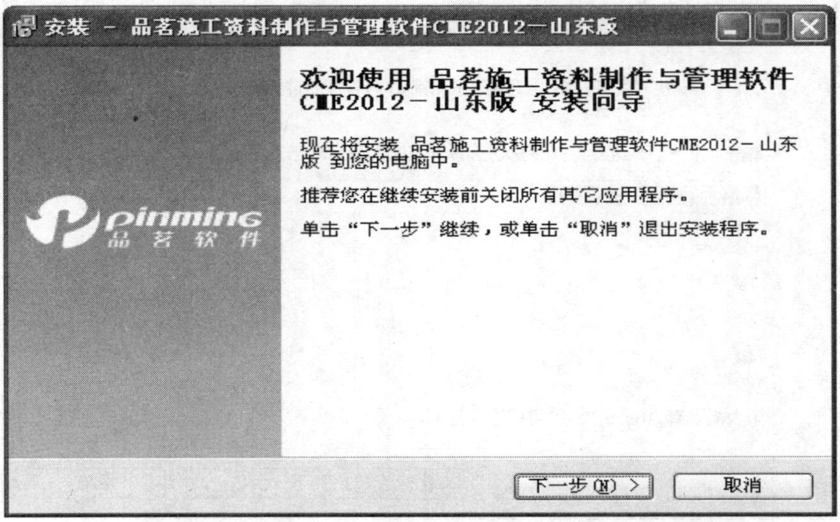

单击“下一步”，将出现如下询问是否接受许可协议的画面。

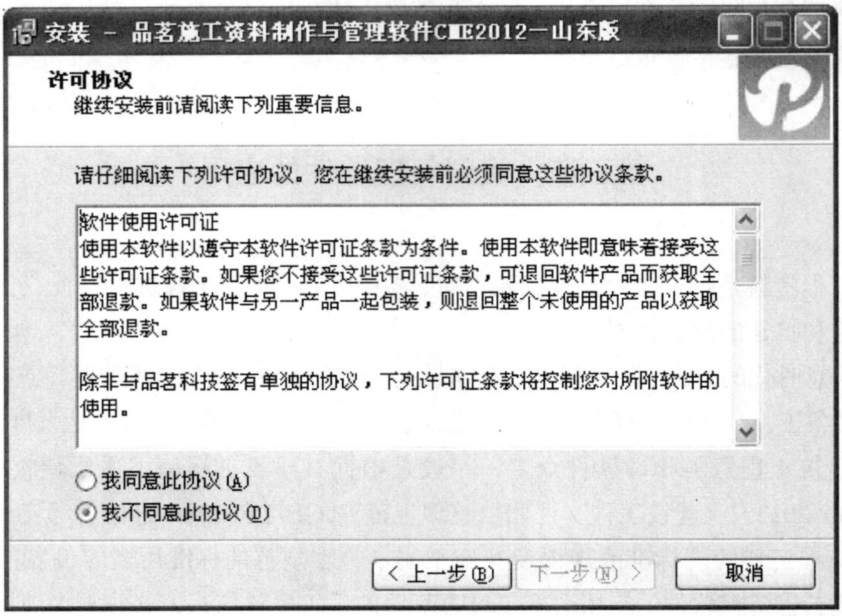

单击“我同意此协议”，再单击“下一步”将进行下一步安装，此时将出现如下选择安装位置的画面。用户可以采用系统默认的安装路径，也可以单击“浏览”自己选择适合的路径，推荐采用系统默认路径。

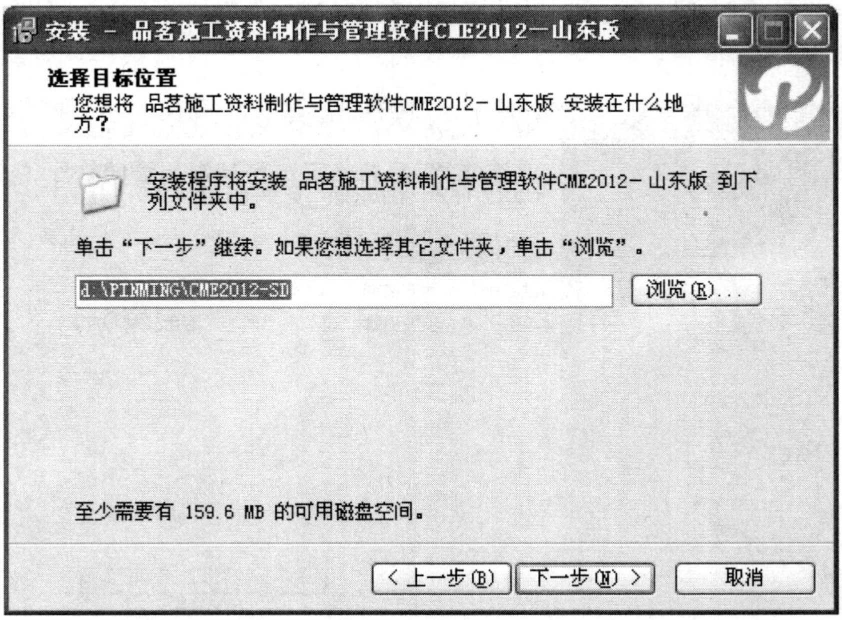

二、工程资料管理

双击桌面上的图标 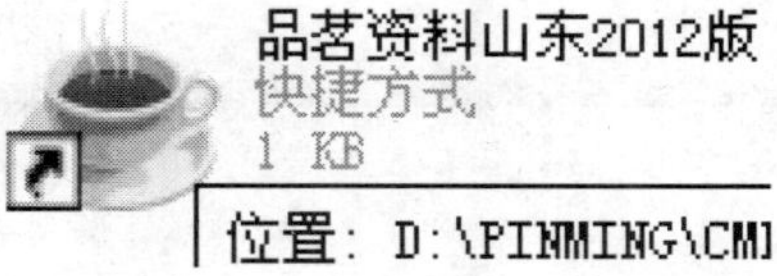

运行品茗施工资料制作与管理软件，首先出现如下启动画面：

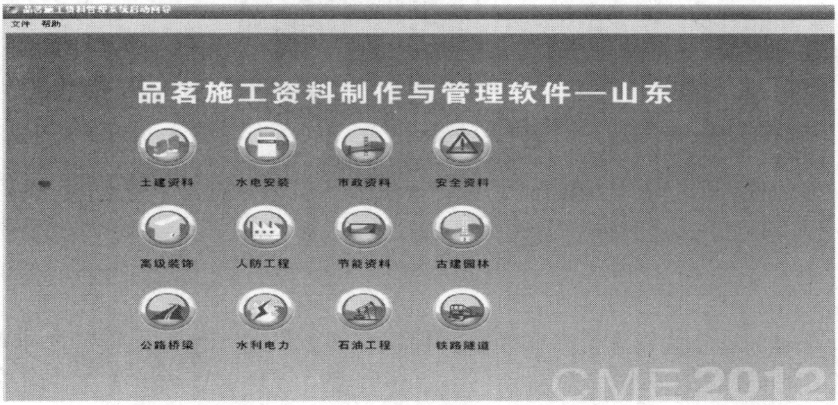

品茗施工资料制作与管理软件包含土建资料、水电安装、市政资料、安全资料、高级装饰、人防工程、节能资料、古建园林、公路桥梁、水利电力、石油工程、铁路隧道 12 种专业。

点击需要的专业后，弹出以下向导：

接着弹出如下系统登录窗口：

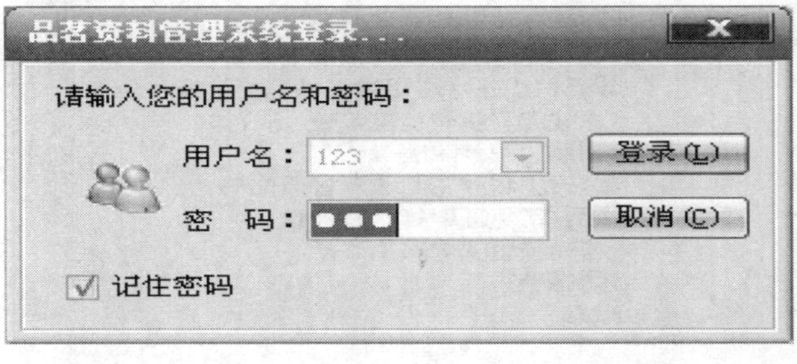

系统缺省操作员用户名：123；密码：123。您也可以以管理员身份（用户名：123456；密码：123456）登录后，通过“系统”下的“操作员管理”创建或更改用户名及密码。正确登录后，进入到如下界面：

上图的界面就是品茗施工资料制作与管理软件的主界面——工程资料管理界面。其分别由菜单栏、工具栏、工程管理结构树、表格预览窗口、状态栏等组成。下图为工程管理结构树。

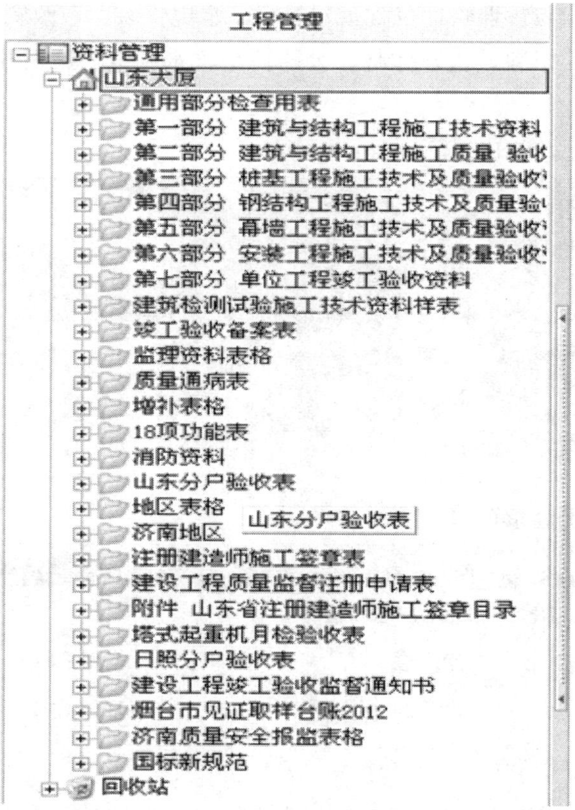

三、基本操作流程

第一步，新建工程

单击工具栏上的按钮（

），将弹出如下“新建工程”窗口：

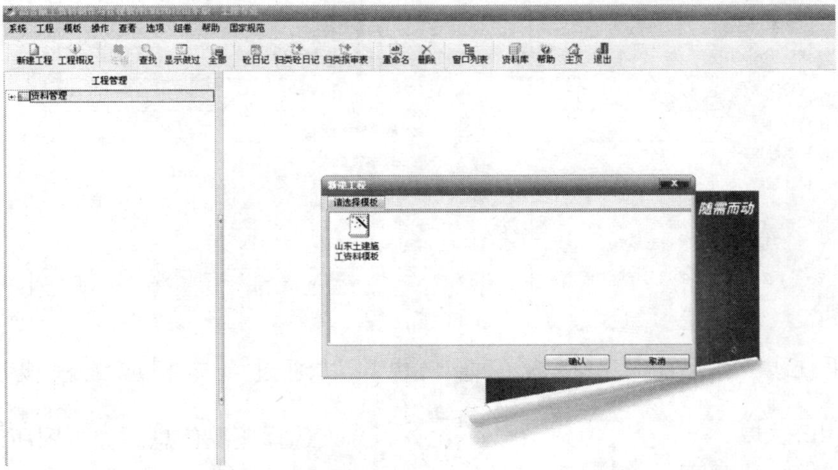

选中所需要的模板，单击“确认”后，弹出一个“工程新建自动生成条目选项”对话框，如下图所示：

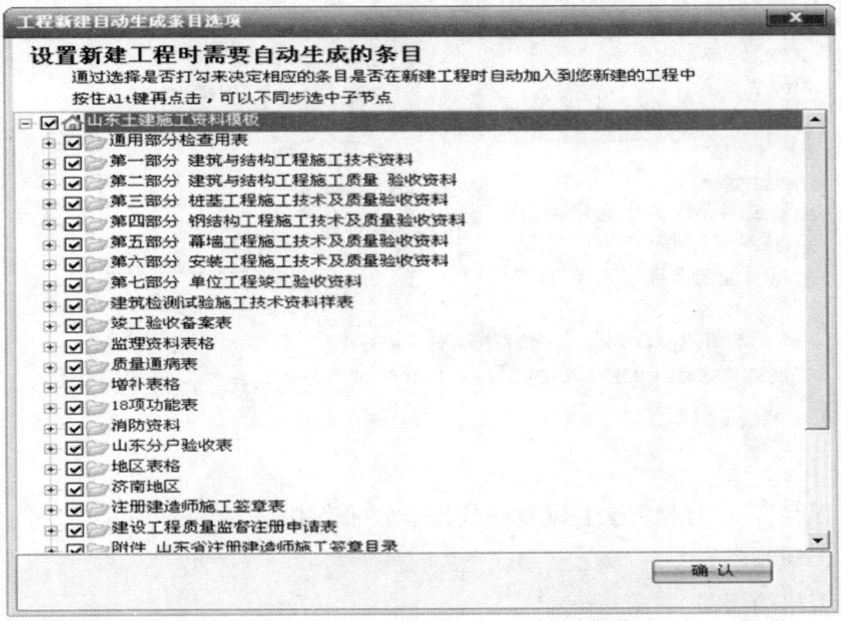

可以通过选择是否打“√”来决定新建工程时所需要创建的分部分项及表格，选择好后点击确定，一个工程将被加入到工程管理结构树中去。

第二步，输入工程概况信息

在工程创建完后，将会自动弹出如下窗口：

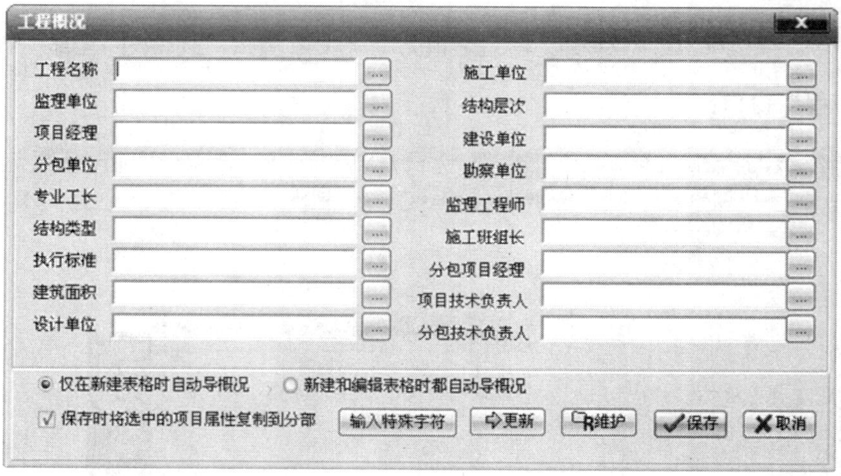

可以手工填写所有工程概况信息，也可以通过点击相应工程概况右侧的（

）来选择概况信息。如下图所示：

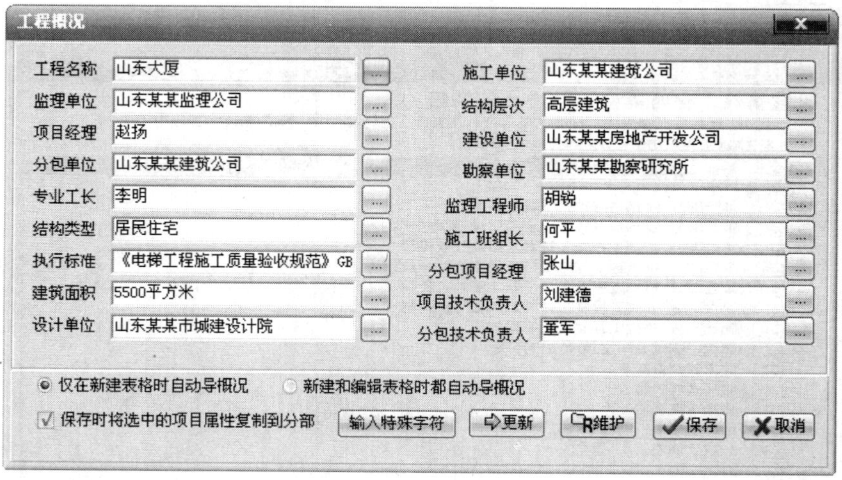

单击“保存”，工程概况会自动复制到每个分部当中去。

第三步，填制资料

检验批表格的填写：

（1）找到相应的检验批，如下图所示：

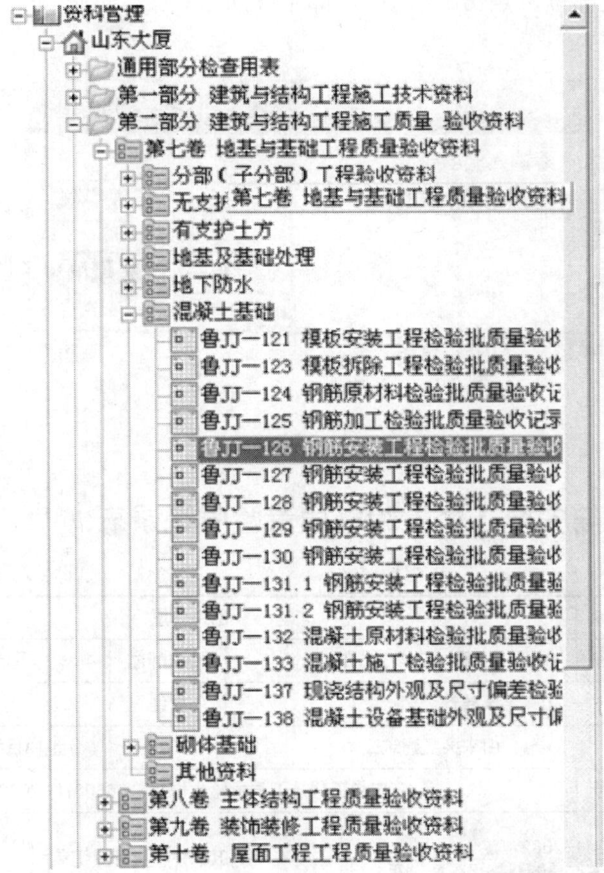

选中一个检验批表格样式，双击该检验批样式或单击右键选择新建后，如下图所示：

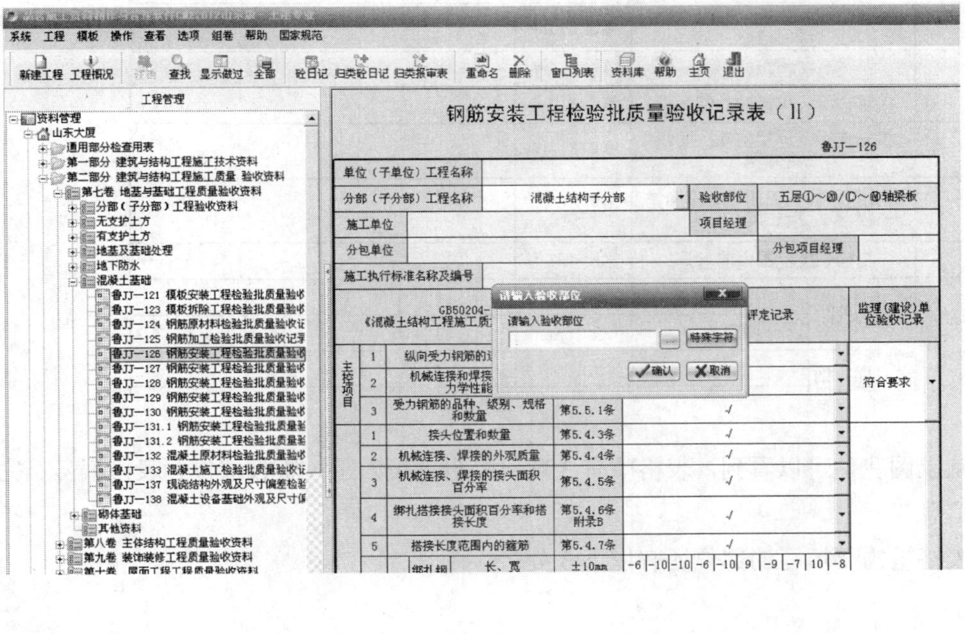

填入相应的验收部位，点击“确认”，如下图所示：

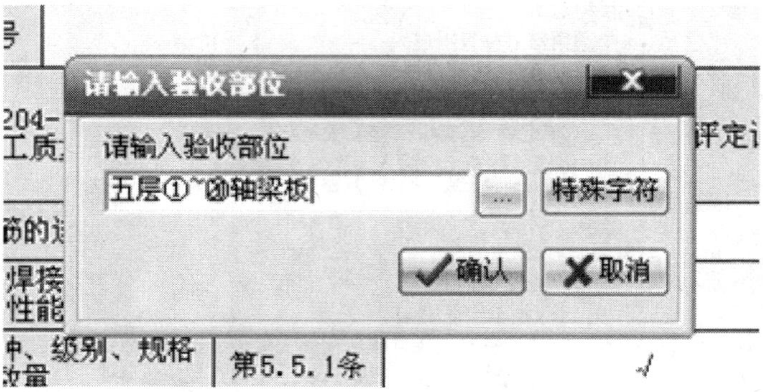

进入编辑状态：

钢筋安装工程检验批质量验收记录表（Ⅱ）

鲁JJ—126 0 0 1

单位（子单位）工程名称	山东大厦				
分部（子分部）工程名称	混凝土结构子分部	验收部位	五层①~⑳轴梁板		
施工单位	山东某某建筑公司	项目经理	赵扬		
分包单位	山东某某建筑公司	分包项目经理	张山		
施工执行标准名称及编号	《电梯工程施工质量验收规范》GB50310-2002				
GB50204-2002《混凝土结构工程施工质量验收规范》的规定				施工单位检查评定记录	监理（建设）单位验收记录
主控项目	1	纵向受力钢筋的连接方式	第5.4.1条		
	2	机械连接和焊接接头的力学性能	第5.4.2条		
	3	受力钢筋的品种、级别、规格和数量	第5.5.1条		
一般	1	接头位置和数量	第5.4.3条		
	2	机械连接、焊接的外观质量	第5.4.4条		
	3	机械连接、焊接的接头面积百分率	第5.4.5条		
	4	绑扎搭接接头面积百分率和搭接长度	第5.4.6条 附录B		
	5	搭接长度范围内的箍筋	第5.4.7条		
	绑扎钢筋网	长、宽	±10mm		
		网眼尺寸	±20mm		
	绑扎钢筋骨架	长	±10mm		

从上图我们可以看到，表格中有3项已经自动填入了：验收部位、表格编号、完整的表头信息。

表格里需要填写的部位还有以下3处：

部位 1：一个下拉框类型的单元格：

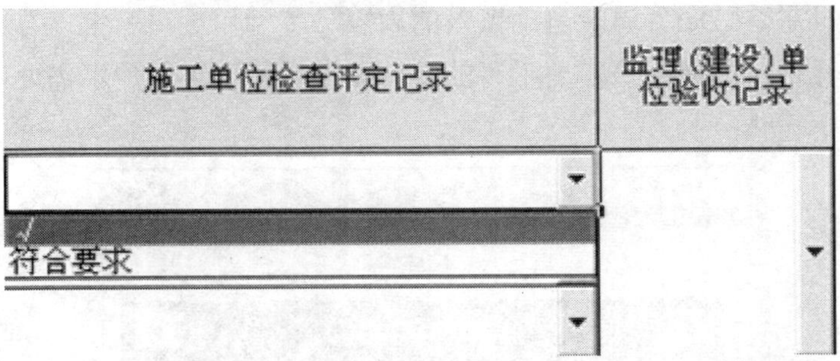

在这类单元格里，已经设置好了需要填写的内容，用户只需单击单元格选择即可。当然用户也可以输入用户需要的文字。

部位 2：数据录入区：

一般项目	6	钢筋安装允许偏差	绑扎钢筋网		长、宽	±10mm										
					网眼尺寸	±20mm										
			绑扎钢筋骨架		长	±10mm										
					宽、高	±5mm										
			受力钢筋		间距	±10mm										
					排距	±5mm										
				保护层厚度	基础	±10mm										
					柱、梁	±5mm										
					板、墙、壳	±3mm										
			绑扎箍筋、横向钢筋间距			±20mm										
			钢筋弯起点位置			20mm										
			预埋件		中心线位置	5mm										
					水平高差	+3，0mm										

这部分填入检测到的数据，可以用来进行智能评定，输入实测数值后，点击（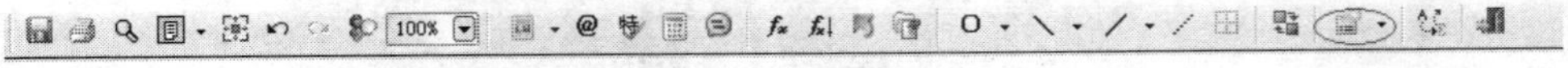）即可完成评定。

部位 3：评定结果查看区：

施工单位检查评定结果	专业工长（施工员）		施工班组长	
	主控项目全部合格，一般项目满足规范规定要求			
	项目专业质量检查员：			年　月　日
监理（建设）单位验收结论	同意验收			
	专业监理工程师：（建设单位项目专业技术负责人）			年　月　日

这部分内容在智能评定后将被自动填入评定结果。如果需要手工输入评定结果“合格”或“不合格”，可以按“Del”清除自动填入的内容。

（2）日期单元格：如果用户需要手写的话可以不填；如果用户不需要手写的话，单击此单元格出现如下窗体：

在其中选中所需的日期，点“确定”，则日期被自动写入。

（3）智能分项评定：

在做好相应的分项检验批后：

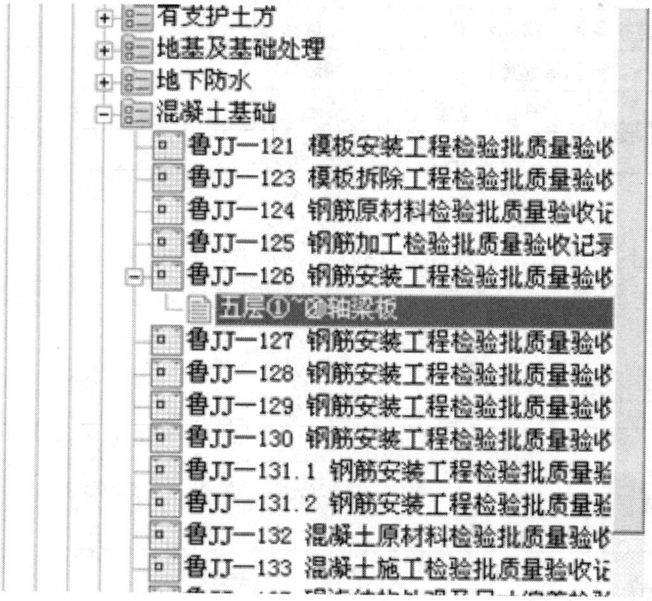

对该分项点击右键，选择“分项评定”：

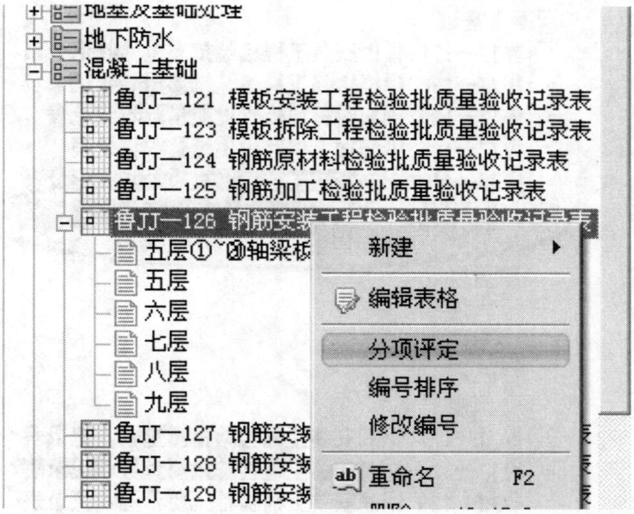

软件会自动进行分项评定，生成下表：

钢筋　分项工程质量验收表

鲁 JJ081

工程名称	山东大厦	结构类型	居民住宅	检验批数	6
施工单位	山东某某建筑公司	项目经理	赵扬	项目技术负责人	
分包单位	山东某某建筑公司	分包单位负责人		分包项目经理	

序号	检验批部位、区段	施工单位检查评定结果	监理（建设）单位验收结论
1	五层①~⑳轴梁板	主控项目全部合格，一般项目满足规范规定要求	
2	五层	主控项目全部合格，一般项目满足规范规定要求	
3	六层	主控项目全部合格，一般项目满足规范规定要求	
4	七层	主控项目全部合格，一般项目满足规范规定要求	
5	八层	主控项目全部合格，一般项目满足规范规定要求	
6	九层	主控项目全部合格，一般项目满足规范规定要求	

退出保存后如下图所示：

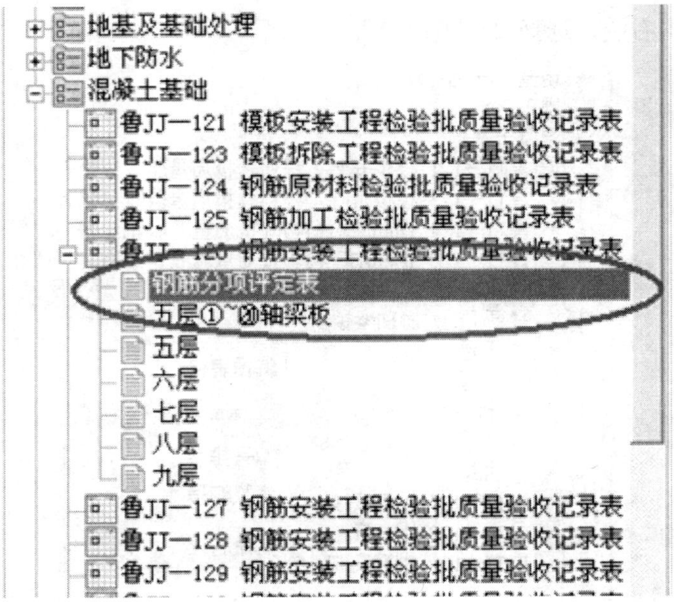

（4）智能分部/子分部汇总：

在做完检验批表格之后，右键点击“鲁 JJ—079 分部（子分部）工程验收记录”，如下图所示：

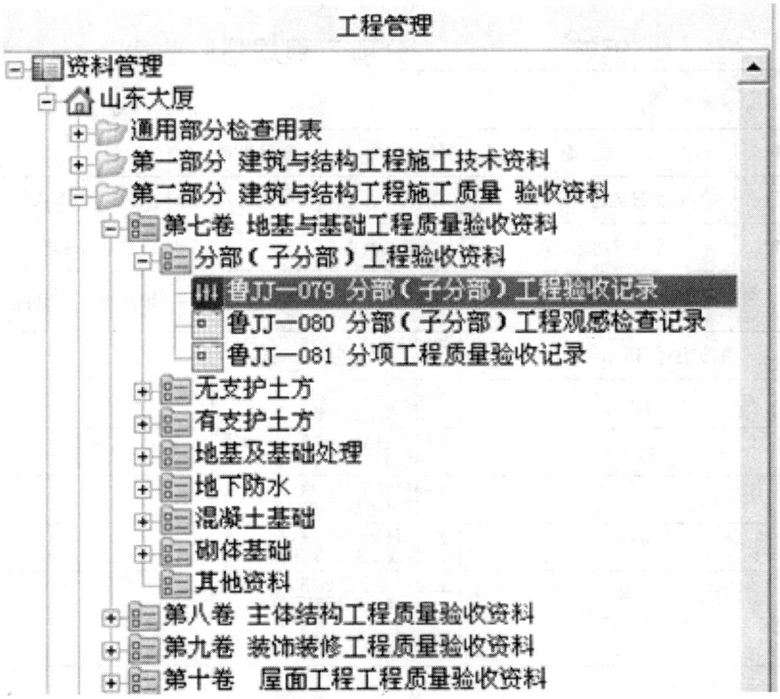

选择“一次性统计”，如下图所示：

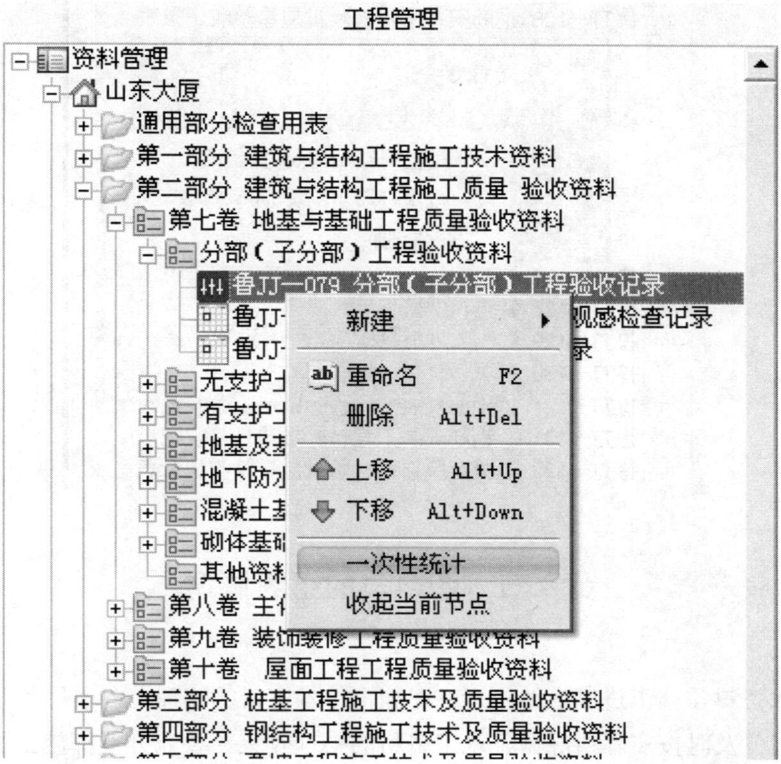

点击确认后，即可出现相应的智能统计表。

第四步，打印及批量打印

在填制好一张表格后，我们可以直接使用工具栏上的“打印”按钮对表格进行打印，如下圆圈标记处：

也可以在退出表格编辑状态之后，在工程管理状态下使用“ctrl”＋“鼠标左键”选择任意要打印的表格，通过单击鼠标右键进行批量打印。“批量打印所有页”可以打印主表续表和附件表，“批量打印当前页”将会打印出当前显示的页面。

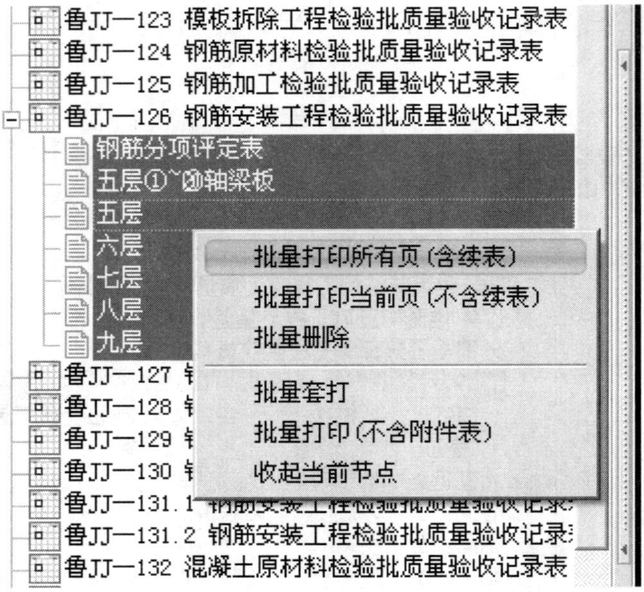

第六节　资料员的组织协调

施工技术资料与施工进度应该同步，在施工技术资料的管理上，项目经理应经常检查并督促有关岗位及时按实际情况做好施工资料的整理收集，要充分发挥施工员、材料员、质量员各自的职责，准确、及时地做好各种施工记录、工序自检记录、隐蔽工程记录，以及材料、设备检查记录等技术资料，以协助资料员做好资料的及时收集与整理。

一、资料员与项目部内部其他岗位的协调

良好的沟通协调是工作成功的保障，作为一名资料员也不例外。资料的收集、整理、归档、借阅等都与各部门岗位有着千丝万缕的联系，需要各部门岗位的配合，参加各方面的会议，深入施工工程现场，了解施工动态，准确及时地掌握工程施工管理方面的全面信息，达到资料与工程的施工同步，以保证文件资源的准确性和时效性。因此应处理好以下关系：

1）处理好与项目经理之间责任承包关系。

2）处理好与技术负责人之间的业务直接领导与被领导关系。

3）处理好与施工员、材料员、质量员、安全员等之间的关系。

4）处理好与项目经理部及公司主管部门之间的局部与整体之间的关系。

二、与项目部外部的协调

在处理好内部关系的同时，外部协调同样重要。特别是与质量监督站及城建档案管理

部门的沟通协调，对下一步竣工资料的移交归档有着重要意义。

1）处理好与勘察单位、设计单位之间的业务往来关系。

2）处理好与监理单位之间的监理与被监理的关系。

3）处理好与城建档案管理部门之间的监督、指导与被监督、指导的关系。

第七节　岗位实务问答

【问】施工过程中的相关记录有哪些？

【答】1．施工测量记录

施工测量记录主要有工程定位测量记录、地基验槽记录、楼层放线记录、沉降观测记录、建筑物垂直度观测记录。

2．工程施工记录

工程施工记录主要有隐蔽工程检查记录、预检工程检查记录、混凝土施工记录、混凝土拆模申请表、混凝土开盘鉴定、混凝土养护测温记录、预应力筋张拉记录等。

3．工程试验检验记录

工程试验检验记录主要有结构实体钢筋保护层厚度检验报告；螺栓抗拔力检验报告、高强度螺栓连接副检测报告；砂浆试块强度统计、评定记录；混凝土试块强度统计、评定；防水工程试水检查记录；室内环境检测报告；回填土施工试验记录。

【问】地基与基础、主体结构工程质量验收报告表中对各单位盖章有何要求？

【答】建设、监理单位为单位公章，设计单位为单位资质章；施工单位为项目部章、公司质量部门章和公司技术部门章。建筑工程竣工验收报告中各单位均应加盖公章，法定代表人签字。

【问】工程竣工图编制整理有何要求？

【答】1）凡使用施工蓝图绘制竣工图应使用碳素墨水标注。蓝图反差明显，图面整洁，并加盖竣工图章。竣工图章内应注明绘制人、审核人、技术负责人、监理工程师、绘制时间等基本内容。竣工图章尺寸为 50 mm×80 mm。竣工图章应使用不易褪色的红色印泥，加盖在图标栏上方空白处。

2）利用施工图绘制竣工图，必须标明变更修改的依据；凡施工图结构、工艺、平面布置等有重大变更的，或变更部分超过图面 1/3 的，应当重新绘制施工图。

3）竣工图纸可装订成册，也可散装在卷盒内。图纸的折叠方式为：对图纸的图框进行裁剪折叠，采用“手风琴风箱式”，图标、竣工图章露在外面，图标外露右下角。其他文字材料一律采用线带装订，装订线离封面左侧为 25 mm，取三孔装订，上下两孔分别距中孔 80 mm。

第八节 案 例

【案例一】

某大厦是一座现代化的智能型建筑，框架-剪力墙结构，地下 3 层，地上 28 层，建筑面积 5.8 万 m^2，施工总承包单位是该市第三建筑公司，由于该工程设备先进，要求高，因此，该公司将机电设备安装工程分包给具有相应资质的某大型安装公司。在工程档案归档中，发生以下事件：

事件一：安装公司将机电设备分包部分的竣工资料直接交给监理单位。

事件二：发包人要求设计、监理及施工总承包单位将工程档案直接移交给该市档案馆。

【问题】

（1）事件一做法是否妥当？为什么？

（2）事件二做法是否妥当？为什么？

【参考答案】

（1）不妥。因为建设工程项目实行总承包的，总包单位负责收集、汇总各分包单位形成的工程档案，并应及时向建设单位移交；各分包单位应将本单位形成的工程文件，整理、立卷后及时移交总包单位。

（2）不妥。因为建设单位应收集和汇总勘察、设计、施工、监理等单位立卷归档的工程档案，并向当地档案馆（室）移交一套符合规定的工程档案。

【案例二】

某实施监理的工程项目，在承重结构混凝土施工前，负责见证取样的监理工程师通知总监理工程师在施工现场进行了混凝土试块的见证取样，由承包单位项目经理对其送检样品进行加封后，由监理工程师送往试验室。经试验室试验后，出具了一式两份的试验报告，分别交由承包单位和建设单位保存。在见证取样的当月进度款支付申请中，承包单位将见证取样的试验费用加入工程进度款中要求一并支付。

【问题】

（1）以上说法是否有不妥之处？若有请指出来。并说明应如何处理。

（2）为确保工程质量，住建部规定在市政工程及房屋建设工程项目中，对哪些实行见证取样？

（3）送往试验室的样品，应填写“送验单”，该“送验单”应有什么印章和谁的签字？

（4）实行见证取样，是否可以代替承包单位对材料、构配件进场时必须进行的自检？

【参考答案】

（1）以上说法有不妥之处。其不妥之处及正确做法如下：

1）不妥之处：负责见证取样的监理工程师通知总监理工程师现场进行见证取样。

正确做法：承包单位在实施见证取样前，通知负责见证取样的监理工程师，在监理工程师的现场监督下，承包单位按相关规范的要求，完成材料、试块、试件等的取样过程。

2）不妥之处：由承包单位项目经理对其送检样品进行加封。

正确做法：由监理工程师对其样品进行加封。

3）不妥之处：由监理工程师送往试验室。

正确做法：由承包单位送往试验室。

4）不妥之处：试验报告一式两份由承包单位和建设单位保存。

正确做法：试验报告一式两份由承包单位和项目监理机构保存。

5）不妥之处：承包单位将见证取样的试验费用加入工程进度款支付申请中。

正确做法：不应加入。

（2）实行见证取样的是工程材料、承重结构的混凝土试块，承重墙体的砂浆试块，结构工程的受力钢筋（包括接头）等。

（3）“送验单”要盖有“见证取样”专用章，并有见证取样监理工程师的签字。

（4）见证取样不可以代替承包单位对材料、构配件进场时的自检。

第六章　质量员岗位实训

质量的定义是反映实体满足明确或隐含需要能力的特性的总和。

工程项目质量是国家现行的有关法律、法规、技术标准、设计文件及工程合同中对工程的安全、使用、经济、美观等特性的综合要求。

工程项目质量包括工序质量、检验批质量、分项工程质量、分部工程质量和单位工程质量。

建筑工程项目质量管理应贯穿项目管理的全过程，坚持“计划、实施、检查、处理”（PDCA）循环工作方法，持续改进过程的质量控制。

项目部应设置质量管理人员，在项目经理领导下，负责项目的质量管理工作。

项目质量管理应遵循的程序：明确项目质量目标→编制项目质量计划→实施项目质量计划→监督检查项目质量计划的执行情况→收集、分析、反馈质量信息并制定预防和改进措施。

质量管理的流程如图 6-1 所示。

第一节　质量员顶岗实习的目的与任务

一、顶岗实习的目的

通过顶岗实习，使学生对典型建筑工程的单位或分部工程的结构构造、施工技术与施工组织管理等内容进一步加深理解，巩固课堂所学内容；熟悉单位工程的施工工艺流程和现行的国家有关工程质量检验和管理的标准规范；学习建筑工程施工质量管理的基本方法；熟悉建筑工程施工质量的过程控制，丰富和扩大学生的专业知识。

通过参加实际生产工作，灵活运用已学的理论知识解决实际问题，培养学生独立分析问题和解决问题的能力。学习广大工人和现场岗位人员的优秀品质，树立刻苦钻研科学技术的思想。

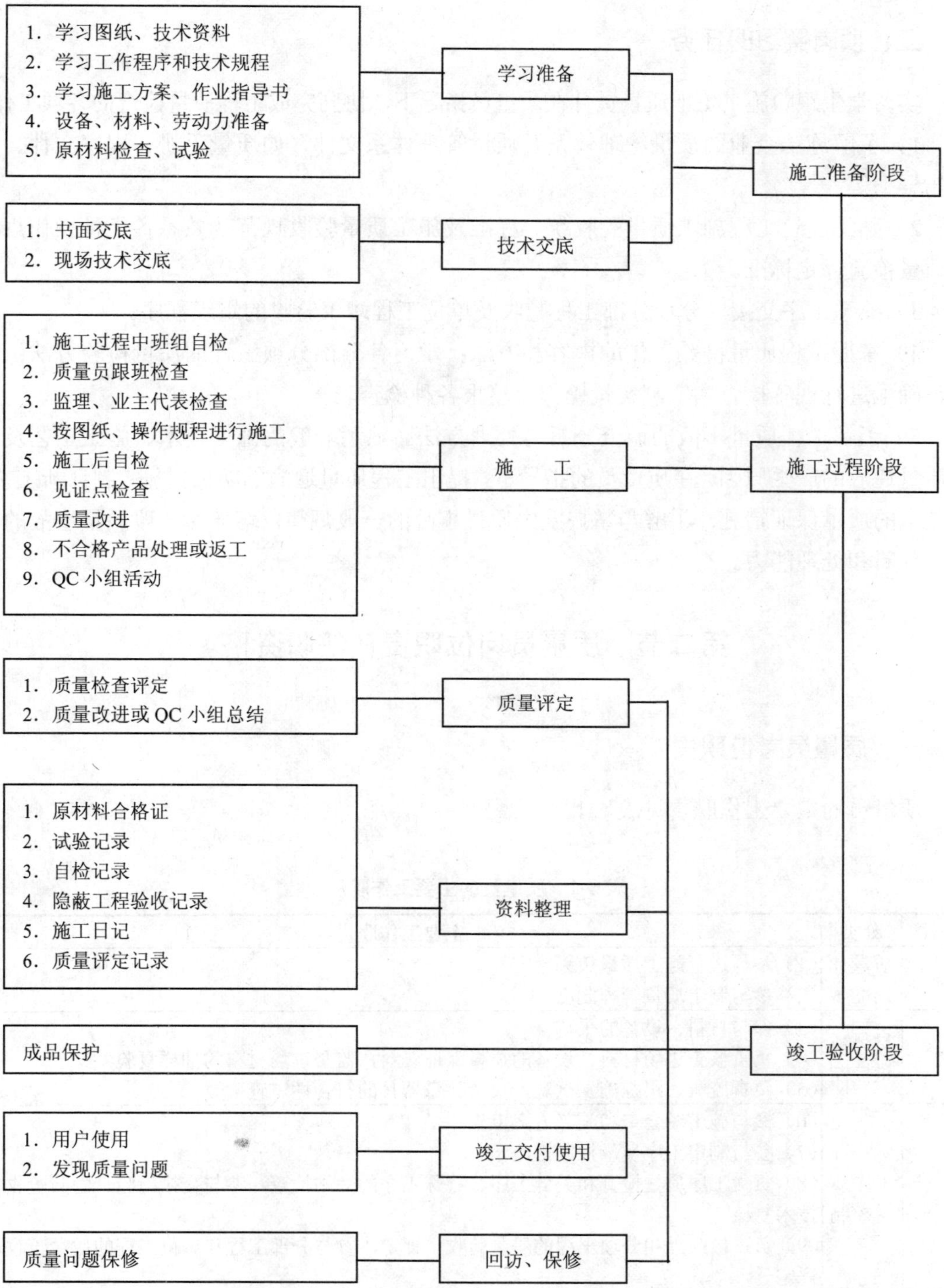
1. 学习图纸、技术资料
2. 学习工作程序和技术规程
3. 学习施工方案、作业指导书
4. 设备、材料、劳动力准备
5. 原材料检查、试验
学习准备
1. 书面交底
2. 现场技术交底
技术交底
施工准备阶段
1. 施工过程中班组自检
2. 质量员跟班检查
3. 监理、业主代表检查
4. 按图纸、操作规程进行施工
5. 施工后自检
6. 见证点检查
7. 质量改进
8. 不合格产品处理或返工
9. QC 小组活动
施　工
施工过程阶段
1. 质量检查评定
2. 质量改进或 QC 小组总结
质量评定
1. 原材料合格证
2. 试验记录
3. 自检记录
4. 隐蔽工程验收记录
5. 施工日记
6. 质量评定记录
资料整理
成品保护
竣工验收阶段
1. 用户使用
2. 发现质量问题
竣工交付使用
质量问题保修
回访、保修

图 6-1　质量管理流程

二、顶岗实习的任务

实习学生跟随施工工地质量员并在质量员指导下，协同完成工程质量检查的各项工作。

1）了解施工企业的质量管理体系及质量管理体系文件，如质量手册、程序文件、作业指导书等。

2）熟悉建筑工程施工质量验收统一标准及施工质量验收规范；熟悉各工种操作规程和质量检验评定标准。

3）熟悉工序交接、分项分部工程验收及单位工程竣工验收的组织程序。

4）掌握工程质量检验工作的内容和方法；学习各分部分项工程的质量检验方法；学会正确地进行观感检查和实测实量操作，填报各种检查表格。

5）了解工程质量事故的调查分析与处理方法。熟悉一般的施工技术、施工工艺及工程质量通病的产生原因，在质量员的指导下，提出工程质量通病的防治措施，制订新工艺、新技术的质量保证措施。了解与掌握发生质量事故的一般规律，培养对一般质量事故的分析、判断和处理能力。

第二节　质量员岗位职责及任职资格

一、质量员岗位职责

质量员的主要工作职责见表6-1。

表6-1　质量员的主要工作职责

项次	分类	主要工作职责
1	质量计划准备	（1）参与进行施工质量策划 （2）参与制定质量管理制度
2	材料质量控制	（3）参与材料、设备的采购 （4）负责核查进场材料、设备的质量保证资料，监督进场材料的抽样复验 （5）负责监督、跟踪施工试验，负责计量器具的符合性审查
3	工序质量控制	（6）参与施工图会审和施工方案审查 （7）参与制定工序质量控制措施 （8）负责工序质量检查和关键工序、特殊工序的旁站检查，参与交接检验、隐蔽验收、技术复核 （9）负责检验批和分项工程的质量验收、评定，参与分部工程和单位工程的质量验收、评定
4	质量问题处置	（10）参与制定质量通病预防和纠正措施 （11）负责监督质量缺陷的处理 （12）参与质量事故的调查、分析和处理
5	质量资料管理	（13）负责质量检查的记录，编制质量资料 （14）负责汇总、整理、移交质量资料

项次 1 中施工质量策划是质量管理的一部分，是指制订质量目标并规定必要的运行过程和相关资源的活动。质量策划由项目经理主持，质量员参与。

项次 2 中材料和设备的采购由材料员负责。质量员参与采购，主要是参与材料和设备的质量控制，以及材料供应商的考核。

项次 3 中工序质量是指每道工序完成后的工程产品质量。关键工序指施工过程中对工程主要使用功能、安全状况有重要影响的工序。特殊工序指施工过程中对工程主要使用功能不能由后续的检测手段和评价方法加以验证的工序。工序质量控制措施由项目技术负责人主持制定，质量员参与。

项次 4 中质量通病、质量缺陷和质量事故统称质量问题。质量通病是建筑与市政工程中经常发生的、普遍存在的一些工程质量问题，质量缺陷是施工过程中出现的较轻微的、可以修复的质量问题；质量事故则是造成较大经济损失甚至一定人员伤亡的质量问题。

质量通病预防和纠正措施由项目技术负责人主持制定，质量员参与。

质量缺陷的处理由施工员负责，质量员进行监督、跟踪。

对于质量事故，应根据其损失的严重程度，由相应级别住房和城乡建设行政主管部门牵头调查处理，质量员应按要求参与。

项次 5 中质量员在资料管理中的职责：

1）进行或组织进行质量检查的记录。

2）负责编制或组织编制本岗位相关技术资料。

3）汇总、整理本岗位相关技术资料，并向资料员移交。

二、任职资格

1．质量员需具备的学历和职业经历

施工现场职业实践最少年限见表 6-2。

表 6-2　施工现场职业实践最少年限

岗位名称	施工现场职业实践最少年限/a				
	土建类本专业专科及以上学历	土建类相关专业专科及以上学历	土建类本专业中职学历	土建类相关专业中职学历	非土建类中职及以上学历
质量员	1	2	3	4	—

2．质量员应具备的专业技能

质量员应具备的专业技能见表 6-3。

表 6-3　质量员应具备的专业技能

项次	分类	专业技能
1	质量计划准备	(1) 能够参与编制施工项目质量计划
2	材料质量控制	(2) 能够评价材料、设备质量 (3) 能够判断施工试验结果
3	工序质量控制	(4) 能够识读施工图 (5) 能够确定施工质量控制点 (6) 能够参与编写质量控制措施等质量控制文件，并实施质量交底 (7) 能够进行工程质量检查、验收、评定
4	质量问题处置	(8) 能够识别质量缺陷，并进行分析和处理 (9) 能够参与调查、分析质量事故，提出处理意见
5	质量资料管理	(10) 能够编制、收集、整理质量资料

3. 质量员应具备的专业知识

质量员应具备的专业知识见表 6-4。

表 6-4　质量员应具备的专业知识

项次	分类	专业知识
1	通用知识	(1) 熟悉国家工程建设相关法律法规 (2) 熟悉工程材料的基本知识 (3) 掌握施工图识读、绘制的基本知识 (4) 熟悉工程施工工艺和方法 (5) 熟悉工程项目管理的基本知识
2	基础知识	(6) 熟悉相关专业力学知识 (7) 熟悉建筑构造、建筑结构和建筑设备的基本知识 (8) 熟悉施工测量的基本知识 (9) 掌握抽样统计分析的基本知识
3	岗位知识	(10) 熟悉与本岗位相关的标准和管理规定 (11) 掌握工程质量管理的基本知识 (12) 掌握施工质量计划的内容和编制方法 (13) 熟悉工程质量控制的方法 (14) 了解施工试验的内容、方法和判定标准 (15) 掌握工程质量问题的分析、预防及处理方法

第三节 质量员实习流程

一、施工准备阶段的质量控制

质量员在施工准备阶段的质量控制内容如图 6-2 所示。

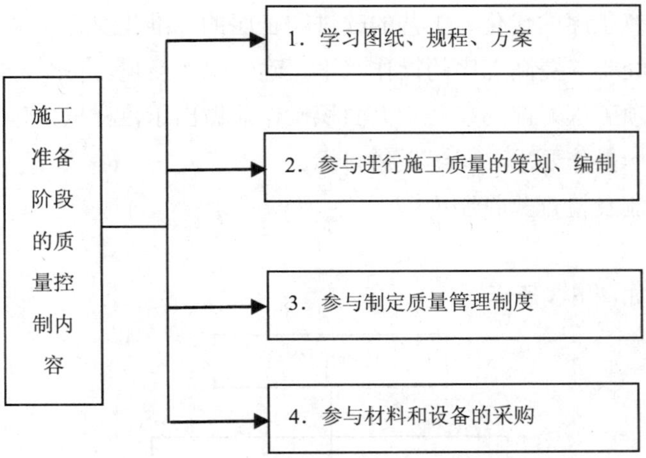

图 6-2 施工准备阶段的质量控制内容

1. 学习并掌握图纸、规程、方案

质量员首先应学习并掌握设计图纸、工作程序和技术规程内容；参与施工图会审和施工方案审查；深入了解学习施工方案、作业指导书；根据工程特点、内容，备齐检测工具，并熟练掌握使用方法。

2. 参与进行施工质量的策划、编制

（1）施工项目质量计划编制的定义

施工项目质量计划是指确定施工项目的质量目标和如何达到这些质量目标所规定必要的作业过程、专门的质量措施和资源等工作。

施工项目质量计划应由项目经理主持编制，质量员参与编制。质量计划作为对外质量保证和对内质量控制的依据文件，应体现施工项目从分项工程、分部工程到单位工程的过程控制，同时也要体现从资源投入到完成工程质量最终检验和试验的全过程控制。

（2）施工项目质量计划的主要内容

① 编制依据；

② 项目概述；

③ 质量目标；

④ 组织机构；

⑤ 质量控制及管理组织协调的系统描述；

⑥ 必要质量控制手段，施工过程、服务、检验和试验程序及与其相关支持性文件；

⑦ 确定关键过程和特殊过程及作业指导书；

⑧与施工阶段相适应的检验、试验、测量、验证要求；

⑨更改和完善质量计划的程序。

3．参与制定质量管理制度

（1）样板开路制度

施工操作应注意工序的优化、工艺的改进和工序的标准化操作，通过不断探索，积累必要的管理和操作经验，提高工序的操作水平，确保操作质量。每个分项工程或工种（特别是量大面广的分项工程）都要在开始大面积操作前做出示范样板，包括样板墙板、样板件、样板间等，统一操作要求，明确质量目标。

（2）过程三检制及检查验收制度

1）三检制：

三检制的分类如图 6-3 所示。

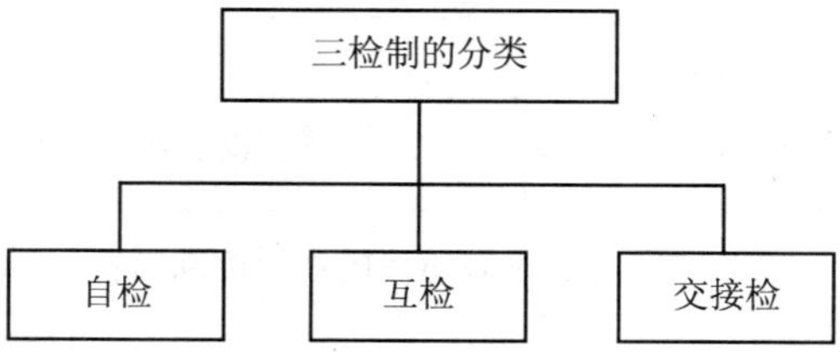

图 6-3　三检制的分类

① 自检：在每一项分项工程施工完后均需由施工班组对所施工的产品进行自检，如符合质量验收标准要求，由班组长填写自检记录表。

② 互检：经自检合格的分项工程，在项目专业监理工程师的组织下，由分包方工长及质量员组织上下工序的施工班组进行互检，对互检中发现的问题，上下工序班组应认真及时地予以解决。

③ 交接检：上下工序班组通过互检认为符合分项工程质量验收标准要求，双方填写交接检记录，经分包方工长签字认可后，方可进行下道工序施工。项目专业监理工程师要亲自检验与监督。

实行并坚持自检、互检、交接检制度，并做好文字记录。

2）检查验收制度：

检查验收流程如图 6-4 所示。

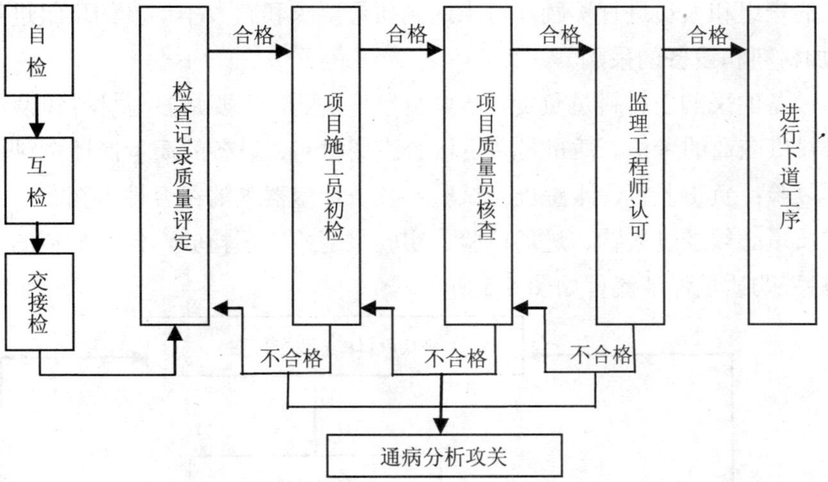

图 6-4　检查验收流程

（3）施工挂牌制度

主要工种如钢筋、混凝土、模板、砌砖、抹灰等，施工过程中在现场实行挂牌制，注明管理者、操作者、施工日期，并做相应的图文记录，作为重要的施工档案保存。因现场不按规范、规程施工而造成质量事故的要追究有关人员的责任。

（4）质量否决制度

对不合格分项、分部和单位工程必须进行返工。有关责任人员要针对出现不合格品的原因采取必要的纠正和预防措施。

（5）成品保护制度

应当像重视工序的操作一样重视成品的保护。项目经理人员应合理安排施工工序，减少工序的交叉作业，上下工序之间应做好交接工作，并做好记录。如下道工序的施工可能对上道工序的成品造成影响时，应征得上道工序操作人员及管理人员的同意，并避免破坏和污染，否则，造成的损失由下道工序操作者及管理人员负责。

（6）质量记录制度

质量记录是质量责任追溯的依据，应力求真实和详尽。各类现场操作记录及材料试验记录、质量检验记录等要妥善保管，特别是各类工序接口的处理，应详细记录当时的情况，厘清各方责任。

（7）问题追根制度

对施工中出现的质量问题，问题追根制度是其最好的解决办法。其程序为：会诊→查原因，挖根子→追查责任人→限期整改→验收结果符合要求→写总结，立规矩。

（8）奖惩制度

实行奖惩公开制，制定详细、切合实际的奖罚制度和细则，贯穿工程施工的全过程。由项目质量总监负责组织有关管理人员对在施工作业面进行检查和实测实量。对严格按质量标准施工的班组和人员进行奖励，对未达到质量要求和整改不认真的班组进行处罚。

4．参加材料和设备的采购

材料和设备的采购由材料员负责，质量员参与采购，主要是参与材料和设备的质量控制，以及材料供应商的考核。质量员负责核查进场材料、设备的质量保证资料，监督进场材料的抽样复验；负责监督、跟踪施工试验；负责计量器具的符合性审查。

材料的质量必须经过采购、进场检验、实验室复检三层检验，保证材料的质量要求。

1）材料采购质量保证流程如图 6-5 所示。

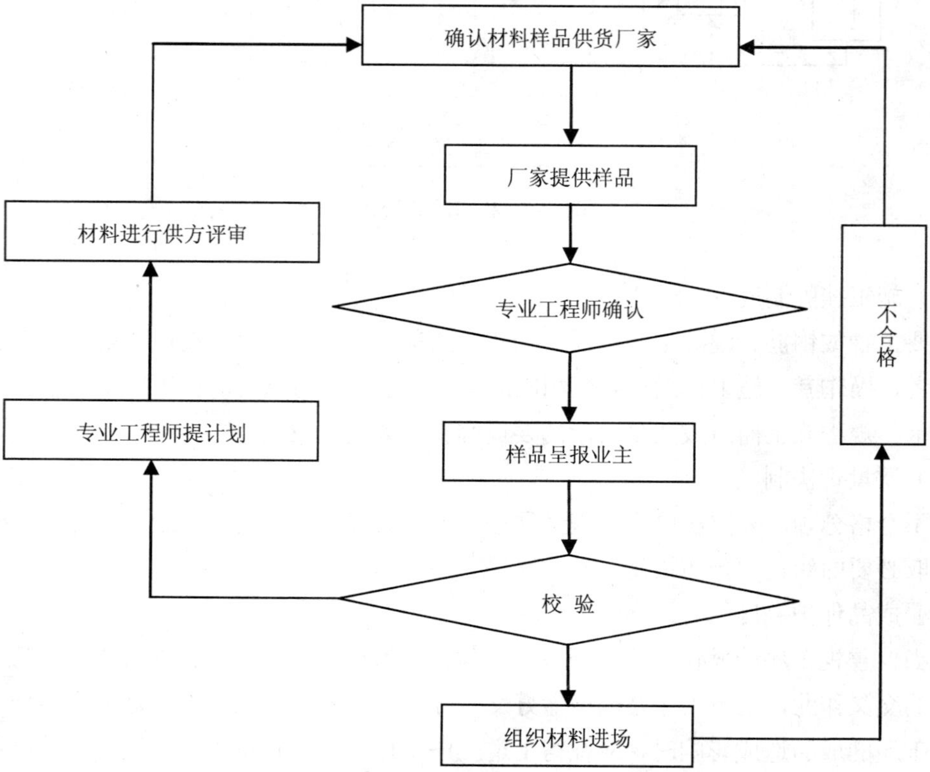

图 6-5 材料采购质量保证流程

2）材料、构配件的检验：工程所用的原材料、半成品或成品构件等应有出厂合格证和材质报告单。对需要作材质复试的材料，应规定复验内容、取样方法并应填写委托单，取样员按要求取样，送有资质的检验单位进行检验，检验合格的材料方能使用。

二、基础施工阶段

工程质量通过对各分项工程控制点的过程控制来保证，各个关键点的质量控制是通过对各分项工程的过程控制来实现的，通过控制工程控制点的质量等级来实现工程竣工的质量目标。基础施工阶段各主要分项工程控制点见表 6-5。

表 6-5　各主要分项工程控制点

施工阶段	分项施工	施工控制点	质量要求
土方工程	基底开挖	基底标高	设计要求
	土方回填	回填土密实性、含水率	设计要求
基础工程	基础垫层	垫层厚度	设计要求
		垫层顶标高	设计要求
结构工程	钢筋工程	材料要求	设计要求
		搭接长度	设计及规范要求
		焊接强度	设计要求
		接点位置	规范要求
	模板工程	定位尺寸	设计及规范要求
		截面尺寸	设计及规范要求
	混凝土工程	混凝土强度	设计要求
		外观质量	规范要求
	砌体工程	垂直度、平整度	规范要求

1. 土方工程质量控制

（1）土方开挖

1）土方开挖前，应检查定位放线、排水和降低地下水位系统。

2）开挖过程中，应检查平面位置、水平标高、边坡坡度、压实度、排水和降低地下水位系统，并随时观测周围的环境变化。

3）基坑（槽）开挖后，应检验下列内容：

① 核对基坑（槽）的位置、平面尺寸、坑底标高是否符合设计的要求，并检查边坡稳定状况，确保边坡安全。

② 核对基坑土质和地下水情况是否满足地质勘察报告和设计要求；有无破坏原状土结构或发生较大的土质扰动现象。

③ 用钎探法或轻型动力触探法等检查基坑（槽）是否存在空穴、古墓、古井、防空掩体、地下埋设物等及相应的位置、深度、性状。

4）基坑（槽）验槽，应重点观察柱基、墙角、承重墙下或其他受力较大部位，如有异常部位，要会同勘察、设计等有关单位进行处理。

土方开挖工程的质量检验标准见表 6-6。

（2）土方回填

1）质量控制的程序

土方回填工程质量控制程序如图 6-6 所示。

表 6-6　土方开挖工程的质量检验标准　　　　单位：mm

项目	序号	内容	允许偏差或允许值					检验方法
			柱基基坑基槽	挖方场地平整		管沟	地（路）面基层	
				人工	机械			
主控项目	1	标高	−50	±30	±50	−50	−50	水准仪
	2	长度、宽度（由设计中心线向两边量）	+200 −50	+300 −100	+500 −150	+100	—	经纬仪，用钢尺量
	3	边坡	设计要求					观察或用坡度尺检查
一般项目	1	表面平整度	20	20	50	20	20	用 2 m 靠尺和楔形塞尺检查
	2	基底土性	设计要求					观察或土样分析

注：地（路）面基层的偏差只适用于直接在挖、填方上做地（路）面的基层。

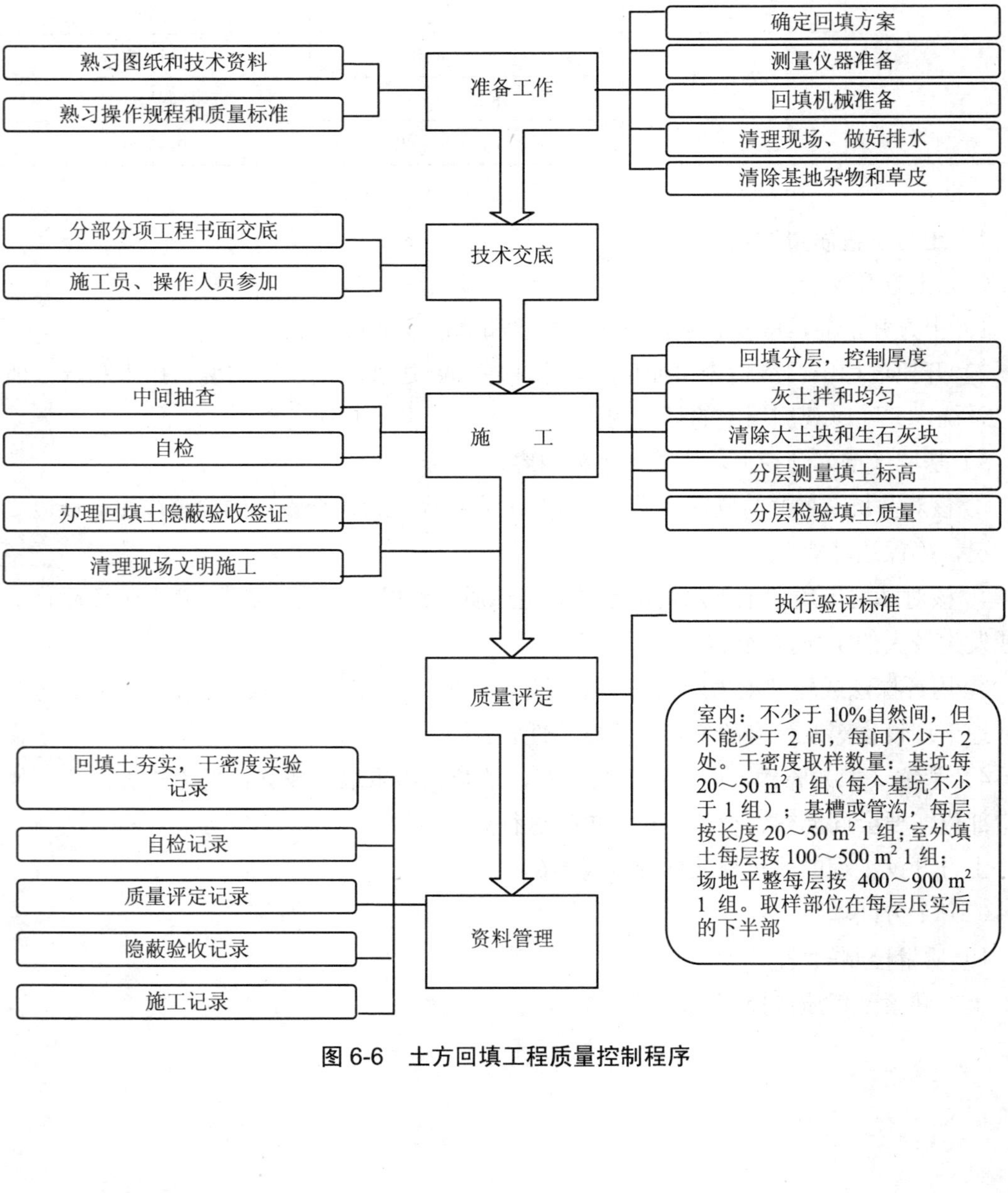

图 6-6　土方回填工程质量控制程序

2）质量控制的内容

① 回填土的材料要符合设计和规范的规定。

② 填土过程中应检查排水措施、每层填筑厚度、回填土的含水量控制和压实程度。

③ 基坑（槽）的填方，在夯实或压实之后，要对每层回填土的质量进行检验，满足设计和规范要求。

④ 填方施工结束后检查标高、边坡坡度、压实程度等是否满足设计和规范要求。

土方回填工程的质量检验标准见表 6-7。

表 6-7 土方回填工程的质量检验标准

单位：mm

项目	序号	内容	允许偏差或允许值					检验方法
			柱基基坑基槽	场地平整 人工	场地平整 机械	管沟	地（路）面基层	
主控项目	1	标高	−50	±30	±50	−50	−50	水准仪
	2	分层压实系数	设计要求					按规定方法
一般项目	1	回填土料	设计要求					取样检查或直观鉴别
	2	分层厚度及含水量	设计要求					水准仪及抽样检查
	3	表面平整度	20	20	30	20	20	用靠尺或水准仪

2．基础垫层质量控制内容

重点控制垫层的厚度和垫层的顶标高。

3．钢筋、模板、混凝土工程质量控制内容

参见本节中的主体结构工程质量检查与检验。

4．基础工程常见质量问题及治理

基础工程常见质量问题及治理见表 6-8。

表 6-8 基础工程常见质量问题及治理

序号	内容	现象	原因	预防治理
1	边坡塌方	在挖方过程中或挖方后，边坡局部或大面积塌方，使地基土受到扰动，承载力降低，严重影响建筑物安全	基坑（槽）开挖较深，未按规定放坡；在有地表水、地下水作用时，未采取有效降排水措施；坡顶堆载过大或受外力震动影响，使坡体内剪切应力增大，土体失去稳定而导致塌方；土质松软，开挖次序、方法不当而造成塌方	根据不同土层土质设置适当坡度；做好地面排水措施，合理设置降水措施；坡顶上弃土、堆载，使远离挖方土边缘 3～5 m；土方开挖应自上而下分段分层依次进行，并随时做成一定坡势，以利泄水；避免先挖坡脚，造成坡体失稳；相邻基坑（槽）开挖，应先深后浅，或同时进行的施工顺序。治理：可将坡脚塌方清除，做临时性支护（如堆装土草袋设支撑护墙）措施

序号	内容	现象	原因	预防治理
2	基坑超挖	基坑底部不平，出现较大凹陷	机械操作控制不严，局部多挖；边坡上存在软土层，受外界影响滑塌，造成坡面凹洼不平；测量放线错误	机械开挖，预留 0.3 m 厚采用人工修坡；加强测量复测，进行严格定位
3	基底产生扰动	基底扰动	基槽开挖时排水措施差，尤其是在基底积水或土壤含水量大的情况下进行施工，土很容易被扰动；土方开挖时超挖，后又用虚土回填，该虚土经施工操作后也改变了原状土的物理性能，变成了扰动土	认真做好排水和降水工作。降水应待回填土完成后停止；开挖应连续进行，缩短施工时间。雨期或开挖后不能及时施工时，可预留 15～30 cm 的土，待下一道工序开工前再挖除。机械挖土时，应预留一定厚度的土用人工清除。冬季施工时，注意基底土不要受冻。为防止基底土冻结，可预留松土层或采用保温材料覆盖措施。严格控制基底标高。如个别地方超挖，处理方法征得设计单位同意
4	回填土密实度达不到要求	回填土经夯实或碾压后，其密实度达不到设计要求，在荷载作用下变形增大，强度和稳定性下降	填方土料不符合要求；土的含水率过大或过小，达不到最优含水率下的密实度要求；填土厚度过大或压实遍数不够；碾压机械行驶速度过快；碾压或夯实机具能量不够，达不到影响深度要求，使土的密实度降低	选择符合要求土料回填，土料过筛；按所选用的压实机械性能，通过试验确定含水量，控制每层铺土厚度、压实遍数、机械行驶速度；严格进行水平分层回填、压（夯）实；加强现场检验，使其达到要求的密实度。如土料不合要求，可采取换土或掺入石灰、碎石等措施压实加固；土料含水量过大，可采取翻松、晾晒、风干或掺入干土重新压、夯实；土料含水量过小时，在回填压实前适当洒水增湿；如碾压机具能量过小，可采取增加压实遍数或使用大功率压实机械碾压等措施

三、主体结构工程施工阶段

主体结构工程施工阶段各主要分项工程控制点见表 6-9。

表 6-9 主体结构工程施工阶段各主要分项工程控制点

施工阶段	分项施工	施工控制点	质量要求
主体结构工程	钢筋工程	材料要求	设计要求
		搭接长度	设计及规范要求
		焊接强度	设计要求
		接点位置	规范要求
	模板工程	定位尺寸	设计及规范要求
		截面尺寸	设计及规范要求
	混凝土工程	混凝土强度	设计要求
		外观质量	规范要求
	砌体工程	垂直度、平整度、拉结筋设置	规范要求

1. 钢筋工程

(1) 钢筋工程质量控制程序

钢筋工程质量控制程序如图 6-7 所示。

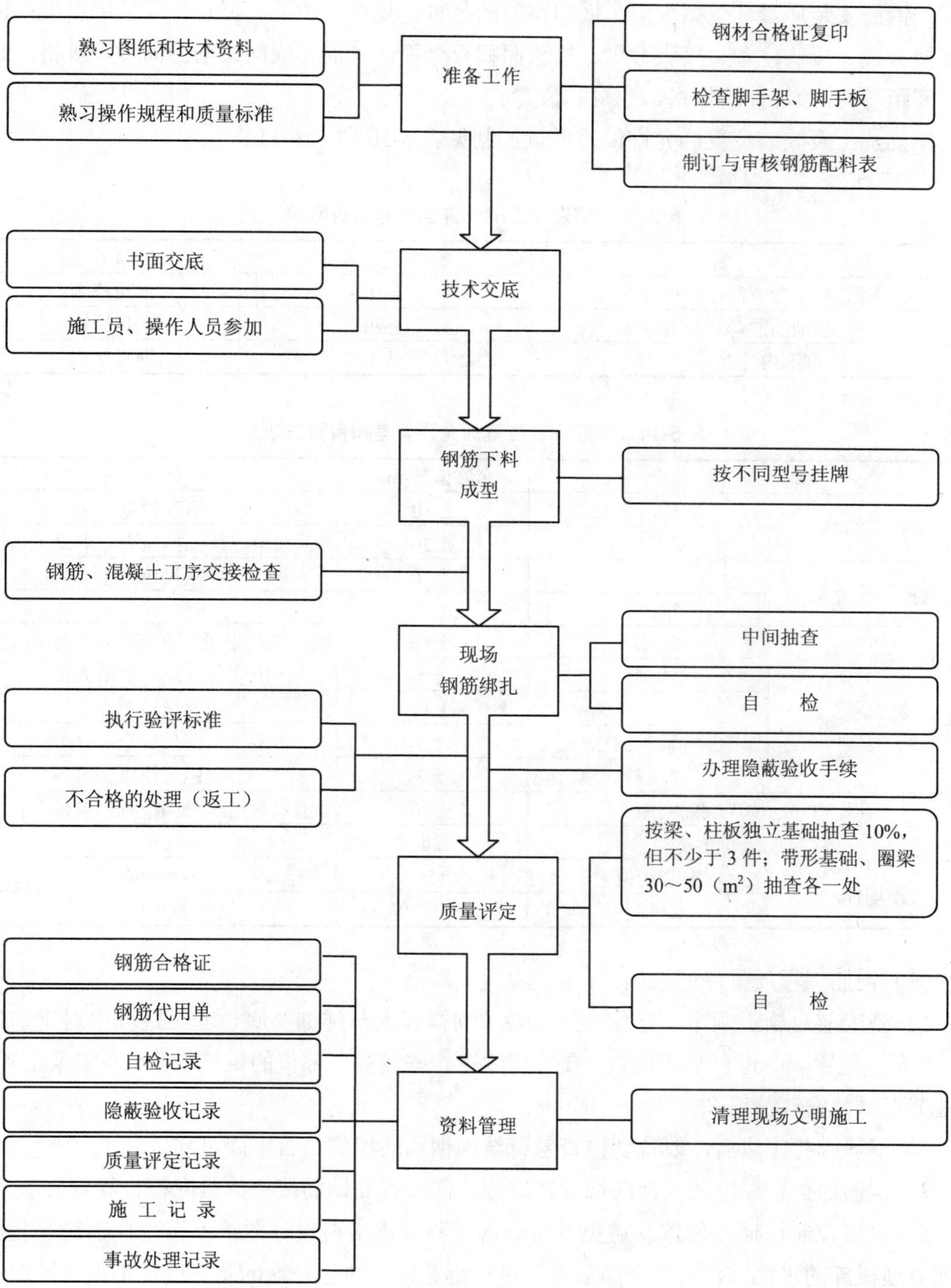

图 6-7 钢筋工程质量控制程序

（2）钢筋工程质量控制内容

钢筋工程质量控制包括钢筋进场检验、钢筋加工、钢筋连接、钢筋安装控制等。施工过程重点检查：原材料进场合格证和复试报告；加工质量；钢筋连接试验报告及操作者合格证；钢筋安装质量（包括纵向、横向钢筋的品种、规格、数量、位置、保护层厚度；钢筋连接方式、接头位置、接头数量、接头面积百分率；箍筋、横向钢筋的品种、规格、数量、间距等）；预埋件的规格、数量、位置。

钢筋加工及安装位置的允许偏差质量控制见表6-10和表6-11。

表6-10　钢筋加工的允许偏差和检验方法

项　　目	允许偏差/mm	检验方法
受力钢筋顺长度方向全长的净尺寸	±10	钢尺检查
弯起钢筋的弯折位置	±20	钢尺检查
箍筋内净尺寸	±5	钢尺检查

表6-11　钢筋安装位置的允许偏差和检验方法

项　　目			允许偏差/mm	检 验 方 法
绑扎钢筋网	长、宽		±10	钢尺检查
	网眼尺寸		±20	钢尺量连续三档检查，取最大值
绑扎钢筋骨架	长		±10	钢尺检查
	宽、高		±5	钢尺检查
受力钢筋	间距		±10	钢尺量两根受力筋间距或排距两端，中间各一点，取最大值
	排距		±5	
	保护层厚度	基础	±10	钢尺检查
		柱、梁	±5	钢尺检查
		板、墙、壳	±3	钢尺检查
绑扎箍筋、横向钢筋间距			±20	钢尺量连续三档检查，取最大值
钢筋弯起点位置			20	钢尺检查
预埋件	中心线位置		5	钢尺检查
	水平高差		+3，0	钢尺和塞尺检查

（3）钢筋工程质量保证措施

1）施工前对施工顺序、操作方法和要求向操作人员详细交底，施工过程中对钢筋规格、数量、位置随时进行复核检查。要特别注意一些较复杂部位的钢筋规格、数量及位置，梁柱节点严禁漏放箍筋。

2）钢筋绑扎完成后，要特别检查悬臂结构钢筋的撑脚是否牢固可靠。

3）钢筋保护层厚度依设计图纸规定进行，同一截面钢筋接头数量应符合规范要求。

4）严格控制柱插筋位置，避免发生钢筋位移及规格与设计图纸不符，柱钢筋绑扎前必须清理根部的水泥浆，清理干净后方可进行绑扎，并注意竖筋的垂直度，不得在倾斜的情况下绑扎水平筋及箍筋。柱的插筋上做一个收小的箍，将插筋上部连成一片防止任意移位及弯曲。

5）严格控制板面负筋的高度，特别是悬挑部位的钢筋，设置钢筋马凳及跳板，避免人为踩踏后落低，悬挑结构必须单独开具隐蔽工程验收单。

6）工程上的钢筋不得任意代换，根据实际情况确需调整时必须由技术部门与设计部门协商同意后方可施行，并办妥技术核定单。

7）弯曲变形的钢筋须矫正后才能使用，钢筋上的油污、泥浆要清除干净。

8）钢筋搭接处，应在中心和两端用铁丝扎牢；梁主筋与箍筋的接触点全部用铁丝扎牢，墙板、楼板双向受力钢筋的相交点必须全部扎牢；上述非双向配置的钢筋相交点，除靠近外围两行钢筋的相交点全部扎牢外，中间可按梅花形交错绑扎牢固。

9）钢筋的绑扎搭接及锚固除按规范要求外还须满足抗震设计规范要求。钢筋绑扎时如遇预留洞、预埋件、管道位置须割断妨碍的钢筋时，要按图纸要求留加强筋，必要时会同有关人员研究协商解决，严禁任意拆、移、割。

10）浇筑混凝土时要派专人进行监控，随时随地对可能出现的钢筋偏差进行整修。

11）质量员必须签署隐蔽工程验收单。对每阶段的施工情况要召开质量分析会，找出存在问题，提出整改措施。协助监理单位对工程进行验收，对提出的问题进行认真整改，保证工程质量。在监理部门对隐蔽工程进行复验签证后方可进行下一步施工。

2．模板工程

（1）模板工程质量控制程序

模板工程质量控制程序如图 6-8 所示。

（2）模板工程质量控制的内容

模板工程质量控制应包括模板的设计、制作、安装和拆除。模板工程施工前应编制施工方案，并应经过审批或论证。施工过程重点检查：施工方案是否可行及落实情况，模板的强度、刚度、稳定性、支承面积、平整度、几何尺寸、拼缝、隔离剂涂刷、平面位置及垂直、梁底模起拱、预埋件及预留孔洞、施工缝及后浇带处的模板支撑安装等是否符合设计和规范要求，严格控制拆模时混凝土的强度和拆模顺序。

现浇结构模板安装的允许偏差及检验方法见表 6-12。

表 6-12　现浇结构模板安装的允许偏差及检验方法

项　目		允许偏差/mm	检验方法
轴线位置		5	钢尺检查
底模上表面标高		±5	水准仪或拉线、钢尺检查
截面内部尺寸	基础	±10	钢尺检查
	柱、墙、梁	+4，−5	钢尺检查
层高垂直度	不大于 5 m	6	经纬仪或吊线、钢尺检查
	大于 5 m	8	经纬仪或吊线、钢尺检查
相邻两板表面高低差		2	钢尺检查
表面平整度		5	2 m 靠尺和塞尺检查

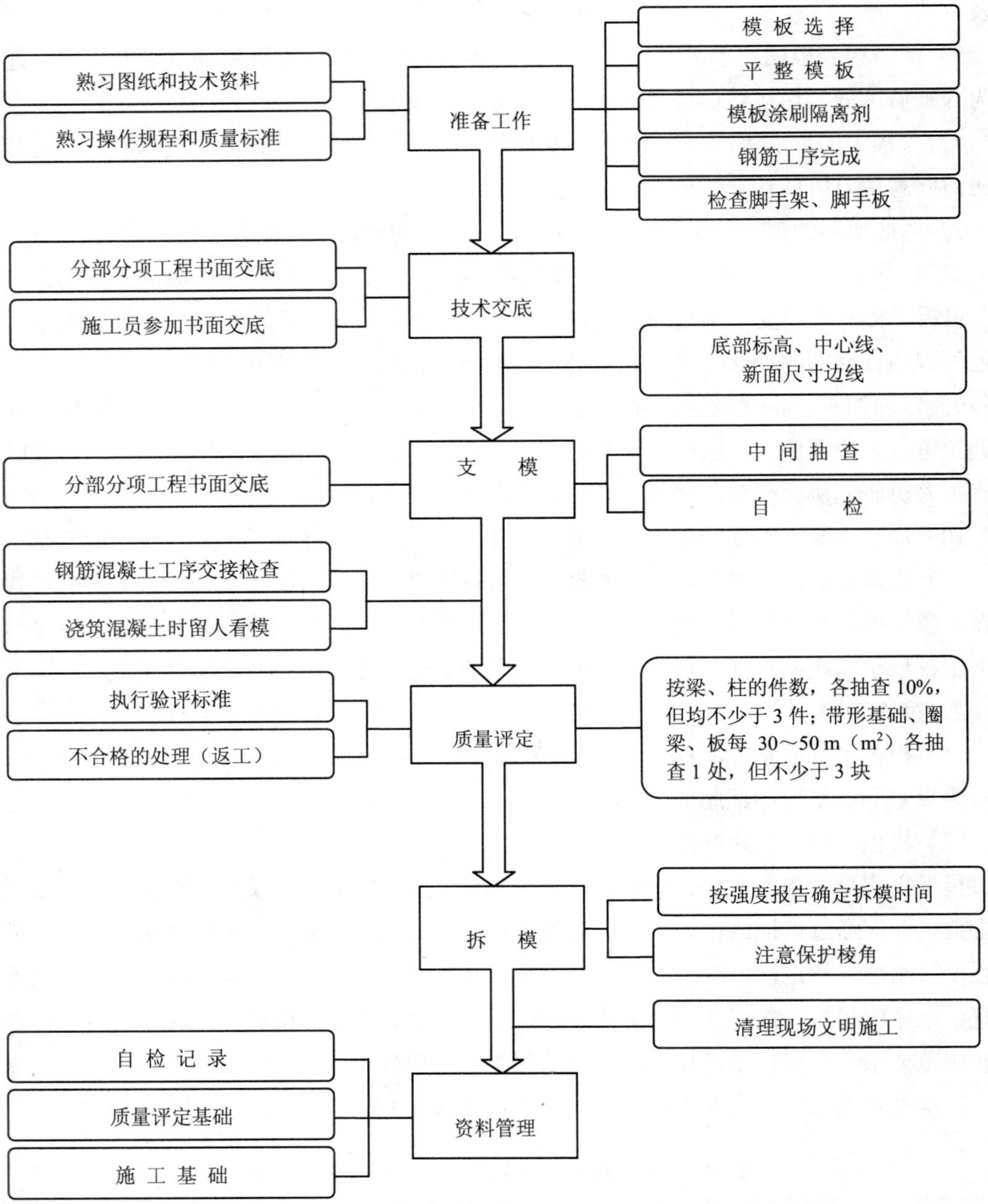

图 6-8　模板工程质量控制程序

（3）模板工程质量保证措施

1）模板制作的优劣直接影响混凝土的质量。模板施工前，必须先进行模板及支撑系统的配置设计，绘出模板排列图。并对模板支承、排列、施工顺序、拆装方法向班组人员做详细交底。

2）模板支承系统必须横平竖直，支撑点必须牢固，扣件及螺栓必须拧紧，严格按排列图安装模板。浇筑混凝土前对模板的支撑、螺栓、柱箍、扣件等紧固件派专人进行检查，发现问题及时整改。

平台模板支撑严格按照设计要求做到上下、进出一致，施工员必须做到层层复核。

3）模板安装必须正确控制轴线位置及截面尺寸，模板拼缝要紧密。当拼缝≥1 mm 的要进行封闭，跨度大于 4 m 时，模板应按设计或规范要求起拱。孔洞、埋件等应正确留置，建议在翻样图上自行编号，防止错放漏放。安装要牢固，经复核无误后方能封闭模板。

4）模板拆除应根据《施工验收规范》和设计规定的强度要求统一进行，未经有关技术部门同意，不得随意拆模。

3．混凝土工程

（1）混凝土工程质量控制程序

混凝土工程质量控制程序如图 6-9 所示。

（2）混凝土工程质量控制内容

混凝土工程质量控制内容包括混凝土主要组成材料的合格证及复验报告；混凝土的配合比、坍落度；冬期施浇筑时入模温度；现场混凝土试块（包括制作、数量、养护及其强度试验等）；现场混凝土浇筑工艺及方法（包括预铺砂浆的质量、浇筑的顺序和方向、分层浇筑的高度、施工缝的留置、振捣方法及对模板和其支架的观察等）；大体积混凝土测温措施、养护方法及时间；后浇带的留置和处理；混凝土的实体检测（主要包括检测混凝土的强度、钢筋保护层厚度）。

现浇结构尺寸允许偏差和检验方法见表 6-13。

表 6-13　现浇结构尺寸允许偏差和检验方法

项　目			允许偏差/mm	检验方法
轴线位置	基础		15	钢尺检查
	独立基础		10	
	墙、柱、梁		8	
	剪力墙		5	
垂直度	层高	≤5 m	8	用经纬仪或吊线、钢尺检查
		＞5 m	10	
	全　高（*H*）		*H*/1 000 且≤30	用经纬仪、钢尺检查
标高	层高		±10	水准仪或拉线、钢尺检查
	全高		±30	
截面尺寸			＋8，－5	钢尺检查
电梯井	井筒长、宽对定位中心线		＋25，0	钢尺检查
	井筒全高（*H*）垂直度		*H*/1 000 且≤30	经纬仪、钢尺检查
表面平整度			8	用 2 m 靠尺和楔形塞尺检查
预埋设施中心线位置	预埋件		10	钢尺检查
	预埋螺栓		5	
	预埋管		5	
预留洞中心线位置			15	

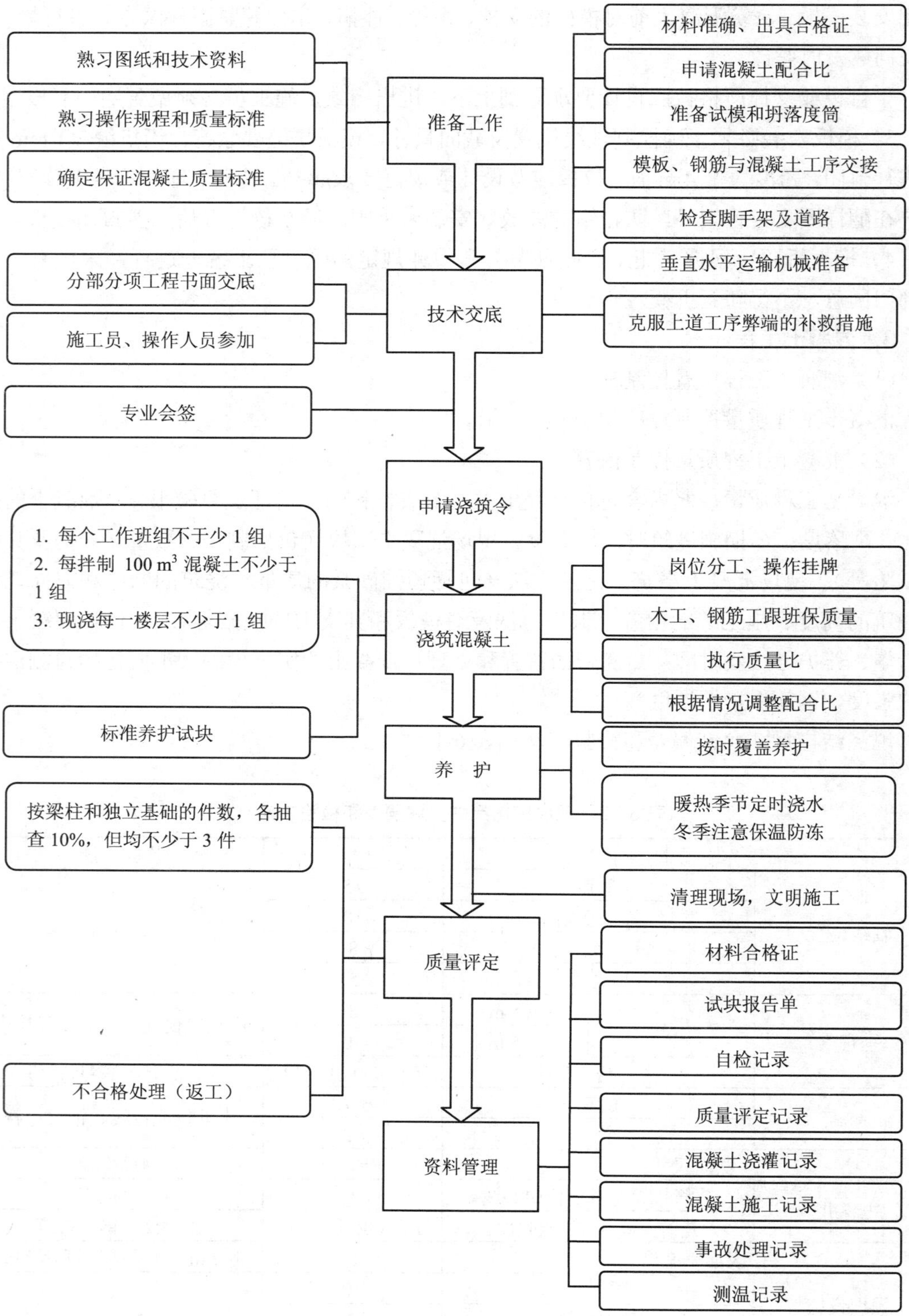

图 6-9 混凝土工程质量控制程序

（3）混凝土工程质量保证措施

1）严格执行混凝土浇筑令制度。浇筑令签发前施工现场应办妥各类有关技术复核、隐蔽验收手续，并报建设、监理单位批准。

2）严格把好原材料质量关，若采用商品混凝土，保证与混凝土供应单位的沟通顺畅。

3）混凝土浇筑前，施工现场应先做好各项准备工作，机械设备、照明设备等应事先检查，保证完好符合要求。

模板内的垃圾和杂物要清理干净，对新老混凝土接缝处的垃圾、杂物等进行检查，并清除干净（可用大功率吸尘器），并浇水湿润，但不得有积水。

各部位的钢筋、埋件插筋和预留洞，必须由有关人员验收合格后方可进行浇筑。

在操作难度较高处和留洞、钢筋密度较大的区域，应做好醒目标志，以加强管理，确保混凝土浇筑质量。

浇筑混凝土前应向施工人员进行交底，并做好书面记录，落实专人负责振捣，专人负责看模。操作人员交接班以及吃饭、休息时，严格做好交接班工作，并做好交接记录，由负责人签名归档，以免混凝土超振或漏振。

4）浇筑混凝土时，振动器的操作要做到“快插慢拔”，振动器插点要均匀排列。并不准将振动棒随意振动钢筋、模板及预埋件，以防钢筋、模板变形、预埋件脱落。

混凝土分层浇筑时，在振捣上层时，应插入下层 5 cm 左右，以消除两层之间的接缝，同时在振捣上层混凝土时，要在下层混凝土初凝之前。

柱混凝土不能一次下料到顶，应分批分层进行振捣。

楼面混凝土浇筑时，应铺设架空走道板，禁止人在钢筋上直接踩踏，以避免造成钢筋变形位移。

5）混凝土浇筑后，应及时用长刮尺按标高刮平，初凝至终凝期间用滚筒反复碾压数遍，再用木抹子至少两次抹平，以闭合早期混凝土表面的收缩裂缝。在插筋较密集处，滚筒无法碾压，应用木抹子数次拍实。

混凝土浇筑完毕后，钢筋上所受污染的水泥浆及时清除。

6）在混凝土施工后应注意做好产品保护，根据气候条件采用洒水等养护方式，养护时间符合规范要求，重点确保混凝土前期养护的质量。

4．砌体工程

（1）砌体工程质量控制程序

砌体工程质量控制程序如图 6-10 所示。

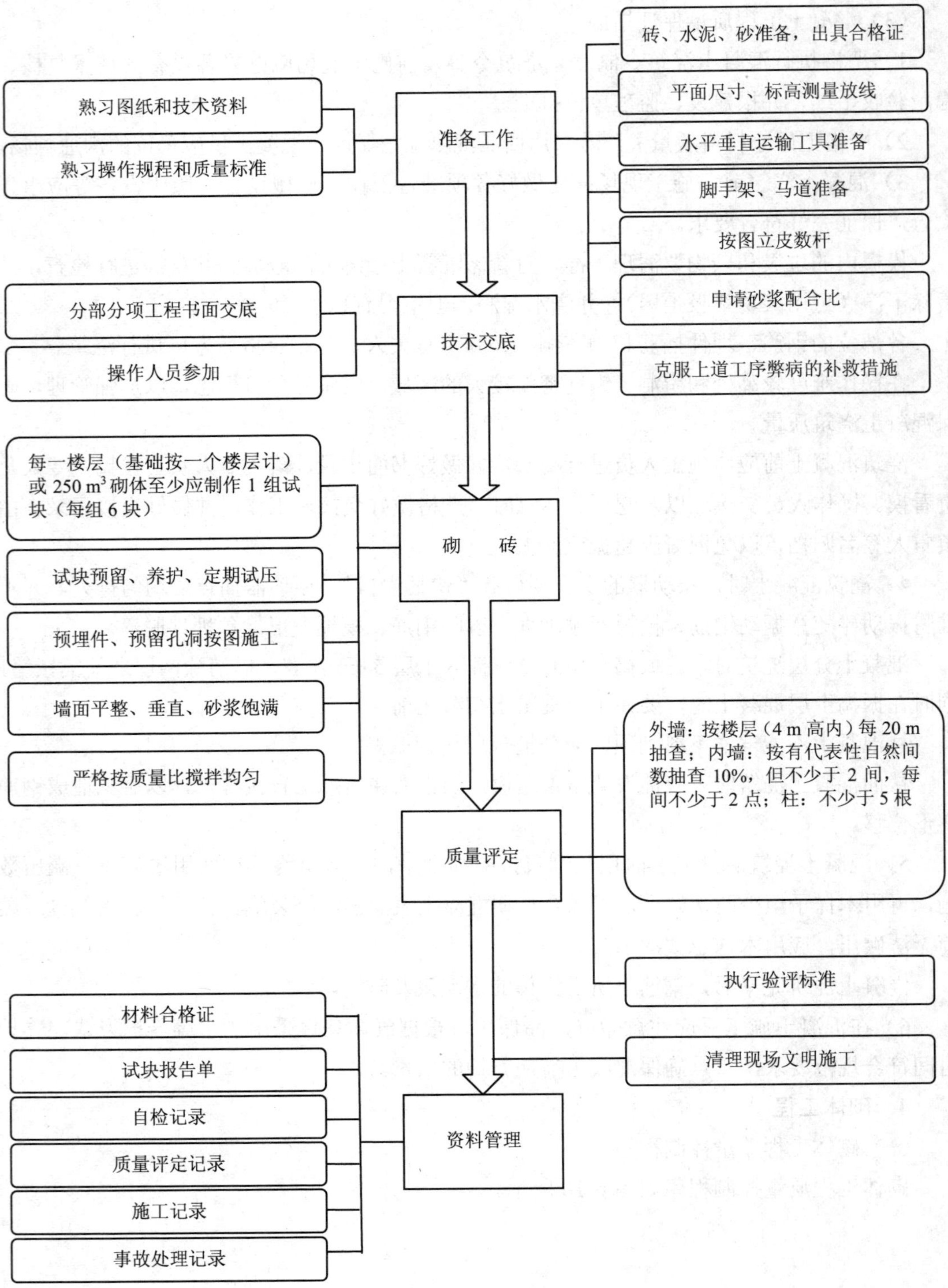

图 6-10　砌体工程质量控制程序

（2）砌体工程质量控制内容

1）砌体材料：主要检查产品的品种、规格、型号、数量、外观状况及产品的合格证、性能检测报告等是否符合设计标准和规范要求。对于块材、水泥、外加剂等还应检查产品主要性能的进场复验报告。

2）砌筑砂浆：主要检查配合比、计量、搅拌质量（包括稠度、保水性等）、试块（包括制作、数量、养护和试块强度等）等是否符合设计标准和规范要求。

3）砌体：主要检查砌筑方法、皮数杆、灰缝（包括宽度、瞎缝、假缝、透明缝、通缝等）、砂浆饱满度、砂浆黏结状况、块材的含水率、留槎、接槎、洞口、脚手眼、标高、轴线位置、平整度、垂直度、封顶及砌体中钢筋品种、规格、数量、位置、几何尺寸、接头等是否符合设计和规范要求。

4）其他：砌体施工时，楼面和屋面堆载不得超过楼板的允许荷载值。

砖砌体和填充墙砌体工程检验批允许偏差质量控制见表 6-14、表 6-15、表 6-16 和表 6-17。

表 6-14 砖砌体的位置及垂直度允许偏差

项次	项目			允许偏差/mm	检验方法
1	轴线位置偏移			10	用经纬仪和尺检查或用其他测量仪器检查
2	垂直度	每层		5	用 2 m 托线板检查
		全高	≤10 m	10	用经纬仪、吊线和尺检查，或用其他测量仪器检查
			＞10 m	20	

表 6-15 砖砌体一般尺寸允许偏差

项次	项目		允许偏差/mm	检验方法	抽检数量
1	基础顶面和墙砌体顶面标高		±15	用水准仪和尺检查	不应少于 5 处
2	表面平整度	清水墙、柱	5	用 2 m 靠尺和楔形塞尺检查	有代表性自然间的 10%，但不少于 3 间，每间不少于 2 处
		混水墙、柱	8		
3	门窗洞口高、宽（后塞口）		±5	用尺检查	检验批洞口的 10%，且不少于 5 处
4	外墙上下窗口偏移		20	以底层窗口为准，用经纬仪或吊线检查	检验批的 10%，且不少 5 处
5	水平灰缝平直度	清水墙	7	拉 10 m 线和尺检查	有代表性自然间的 10%，但不少于 3 间，每间不少于 2 处
		混水墙	10		
6	清水墙游丁走缝		20	吊线和尺检查，以每层第一皮砖为准	有代表性自然间的 10%，但不少于 3 间，每间不少于 2 处

表 6-16　填充墙砌体一般尺寸允许偏差

<table>
<tr><th>项次</th><th colspan="2">项　目</th><th>允许偏差/mm</th><th>检验方法</th></tr>
<tr><td rowspan="3">1</td><td colspan="2">轴线位移</td><td>10</td><td>用尺检查</td></tr>
<tr><td rowspan="2">垂直度</td><td>≤3 m</td><td>5</td><td rowspan="2">用 2 m 托线板或吊线、尺检查</td></tr>
<tr><td>＞3 m</td><td>10</td></tr>
<tr><td>2</td><td colspan="2">表面平整度</td><td>8</td><td>用 2 m 靠尺或楔形塞尺检查</td></tr>
<tr><td>3</td><td colspan="2">门窗洞口高（后塞口）</td><td>±5</td><td>用尺检查</td></tr>
<tr><td>4</td><td colspan="2">外墙上、下窗口偏移</td><td>20</td><td>用经纬仪或吊线检查</td></tr>
</table>

表 6-17　填充墙砌体的砂浆饱满度及检验方法

<table>
<tr><th>砌体分类</th><th>灰缝</th><th>饱和度及要求</th><th>检验方法</th></tr>
<tr><td rowspan="2">空心砖砌体</td><td>水平</td><td>≥80%</td><td rowspan="4">采用百格网检查块材底面砂浆的黏结痕迹面积</td></tr>
<tr><td>垂直</td><td>填满砂浆，不得有透明缝、暗缝、假缝</td></tr>
<tr><td rowspan="2">加气混凝土砌块和轻骨料混凝土小砌块砌体</td><td>水平</td><td>≥80%</td></tr>
<tr><td>垂直</td><td>≥80%</td></tr>
</table>

（3）砌体工程质量保证措施

砌块等材料应满足本身材料的龄期要求。砌筑用砂采用中砂，并应过筛，含泥量大于5%的严禁使用，砂浆拌制选用搅拌机，拌制时间要保证，搅拌均匀，冬季搅拌的砂浆应比夏季搅拌时间增加一倍。

墙体砌筑时，砖块应隔夜浇水湿润，并按规定砌筑，保证砖体与砂浆的黏结力，防止砂浆早期脱水而降低质量。蒸压加气混凝土砌块在砌筑时，应在砌筑面上适量洒水。

厕所砖墙体底部先做 25 cm 高素混凝土后再砌筑砖墙，以防止墙底渗漏。

砌墙时应把预留拉结钢筋按规定放入墙内使其起到拉结作用。要控制水平缝厚度，杜绝通缝现象，砌体砂浆必须密实饱满，且柱边及梁底应用 1∶2 水泥砂浆嵌密实，防止外墙面渗水。砌筑时，应先弹出水平线和墙身线，扫清墙身部位的浮灰。

每砌完一皮砖应进行竖缝的刮缝和塞缝，以防外墙渗漏，提高砌体强度。

5. 主体结构中主要质量问题及防治

主体结构中主要质量问题及防治见表 6-18。

表 6-18　主体结构中主要质量问题及防治

序号	内容	现象	原因	预防治理
1	箍筋不方正	矩形箍筋拐角不成 90°，或两对角线长度不等；弯钩平直长度不够，弯钩角度不符合要求	箍筋边长成型尺寸与图纸要求误差过大；没有严格控制弯曲角度；一次弯曲多个箍筋时没有逐根对齐	注意操作，使成型正确；当一次弯曲多个箍筋时，应在弯折处逐根对齐

序号	内容	现象	原因	预防治理
2	成型尺寸不准确	成型的钢筋尺寸和弯曲角度不符合设计要求	下料不准确；画线方法不对或误差大；用手工弯曲时，扳距选择不当；角度控制未采取保证措施	加强钢筋配料，先确定钢筋下料长度调整值；根据弯制角度和钢筋直径确定好扳距；为保证弯曲角度符合要求，在设备和工具不能自行达到准确角度下，可在成型案上画出角度准线或采取扒钉做标志的措施
3	闪光对焊接头缺陷	接头中有氧化膜、未焊透或夹渣	焊接工艺使用不当；焊接参数选择不适；烧化过程太弱或不稳定；烧化过程结束到顶锻开始之间，空气侵入焊口；顶锻速度太慢或带电顶锻不足；顶锻留量过大，压力不足，使焊口封闭太慢或未能真正密合	选择适当的焊接工艺；重视预热作用，掌握预热要领，减少预热梯度；确保带电顶锻过程，采取正常的烧化过程；避免采用过高的变压器级数施焊，以提高加热效果；加快顶锻速度；增大顶锻压力
4	闪光对焊接头偏移	接头弯折或轴线偏移	钢筋端头歪斜；电极变形太大或安装不准确；焊机夹具晃动太大	正确调整电极位置； 修整电极钳口或更换已变形的电极； 矫直钢筋的弯头
5	电渣压力焊偏移弯折	轴线偏移、弯折	钢筋端部歪扭不直，在夹具中夹持不正或倾斜；夹具磨损，上下不同心；顶压用力过大，使上钢筋晃动和移位；焊后夹具过早放松，使上钢筋倾斜	矫直钢筋端部； 正确安装夹具和钢筋； 避免过大的挤压力； 及时修理或更换夹具
6	柱墙钢筋位移	柱、墙钢筋位移	固定钢筋的措施不可靠，在混凝土浇筑过程中被碰撞，偏离固定位置	墙、柱主筋的插筋与底板上、下筋绑扎牢固，确保位置准确；可附加钢筋焊牢，混凝土浇筑前、后有专人检查修整
7	保护层厚度不足	受力筋保护层不符合规定，露筋	保护层垫块间距太大或脱落；钢筋绑扎骨架尺寸偏差大，局部接触模板；混凝土浇筑时，钢筋受碰撞位移	混凝土保护层垫块要适量、可靠；钢筋绑扎时要控制好外形尺寸；混凝土浇筑时，避免钢筋受碰撞位移；混凝土浇筑前、后设专人检查修整
8	钢筋接头位置错误	接头位置错误，受力筋锚固、搭接长度不足，在连接区段内接头数量超规范	没有对操作人员进行技术交底；未认真核对图纸	对操作人员专门交底，梁、柱、墙钢筋接头较多时，翻样配料加工时，应根据图纸预先画出施工翻样图，注明各号钢筋搭配顺序，并避开受力钢筋的最大弯矩处
9	柱箍筋不足或漏绑	梁柱接头处柱箍筋数量不足或漏绑	因操作困难，未绑加密箍筋； 采用模外绑梁筋，后落入梁底，加之梁柱接头早已封模，无法绑梁、柱接头柱箍筋	应合理安排先绑梁筋，待补上梁、柱接头柱箍筋后，再封梁侧模的操作方法
10	混凝土和易性差	混凝土松散不黏结，或黏聚力大、成团，不易浇筑；或混凝土中砂浆填不满石子间孔	水泥强度等级选用不当；砂、石级配差，空隙率大，配合比砂率过小；水灰比和混凝土坍落度过大；计量工具未检验，误差较大，或用不正确计量方	配合比设计、计算和试验方法，符合技术规定；合理选用水泥等级；原材料计量建立岗位责任制，计量力求简便易行、可靠；在拌制和浇筑过程中，按规定检查混凝土组成材料的质量和用量，

序号	内容	现象	原因	预防治理
		隙；运输、浇筑过程出现分层离析，难将混凝土振捣密实	法，造成配比执行不准，和易性差；搅拌时间不够，没有拌和均匀；配合比设计，不符合施工工艺对和易性要求	每一个工作班应不少于2次；检查混凝土的坍落度或工作度，每一个工作班至少2次；随时检查混凝土搅拌时间，确保混凝土搅拌最短时间
11	混凝土强度等级偏低	混凝土标准养护试块或现场检测强度，按规范标准评定达不到设计要求的强度等级	原材料材质不符合标准；无法定检测单位提供的配合比，或操作中未按配合比进行操作；投料计量有误；混凝土搅拌、运输、浇筑、养护不符合规范	原材料符合标准规定；按法定检测单位发出配比进行配制；按质量比计量投料，且计量准确；拌和采用机械搅拌，并严格控制搅拌时间；运输和浇筑在混凝土初凝前进行；控制好混凝土浇筑和振捣质量和养护工作
12	混凝土收缩裂缝	出现在新浇筑并暴露于空气中的构件表面，有塑态、沉陷、干燥、炭化、凝结等收缩裂缝	混凝土原材料质量不合格；水泥或掺合料用量超出规范规定；混凝土水灰比、坍落度偏大，和易性差；混凝土浇筑振捣差，养护不及时或养护差	选用合格原材料；据现场情况、设计和规范，由有资质试验室配制混凝土配合比，并确保搅拌质量；确保振捣密实，并在初凝前进行二次抹压；确保混凝土及时养护，并保证养护质量满足要求
13	施工缝留设、处理	混凝土施工缝设置位置、形式及接缝处理不规范	混凝土施工缝设置未事先根据规范或设计要求进行确定，随意留置；施工缝处理无专项处理方案或未进行技术交底	混凝土浇筑前，首先根据规范或设计要求进行确定施工缝位置；施工缝处理做好专项处理方案或进行技术交底
14	混凝土表面缺陷	拆模后混凝土表面出现麻面、露筋、蜂窝、孔洞等	模板表面不光滑、安装质量差，接缝不严、漏浆，模板表面污染未清除；木模板在混凝土入模前未充分湿润，钢模板脱模剂涂刷不均匀；保护层垫块厚度或放置间距、位置等不当；局部配筋、铁件过密，阻碍混凝土下料或无法正常振捣；混凝土坍落度、和易性不好；混凝土浇筑方法不当、不分层或分层过厚，布料顺序不合理等；混凝土浇筑高度超过规定要求，且未采取措施，导致混凝土离析；漏振或振捣不实；混凝土拆模过早	模板使用前保持表面清洁光滑；合理布料，分层振捣，防止漏振；对局部配筋或铁件过密处，事先制订措施，保证混凝土顺利通过，浇筑密实；麻面部位用清水刷洗，充分湿润后用水泥浆或1∶2水泥砂浆抹平；将外露钢筋上的混凝土和铁锈清洗干净，再用1∶2水泥砂浆抹压平整；如露筋较深，将薄弱混凝土剔除，清理干净，用高一级的豆石混凝土捣实，并认真养护；小蜂窝可先用水冲洗干净，用1∶2水泥砂浆修补；大蜂窝，先将松动的石子和凸出颗粒剔除，剔成喇叭口，冲洗干净湿透，再用高一级豆石混凝土捣实后认真养护。孔洞处理需要与设计研究制订补强方案，按批准后的方案处理。在处理梁中孔洞时，在梁底用支撑支牢，再将孔洞处的不密实的混凝土凿掉，要凿成斜形（外口向上），以便浇筑混凝土。冲刷干净，并湿润72h，用高一等级微膨胀豆石混凝土浇筑、捣实后，养护。有时因孔洞大需支模板后才浇筑混凝土

序号	内容	现象	原因	预防治理
15	混凝土构件尺寸、轴线偏差大	混凝土柱、墙、梁等外形尺寸偏差、表面平整、轴线位置等超过规范允许偏差值	没有按施工图进行施工放线或误差过大；模板的强度和刚度不足；模板支撑基座不实，受力变形大	施工前按施工图放线，确保构件断面几何尺寸和轴线定位线准确；模板及其支撑（架）具有足够的承载力、刚度和稳定性，确保模具在浇筑混凝土及养护中不变形、不失稳、不跑模；要确保模板支撑基座坚实。在浇筑混凝土前后及过程中，要认真检查，及时发现问题，及时纠正
16	墙体因地基下沉引起墙体裂缝	纵墙两端出现斜裂缝；窗间墙的上下对角处成对出现水平裂缝；纵墙中央的顶部和底部窗台处出现竖向裂缝	地基不均匀下沉	加强基坑（槽）钎探工作；合理设置沉降缝；提高上部结构刚度，增强墙体抗剪强度；在基础顶面（±0.000）处及各楼层门窗口上部设置圈梁，减少建筑物端部门窗数量；在施工临时间断处尽量留斜槎；当留直槎时，加拉结筋；宽大窗口下部设圈梁或砌反砖拱以适应窗台反梁作用的变形
17	填充墙与主体结构交接处裂缝	框架梁底、柱边出现裂缝	块体产品不合格；龄期未满28天即使用；砌筑后墙体干缩造成开裂；填充墙拉结筋未按规定设置或拉结筋不直，影响柱与砌体的拉结；竖缝砂浆不饱满，降低砌体的水平拉接能力；墙体过长未采取竖向构造措施（如构造柱），使砌体干缩增大开裂；干燥或高温下砌筑，未采取养护；填充墙在砌至梁、板底部时，直接砌到顶；墙体高度过高时，未在墙中采取水平构造措施（如圈梁）；梁、板底空隙镶砌时砂浆稠度过大，或用混凝土填嵌时坍落度过大，与梁、板结合不严密产生收缩裂缝	柱边设置间距≤500 mm 的 2ϕ6，且锚固长度≥1 000 mm 的拉结筋。填充墙梁下口最后3皮砖在下部墙砌完7天后砌筑，并由中间开始向两边斜砌。如为空心砖外墙，里口用半砖斜砌墙；外口先立斗模，再浇筑≥C15 细石混凝土，终凝拆模后将多余的混凝土凿去。外窗下为空心砖墙时，若设计无要求，将窗台改为≥C15 的细石混凝土，其长度大于窗边 100 mm，并在细石混凝土内加 2ϕ6 钢筋。柱与填充墙接触处应设钢丝网片，防止该处粉刷裂缝
18	砌体灰缝饱满度不合格	砌体砂浆不密实饱满，水平灰缝饱满度低于国家相关的规范和标准的规定	砌筑砂浆和易性差，直接影响灰缝的密实和饱满度；干砖上墙和砌筑操作方法错误，不按“三一”砌砖法砌筑；水平灰缝缩水太大；综合上述将降低砌体的抗压强度和抗剪能力	改善砂浆和易性，若砂浆出现泌水，及时调整稠度，确保灰缝的砂浆饱满度和提高砌体的黏结强度；烧结普通砖须提前 1～2 天浇水湿润，含水率宜在10%～15%；砌筑要采用“三一”砌砖法；严禁铺长灰而使底灰产生空穴和摆砖砌筑，造成砂浆不饱满；砌筑过程中要求铺满口灰，然后进行刮缝

第四节　质量员的组织管理协调

在“三控三管一协调”的施工组织管理过程中，质量员应重点掌握对工程质量的控制。

一、对施工生产要素质量控制

控制好工程质量，首先要控制好工程的施工生产要素，即“人机料法环”。

1．人的控制

人是生产过程的活动主体，其总体素质和个体能力，将决定着一切质量活动的成果，因此，既要把人作为质量控制对象，又要作为其他质量活动的控制动力。

人的控制内容包括：组织机构的整体素质和每一个体的知识、能力、生理条件，心理状态、质量意识、行为表现、组织纪律、职业道德等，做到合理用人，发挥团队精神，调动人的积极性。

在施工现场对人的控制，主要措施和途径是：

1）以项目经理的管理目标和职责为中心，合理组建项目管理机构，贯彻因事设岗，配备合适的管理人员。

2）严格实行分包单位的资质审查，控制分包单位的整体素质，包括技术素质、管理素质、服务态度和社会信誉等。

3）坚持作业人员持证上岗，特别是重要技术工种、特殊工种、高空作业等，做到持证上岗。

4）加强对现场管理和作业人员的质量意识教育及技术培训。开展作业质量保证的研讨交流活动等。

5）严格现场管理制度和生产纪律，规范人的作业技术和管理活动的行为。

6）加强激励和沟通活动，调动人的积极性。

2．材料设备的控制

参见本章第三节质量员实习流程中材料质量控制。

3．施工机械设备的控制

施工机械设备是现代建筑施工必不可少的设施，是反映一个施工企业力量强弱的重要方面，对工程项目的施工进度和质量有直接影响。施工机械设备的质量控制就是使施工机械设备的类型、性能参数与施工现场条件、施工工艺等因素相匹配。

1）承包商应按照技术先进、经济合理、生产适用、性能可靠、使用安全的原则选择施工机械设备，使其具有特定工程的适用性和可靠性。

2）应从施工需要和保证质量的要求出发，正确确定相应类型的性能参数，如千斤顶的张拉力，必须大于张拉程序中所需的最大张拉值。

3）在施工过程中，应定期对施工机械设备进行校正，以免误导操作。另外，选择机械设备必须有与之相配套的操作工人相适应。

4．施工方法的控制

施工方法集中反映在承包商为工程施工所采取的技术方案、工艺流程、检测手段，施工程序安排等，对施工方法的控制，应着重抓好以下几个关键：

1）施工方案应随工程进展而不断细化和深化。

2）选择施工方案时，对主要项目要拟定几个可行的方案，突出主要矛盾，摆出其主要优劣点，以便反复讨论与比较，选出最佳方案。

3）对主要项目、关键部位和难度较大的项目，如新结构、新材料、新工艺、大跨度、大悬臂、高大的结构部位等，制订方案时要充分估计到可能发生的施工质量问题和处理方法。

5．环境的控制

创造良好的施工环境，对于保证工程质量和施工安全，实现文明施工，树立施工企业的社会形象，都有很重要的作用。施工环境控制，既包括对自然环境特点和规律的了解、限制、改造及利用问题，也包括对管理环境及劳动作业环境的创设活动。

（1）自然环境的控制

主要是掌握施工现场水文、地质和气象资料信息，以便在制订施工方案、施工计划和措施时，能够从自然环境的特点和规律出发，建立施工对策，防止地下水、地面水对施工的影响，保证周围建筑物及地下管线的安全；从实际条件出发做好冬雨期施工项目的安排和防范措施；加强环境保护和建设公害的治理。

（2）管理环境的控制

主要是根据承发包的合同结构，理顺各参建施工单位之间的管理关系，建立现场施工组织系统和质量管理的综合运行机制。确保施工程序的安排与施工质量形成过程能够起到相互促进、相互制约、协调运转的作用。此外，在管理环境的创设方面，还应注意与现场邻近的单位、居民及有关方面的协调、沟通，做好公共关系，以使他们对施工造成的干扰和不便给予必要的谅解并支持配合。

（3）劳动作业环境控制

首先是做好施工平面图的合理规划和管理，规范施工现场的机械设备、材料构件、道路管线和各种临时设施的布置；其次是落实现场安全的各种防护措施，做好明显标识，确保施工道路畅通，安排好特殊环境下施工作业的通风照明措施；最后是加强施工作业场所的清理工作，每天下班前应留出时间进行场所清理。

二、PDCA 循环质量控制方法

PDCA 循环是指由计划（Plan）、实施（Do）、检查（Check）和处理（Action）四个阶段组成的工作循环，如图 6-11 所示。

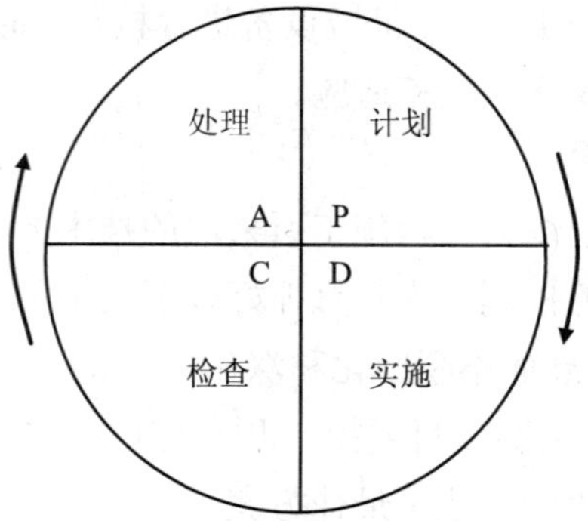

图 6-11　PDCA 循环

PDCA 循环是一种科学管理程序和方法，其工作步骤如下：

1．计划

第一步，分析质量现状，找出存在的质量问题。首先，要分析企业范围内的质量通病，也就是工程质量上的“常见病”和“多发病”。其次，是针对工程中的一些技术复杂、难度大的项目，质量要求高的项目，以及新工艺、新技术、新结构、新材料等项目，要依据大量的数据和情报资料，让数据说话，用数理统计方法来分析反映问题。

第二步，分析产生质量问题的原因和影响因素。依据大量的数据，应用数理统计方法，并召开有关人员和有关问题的分析会议，然后，绘制成因果分析图。

第三步，找出影响质量的主要因素。可采用的方法有两种：一是利用数理统计方法和图表；二是当数据不容易取得或者受时间限制来不及取得数据时，可根据有关问题分析会的意见来确定。

第四步，制订改善质量的措施，提出行动计划，并预计效果。在进行这一步时，要反复考虑并明确回答以下“5W1H”问题：① 为什么要采取这些措施？为什么要这样改进？即要回答采取措施的原因（Why）。② 改进后能达到什么目的？有什么效果（What）？③ 改进措施在何处（哪道工序、哪个环节、哪个过程）执行（Where）？④ 什么时间执行，什么时间完成（When）？⑤ 由谁负责执行（Who）？⑥ 用什么方法完成？用哪种方法比较好（How）？

2．实施

实施阶段只有一个步骤，即第五步，组织质量计划或措施的执行。首先，要做好计划的交底和落实。落实包括组织落实、技术落实和物资材料落实。有关人员还要经过训练、实习并经考核合格再执行。其次，计划的执行，要依靠质量管理体系。

3．检查

检查阶段也只有一个步骤，即第六步，检查采取措施效果。也就是检查作业是否按计划要求去做了？哪些做对了？哪些还没有达到要求？哪些有效果？哪些还没有效果？

4．处理

处理阶段包含两个步骤。

第七步，总结经验，巩固成绩。也就是经过第六步检查后，把确有效果的措施在实施中取得的好经验，通过修订相应的工艺文件、工艺规程、作业标准和各种质量管理的规章制度加以总结，把成绩巩固下来。

第八步，提出尚未解决的问题。通过检查，把效果还不显著或还不符合要求的那些措施作为遗留问题，反映到下一循环中。

PDCA 循环是不断进行的，每循环一次，就实现一定的质量目标，解决一定的问题，使质量水平有所提高。若是不断循环，周而复始，会使质量水平不断提高。

三、质量员与项目部内部其他岗位的协调

1．与材料员的协调

1）材料和设备的采购由材料员负责，质量员参与采购，主要是参与材料和设备的质量控制，以及材料供应商的考核。

2）进场材料的抽样复验由材料员负责，质量员监督实施。

2．与施工员的协调

1）施工试验由施工员负责，质量员进行监督、跟踪。

2）施工员使用计量器具是否符合审查要求，质量员负责审查，主要包括：计量器具是否按照规定进行送检、标定；检测单位的资质是否符合要求；受检器具是否进行有效标识等。

3）质量缺陷的处理由施工员负责，质量员进行监督、跟踪。

3．与资料员的协调

质量员汇总、整理本岗位相关技术资料，移交给资料员。

第五节 岗位实务问答

【问】建筑工程施工过程中有哪些验收？

【答】1）基槽验收：土方开挖后进行基槽验收，并形成书面地基验槽记录。由项目部提出申请，监理工程师组织建设、设计、勘察、施工、分包等单位负责人员进行共同验收。

2）检验批验收：每一层或其他部位的模板、钢筋、混凝土、砖砌体等施工完毕，应进行验收，并形成书面验收记录。由项目部提出申请，监理工程师组织建设、施工、分包等单位负责人员进行共同验收。

3）分项、分部工程验收：在检验批验收合格的基础上，由项目部提出申请，监理工

程师（总监）组织建设、设计、勘察、施工、分包等单位负责人员进行共同验收。

其中地基与基础分部和主体结构分部的验收，必须请质量安全监督机构进行监督备案。由项目部提出申请，总监理工程师组织建设、设计、勘察、施工、分包等单位负责人员进行共同验收。

4）建筑节能专项验收：节能施工完毕，必须请质量安全监督机构进行节能工程监督备案。由项目部提出申请，总监理工程师组织建设、设计、勘察、施工、分包等单位负责人员进行共同验收。

5）工程预验收：竣工扫尾工程结束后，由项目部提出申请，总监理工程师组织建设、设计、勘察、施工、分包等单位负责人员进行共同验收。

6）分户验收：主要针对住宅工程，建设单位应在专家验收组验收核查合格的基础上，报请质量安全监督机构对商品住宅进行分户竣工质量监督核查；商品住宅分户质量验收合格后，方可进行工程质量竣工质量验收。

7）建设项目专项验收阶段：由建设单位负责向政府有关行政主管部门或授权检测机构申请各项专业、系统验收。如人防验收；公安消防验收；规划验收；环保检测；电梯验收；锅炉系统验收；智能建筑验收；城建档案预验收。

8）工程竣工验收：施工单位完成所有合同及设计图纸内容后，由项目部向监理工程师提交竣工报告，总监理工程师审核签署意见后报甲方工程师验收。由建设单位组织质监、监理、设计、勘察、施工、分包等单位负责人员进行竣工验收。

【问】工序交接的基本要求是什么？

【答】1）工序交接的条件：上道工序项目施工、服务已结束，或已满足下道工序施工、服务要求，无未完工作在下道工序实施后不便进行的情况；已完成上道工序的各级质量检查验收工作，并经有关方面签字认可；上道工序出现的设计缺陷、设备（材料）缺陷、施工缺陷已消除完毕，满足设计和规范要求。

2）做好移交下道工序的验收记录，记录的内容及数据要准确、完整；在交接实物上做好相应的标识。

3）上道工序在具备交接条件后要及时办理工序交接手续，以便下道工序及时开展施工。

4）验收依据：图纸、有效的规程、规范和标准。

5）工序交接实行分级管理：

① 对房屋建筑工程建设项目，班组与班组间、工序与工序间的工序交接由项目组进行控制。

② 对其他服务项目由施工班组自行控制。

6）工序交接的程序：

① 上道工序应主动提出交接申请。上道工序填写“工序交接验收签证单”，同时附上

上道工序的验收记录，联系下道工序接收。

② 会同上下道工序施工负责人、质量员、施工员及有关部门专业人员，核查书面资料的完整性和符合性，现场核实移交实物的准确性及相关条件。

③ 经核查具备交接条件的，双方人员在“工序交接验收签证单”上签字，正式办理工序交接。

④ 经核查不具备交接条件的，由上道工序继续调整处理，直到符合要求。工序交接后，下道工序发现上道工序的施工、服务质量有问题，仍由上道工序负责处理。

7）交接的其他事宜

① 由于上下道工序施工、服务图纸设计不吻合，数据不一致，接口发生矛盾时，应联系设计或制造单位出具处理方案；发生上下道工序间标准要求不一致，且上道工序的标准偏差不能满足下道工序的质量要求时，报项目总工或与有关方面协商解决。

② 下道工序进行施工、服务后，要采取措施保护上道工序的成品免遭损坏。若造成损坏按有关管理制度执行。

【问】简述工序质量检查验收制度

【答】1）每道工序施工前，项目技术负责人组织施工人员进行技术交底，交底内容在现场挂牌，供操作人员随时查阅。

2）每道工序施工前，首先进行样板间的施工，坚持样板开路，经甲方及监理单位认可后，开始大面积地施工。

3）项目经理部设专职质量员对各道工序进行质量检查，发现问题及时解决。每天实行例会制度，对于发现的质量问题进行总结，避免问题再次发生。

4）每道工序施工完成后，施工班组进行自检，自检合格后，报质量员与施工员验收合格后报监理单位进行检查，经监理单位检查合格后，方可进行下道工序的施工。

5）进行下道工序施工前，施工班组在项目负责人的组织下，对上道工序进行检查，发现问题及时解决，检查合格后，签署交接记录，避免出现扯皮现象。

综上所述，应建立健全三检制、样板制、挂牌制、质量例会制度、质量奖罚制度。

【问】简述检验批质量的验收

【答】检验批是工程验收的最小单元，是分项工程乃至整个建筑工程质量验收的基础。

1．主控项目和一般项目的质量经抽样检验合格

（1）主控项目

主控项目是对检验批的基本质量起决定性影响的检验项目，是确保工程安全和使用功能的重要检验项目，是对安全、卫生、环境保护和公众利益起决定作用的检验项目，是决定检验批主要性能的项目，因此检验批主控项目必须全部符合有关专业工程验收规范的规定，即主控项目的检查结果具有否决权。所以对检查中发现检验批主控项目有不合格的点、位、处存在，则必须进行修补、返工重做、更换器具，使其最终达到合格的质量要求。

（2）一般项目

一般项目是指除主控项目以外的检验项目。要求应有 80%及以上抽检处数符合验收规范规定（除梁板类钢筋保护层厚度为 90%外）；其余 20%（梁板为 10%）不符合的，也不能影响使用和明显影响观感质量；且在允许偏差值范围内，其最大偏差值小于规范规定允许偏差值的 1.5 倍（除钢结构为 1.2 倍）。

2．具有完整的施工操作依据和质量检查记录

主要检查从原材料进场到检验批验收的各施工工序的操作依据、质量检查情况及质量控制的各项管理制度。

【问】简述分部、子分部工程质量的验收

【答】分部、子分部工程的验收内容、程序都是一样的。当一个分部工程中只有一个子分部工程时，子分部就是分部工程。当不是只有一个子分部工程时，可以一个子分部一个子分部地进行质量验收，然后，将各子分部的质量控制资料进行核查；对地基与基础、主体结构和设备安装工程等分部工程中的子分部工程及其有关安全及功能的检验和抽样检测结果的资料核查；观感质量评价结果的综合评价。分部工程施工质量的验收如图 6-12 所示。

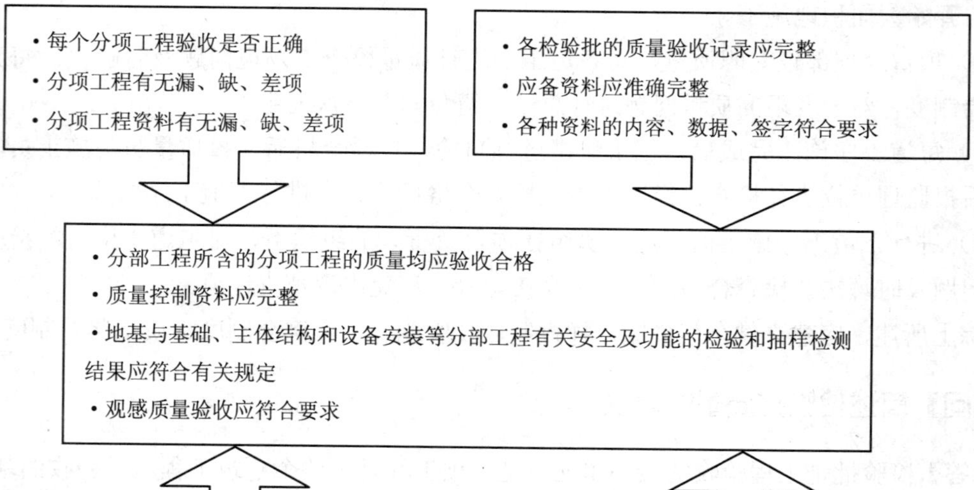

图 6-12　分部工程施工质量的验收

【问】简述单位工程施工质量的验收

【答】单位工程施工质量的验收是单位工程竣工验收，是建筑工程投入使用前的最后一次验收，是工程质量验收的最后一次把关，是对工程质量的一次总体综合评价。单位工程施工质量的验收如图 6-13 所示。

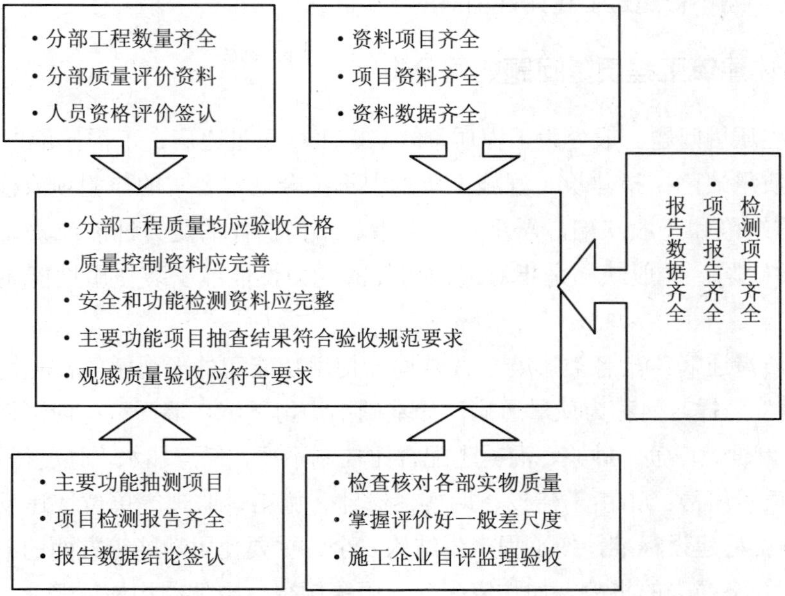

图 6-13 单位工程施工质量的验收

【问】工程实体检测的定义及现浇混凝土结构实体检验主要项目和常采用的方法

【答】1）定义：在监理工程师见证下，对已经完成施工作业的分项或分部工程，按照有关规定在工程实体上抽取试样，在现场进行检验或送至有见证检验资质的检测机构进行检验的活动，也称实体检验或现场检验。对影响结构安全和使用功能的实体检测，由质量监督部门进行监督实施。

2）现浇混凝土结构实体检验的项目包括混凝土强度和梁板构件主筋的钢筋保护层厚度。

3）混凝土强度检测主要有回弹法、回弹超声综合法、拉拔法、钻芯法等。国家标准推荐的常温条件下混凝土强度的实体检验方法，是利用同条件养护试件的强度来判断。其中采用回弹法检测混凝土强度是一种比较常用的方法。

4）钢筋保护层厚度检验可以采用非破损或局部破损的方法。常采用钢筋保护层厚度测试仪检测。

① 钢筋保护层厚度检测主要是针对承重的梁类、板类构件，应分别抽取。

检查数量：对于梁类、板类构件，分别抽取同类构件总数量的 2%，并各自不少于 5 个，悬挑构件的抽取不应少于 50%。

② 测量成果判定：

钢筋保护层厚度检测的允许偏差，对于梁为+10 mm，−7 mm，对于板为+8 mm，−5 mm。

检测结果为 90%的检测点合格，只允许少于 10%的受测钢筋的保护层厚度不合格，且不合格处钢筋误差不得超过上述允许偏差的 1.5 倍。

【问】简述建筑工程质量问题如何分类

【答】工程质量问题一般分为工程质量缺陷、工程质量通病、工程质量事故。

1）工程质量缺陷：指建筑工程施工质量中不符合规定要求的检验项或检验点，按其程度分为严重缺陷和一般缺陷，严重缺陷是指对结构构件的受力性能或安装使用性能有决定性影响的缺陷；一般缺陷是指对结构构件的受力性能或安装使用性能无决定性影响的缺陷。

2）工程质量通病：指各类影响工程结构、使用功能和外形观感的常见性质量损伤，犹如“多发病”一样，而称为质量通病。如基础不均匀下沉，墙开裂；现浇钢筋混凝土工程出现蜂窝、麻面、露筋；砂浆、混凝土配合比控制不严，任意加水，强度得不到保证等。

3）工程质量事故：指由于建设、勘察、设计、施工、监理等单位，违反工程质量有关法律法规和工程建设标准，使工程产生结构安全、重要使用功能等方面的缺陷，造成人身伤亡或重大经济损失的事故。如住宅阳台、雨篷倾覆，主体结构坍塌等。

【问】分析建筑工程出现质量问题的原因

【答】1）违背建设程序和法规：例如无证设计、无图施工；任意修改设计，不按图施工；不经竣工验收就交付使用；擅自转包或分包；多次转包等。

2）工程地质勘察失误或地基处理失误。

3）设计计算问题：例如盲目套用图纸，荷载取值过小，内力分析有误，沉降缝或变形缝设置不当，悬挑结构未进行抗倾覆验算，以及计算错误等。

4）建筑材料及制品不合格。

5）施工与管理失控：主要表现为不熟悉图纸，盲目施工；未经设计部门同意，擅自修改设计；或不按图施工；不按验收规范和操作规程施工。

6）自然条件影响：受自然条件影响大，空气温度、湿度、暴雨、风、浪、洪水、雷电、日晒等均可能成为质量事故的诱因。

7）建筑结构或设施的使用不当：例如擅自对建筑物加层；任意拆除承重结构；任意在结构物上开槽、打洞、削弱承重结构截面等也会引起质量事故。

【问】简述常见质量事故处理的方案

【答】质量事故处理方案，应当在正确地分析和判断事故原因的基础上进行。对于工程质量问题，通常可以根据质量问题的情况，做出以下 4 类不同性质的处理方案。

1）修补处理：通常当工程的某些部分的质量虽未达到规定的规范、标准或设计要求，存在一定的缺陷，但经过修补后还可达到要求的标准，又不影响使用功能和外观要求，在此情况下，可以做出进行修补处理的决定。如封闭保护、复位纠偏、结构补强、表面处理等。

2）返工处理：当工程质量未达到规定的标准或要求，有明显的严重质量问题，对结构的使用和安全有重大影响，而又无法通过修补的办法纠正所出现缺陷的情况下，可以做出返工处理的决定。

3）限制使用：当工程质量问题按修补方案处理无法保证达到规定的使用要求和安全，而又无法返工处理的情况下，可以做出如结构卸荷或减荷以及限制使用的决定。

4）不做处理：某些工程质量问题虽然不符合规定的要求或标准，但其情况不严重，对工程或结构的使用及安全影响不大，经过分析、论证和慎重考虑后，也可做出不做专门处理的决定。如不影响结构安全和使用要求的；有些不严重的质量问题，经过后续工序可以弥补的；出现的质量问题，经复核验算，仍能满足设计要求的。

【问】简述常见工程质量问题的处理的程序

【答】工程质量问题发生后，一般可以按以下程序进行处理，如图 6-14 所示。

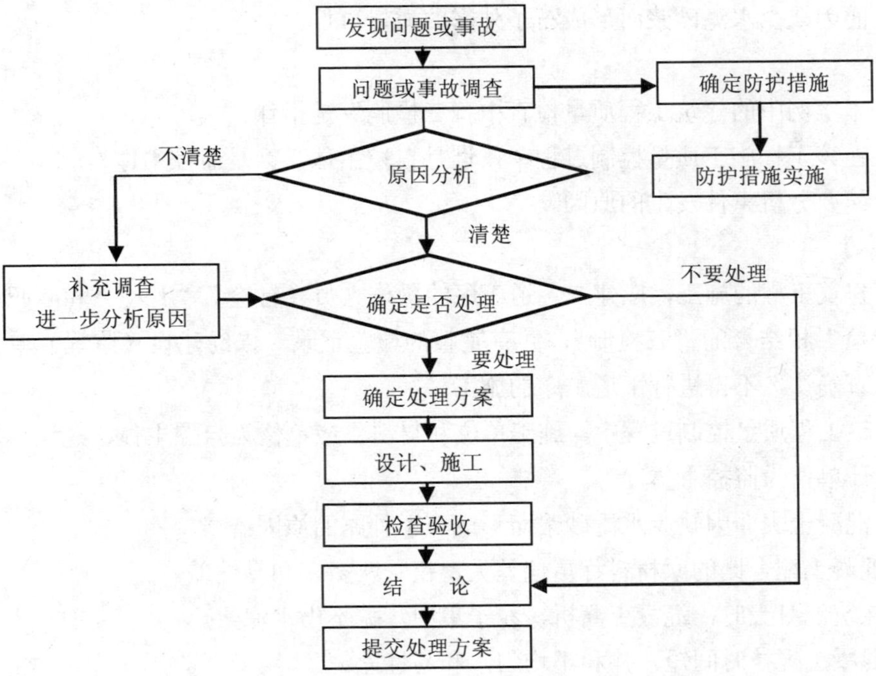

图 6-14　质量问题分析处理程序

1）当发现工程出现质量问题或事故后，应停止有质量问题部位和其有关部位及下道工序施工，需要时还应采取适当的防护措施。同时，要及时上报主管部门。

2）进行质量问题调研，主要目的是要明确问题的范围、问题程度、性质、影响和原因，为问题的分析处理提供依据。调查力求全面、准确、客观。

3）在问题调查的基础上进行原因分析，正确判断问题原因。

4）研究制订事故处理方案。制订的事故处理方案，以事故原因分析为基础，应体现安全可靠，不留隐患，满足建筑物的功能和使用要求以及技术可行、经济合理等原则。

5）按确定的处理方案对质量事故进行处理。

6）在质量问题处理完毕后，应对处理结果进行严格检查、鉴定和验收，由监理工程师写出“质量事故处理报告”，提交建设单位，并上报有关主管部门。

第六节 案 例

【案例一】

某住宅楼工程，建筑面积 23 000 m^2，地上 11 层，结构形式为全现浇剪力墙结构，基础为带形基础，施工过程中每道工序严格按“三检制”进行检查验收。建设单位为某房地产开发有限公司，设计单位为某设计研究院，监理单位为某监理公司，施工单位为该市某建设集团公司，材料供应为某贸易公司。施工过程中发生了一层剪力墙模板拆模后，局部混凝土表面因缺少水泥砂浆而形成石子外露的质量事件。

【问题】

（1）本案例中的建筑工程质量检查中“三检制”是指什么？

（2）在该工程施工质量控制过程中，谁是自控主体，谁是监控主体？

（3）简要分析事件发生的原因。

【参考答案】

（1）建筑工程的施工，应建立各道工序的操作人员“自检”、“互检”和专职质量管理人员“专检”相结合的“三检制”，并有完整的检验记录。未经建设（监理）单位对上道工序的检查确认，不得进行下道工序的施工。

（2）该工程质量控制过程中，施工单位和材料供应单位为自控主体，建设单位、监理单位和设计单位为监控主体。

（3）混凝土表面因缺少水泥砂浆而形成石子外露的原因：

1）混凝土配合比的原材料称量偏差大，粗骨料多，和易性差。

2）浇筑混凝土时，混凝土离析，石子集中，振不出水泥浆。

3）混凝土搅拌时间短，拌和不均匀，和易性差。

4）混凝土振捣不密实，漏振。

5）模板缝隙大，混凝土漏浆。

【案例二】

某办公楼建筑面积 12 000 m^2，4 层现浇钢筋混凝土框架结构，项目施工时发生如下事件：

事件一：在 1～4 层钢筋下料时，剩下 1～2 m 的钢筋，项目经理要求将钢筋用闪光对焊接长至 6 m（每根钢筋至少有 2～3 个焊接接头），用于 4 层框架结构中。

事件二：为了加快模板与支撑的周转，项目经理要求浇筑混凝土时，多留两组标养试块，待标养试块强度达到设计的 75%时，立即拆除梁板（跨度均小于 8 m）模板与支撑。

【问题】

（1）事件一中项目经理的要求是否正确？为什么？

（2）事件二中项目经理的要求是否正确？为什么？

（3）施工单位现场质量检查的方法有哪些？

【参考答案】

（1）不正确。因为现行规范中明确规定“同一纵向受力钢筋不宜设置两个或两个以上接头”。

（2）不正确。因为现场拆模受构件实际强度（通常用同条件养护试块的强度和回弹强度）控制，不能用标准养护混凝土试块强度代替现场构件实际强度。

（3）现场进行质量检查的方法有目测法、实测法和试验法三种。

1）目测法即凭借感官进行检查，也称观感质量检验。其方法可概括为“看、摸、敲、照”四个字。“看”就是根据质量标准要求进行外观检查。例如清水墙面是否洁净，混凝土外观是否符合要求等。“摸”就是通过触摸手感进行检查、鉴别。例如油漆的光滑度等。“敲”就是运用敲击工具进行音感检查。例如对地面砖敲击，检查是否空鼓。“照”就是通过人工光源或反射光照射，检查难以看到或光线较暗的部位。例如装饰吊顶内连接及设备安装质量等。

2）实测法就是通过实测数据与施工规范、质量标准的要求及允许偏差值进行对照，以此判断质量是否符合要求。其手段可概括为“靠、量、吊、套”四个字。所谓靠，就是用直尺、塞尺检查诸如墙面、地面等的平整度。量，就是指用测量工具和计量仪表等检查断面尺寸、轴线、标高、湿度、温度等的偏差。例如混凝土坍落度的检测等。吊，就是利用托线板以及线坠吊线检查垂直度。例如，砌体垂直度检查等。套，是以方尺套方，辅以塞尺检查。例如，对阴阳角的方正、踢脚线的垂直度、门窗口及构件的对角线检查等。

3）试验法是指通过必要的试验手段对质量进行判断的检查方法。主要包括理化试验和无损检验。

① 理化试验包括物理力学性能方面的检验和化学成分及其含量的测定等两个方面。力

学性能的检验如各种力学指标的测定，包括抗拉强度、抗压强度、抗弯强度、抗折强度、冲击韧性、硬度、承载力等。各种物理性能方面的测定如密度、含水量、凝结时间、安定性及抗渗、耐磨、耐热性能等。化学成分及其含量的测定如钢筋中的磷、硫含量，混凝土粗骨料中的活性氧化硅成分，以及耐酸、耐碱、抗腐蚀性等。此外，根据规定有时还需进行现场试验，例如，对桩或地基的静载试验、防水层的蓄水或淋水试验等。

② 无损检测利用专门的仪器仪表从表面探测结构物、材料、设备的内部组织结构或损伤情况。常用的无损检测方法有超声波探伤、X 射线探伤、γ射线探伤等。

【案例三】

某市办公楼，框架结构，地上 5 层，局部为 6 层，基础为钢筋混凝土条形基础，房屋总高度为 24 m，1 层为商店，2 层以上办公，总建筑面积 7 600 m^2。由市建筑设计院设计，第四建筑工程公司施工总承包。该工程于 2011 年 10 月 8 日开工，2012 年 12 月 8 日竣工。

【问题】

（1）该工程地基检查验收可用什么方法？

（2）基础分部工程验收应由谁组织？参加验收的单位有哪些？

（3）基础分部工程验收合格有哪些要求？

【参考答案】

（1）该工程地基检查验收的可用方法是观察法和钎探法。

（2）基础分部工程验收应由总监理工程师（建设单位项目负责人）组织勘察、设计单位及施工单位的项目负责人、技术质量负责人，共同按设计要求和有关规范规定进行。

（3）地基与基础工程验收合格的要求：

1）所含分项工程的质量均应验收合格；

2）质量控制资料完整；

3）地基与基础分部工程有关安全及功能的检验和抽样检测结果应符合有关规定；

4）观感质量验收应符合要求。

【案例四】

某厂拟建一钢筋混凝土排架结构单层厂房，通过招标方式选择某建筑公司承建，于 2008 年 5 月 18 日开工建设，合同工期 230 日历天。在施工过程中，对柱子质量进行检查。发现有 10 根柱子存在不同程度的质量问题。

事件一：其中有 2 根柱子经有资质的检测单位检测鉴定，能够达到设计要求。

事件二：另有 2 根柱子经有资质的检测单位检测鉴定，达不到设计要求，并请原设计单位核算，能够满足结构安全和使用功能。

事件三：有 3 根柱子经有资质的检测单位检测鉴定，达不到设计要求，并请原设计单位核算，不能满足结构安全和使用功能，经协商进行加固补强，在柱子外再放部分钢筋，再浇混凝土，补强后能够满足安全使用要求。

事件四：还有 3 根柱子混凝土强度与设计要求相差甚远，加固补强仍不能满足安全使用要求。

【问题】

（1）对事件一应如何处理？简述其依据。

（2）对事件二应如何处理？简述其依据。

（3）对事件三应如何处理？简述其依据。

（4）对事件四应如何处理？简述其依据。

【参考答案】

（1）事件一中的 2 根柱子应予以验收。依据《建筑工程施工质量验收统一标准》规定：当建筑工程质量不符合要求时，经有资质的检测单位鉴定能够达到设计要求的检验批，应予以验收。

（2）事件二中的 2 根柱子可予以验收。依据《建筑工程施工质量验收统一标准》规定：当建筑工程质量不符合要求时，经有资质的检测单位鉴定虽达不到设计要求，但经原设计单位核算认可能够满足结构安全和使用功能的检验批，可予以验收。

（3）事件三中的 3 根柱子可按技术处理方案和协商文件进行验收。依据《建筑工程施工质量验收统一标准》规定：当建筑工程质量不符合要求时，经返修或加固处理的分项、分部工程，虽然改变外形尺寸但能满足安全使用要求，可按技术处理方案和协商文件进行验收。

（4）事件四中的 3 根柱子严禁验收，必须拆除重建，重新验收。依据《建筑工程施工质量验收统一标准》规定：通过返修或加固处理仍不能满足安全使用要求的分部工程、单位工程，严禁验收；经返工重做的，应重新进行验收。

第七章　材料员岗位实训

加强与搞好材料管理工作，提高企业的经济效益，是企业管理中的一项重要任务。材料管理工作面广，量大，环节多，性质复杂多变，极易发生问题，材料员应自始至终重视关心材料管理工作，对施工全过程加强管理，做到事前预测分析，事中检查落实，事后评估总结，及时发现和解决可能出现的问题，减少和避免损失。

建筑材料共分为 14 大类：钢材，木材，水泥，地材，建材，油漆化工材料，五金材料，水暖材料，电器材料，装饰材料，结构件，其他材料，十三类低值易耗材料，十四类周转料具。建筑材料分类如图 7-1 所示。

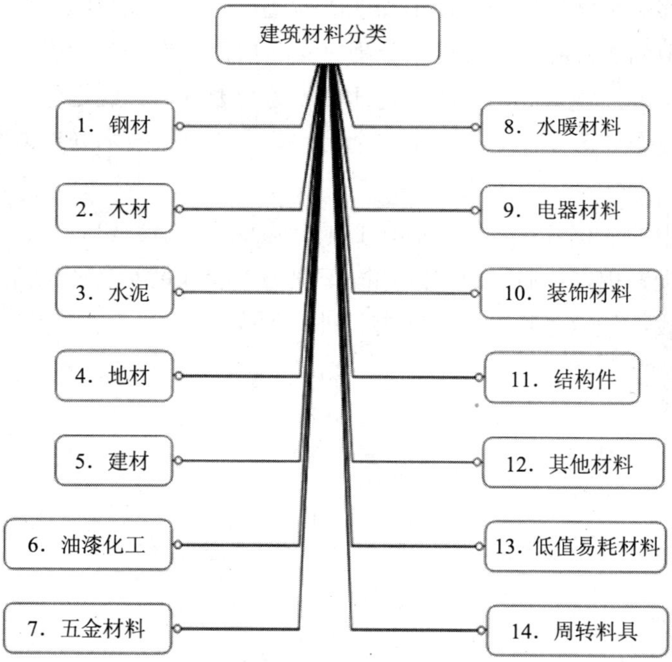

图 7-1　建筑材料分类

材料员主要工作如图 7-2 所示。

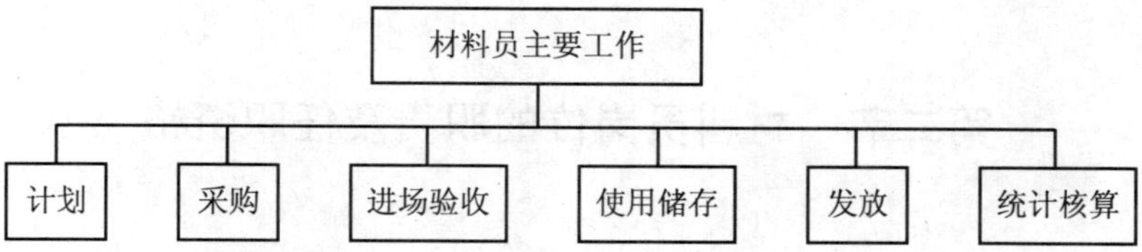

图 7-2　材料员主要工作

第一节　材料员岗位顶岗实习的目的与任务

一、顶岗实习的目的

1）通过材料员岗位的顶岗实习，了解建筑工程的单位工程、分部分项工程的施工技术、施工组织与管理过程。

2）了解建筑企业的组织结构和企业经营管理方式。

3）熟悉项目经理部的组成和建筑企业项目部主要岗位的工作内容，熟悉单位工程的施工工艺流程。

4）加深对建筑材料的构成及性质特点的理解。

5）熟悉材料员岗位从材料的计划、采购、验收、使用、存储到材料的统计、核算等操作流程的工作基本技能。

6）通过企业实践，培养分析问题和解决问题的独立工作能力，为将来参加工作打下良好的基础。

二、顶岗实习的任务

1）熟悉常用建筑材料、半成品的质量检验标准。

2）了解对材料分供方的评审方法。

3）把握材料采购计划的编制。

4）熟悉材料进场、入库的验证验收程序，掌握材料抽样检验规则及检验试验方法。

5）熟悉建筑材料贮存、保管、搬运等环节的技术要求；掌握材料的保管、发放制度。

6）了解材料库存量的概念，确定主要材料的库存储备量。

7）了解材料、半成品合格、不合格、待检、待定的标识方法。

第二节　材料员岗位的职责及任职资格

一、材料员岗位的工作职责

材料员的工作职责见表 7-1。

表 7-1　材料员的工作职责

项次	分类	主要工作职责
1	材料管理计划	（1）参与编制材料、设备配置计划 （2）参与建立材料、设备管理制度
2	材料采购验收	（3）负责收集材料、设备的价格信息，参与供应单位的评价、选择 （4）负责材料、设备的选购，参与采购合同的管理 （5）负责进场材料、设备的验收和抽样复检
3	材料使用存储	（6）负责材料、设备进场后的接收、发放、储存管理 （7）负责监督、检查材料、设备的合理使用 （8）参与回收和处置剩余及不合格材料、设备
4	材料统计核算	（9）负责建立材料、设备管理台账 （10）负责材料、设备的盘点、统计 （11）参与材料、设备的成本核算
5	材料资料管理	（12）负责材料、设备资料的编制 （13）负责汇总、整理、移交材料和设备资料

1）材料管理计划：材料、设备配置计划是指为了实现建筑工程项目施工的目标，根据工程施工任务、进度，对材料、设备的使用做出具体安排和搭配方案途径。材料管理计划的制订一般由项目经理组织，项目技术负责人负责，材料员等参与编制。本节所提到的材料包括工程材料和周转材料；设备指建筑设备、小型施工设备和工器具，不包括大中型施工机械设备。

2）材料采购验收：材料采购验收工作一般包括材料采购与验收两大部分工作。材料采购工作中对供应单位的评价、选择及材料采购合同签订、管理一般由项目经理负责，材料员与其他相关人员参与。

3）剩余材料、设备回收和处置，以及不合格材料、设备处置由工程项目部负责，材料员参与。

4）材料成本核算由工程项目部主管经济负责人组织，材料员参与。

二、材料员的任职资格

1. 材料员需具备的学历和职业经历

材料员施工现场职业实践最少年限见表 7-2。

表 7-2 施工现场职业实践最少年限

岗位名称	施工现场职业实践最少年限/a				
	土建类本专业专科及以上学历	土建类相关专业专科及以上学历	土建类本专业中职学历	土建类相关专业中职学历	非土建类中职及以上学历
资料员	1	2	3	4	4

2. 材料员应具备的专业技能

材料员应具备的专业技能见表 7-3。

表 7-3 材料员应具备的专业技能

项次	分类	专业技能
1	材料管理计划	(1) 能够参与编制材料、设备配置管理计划
2	材料采购验收	(2) 能够分析建筑材料市场信息，并进行材料、设备的计划与采购 (3) 能够对进场材料、设备进行符合性判断
3	材料使用存储	(4) 能够组织保管、发放施工材料、设备 (5) 能够对危险物品进行安全管理 (6) 能够参与对施工余料、废弃物进行处置或再利用
4	材料统计核算	(7) 能够建立材料、设备的统计台账 (8) 能够参与材料、设备的成本核算
5	材料资料管理	(9) 能够编制、收集、整理施工材料、设备资料

3. 材料员应具备的专业知识

材料员应具备的专业知识见表 7-4。

表 7-4 材料员应具备的专业知识

项次	分类	专业知识
1	通用知识	(1) 熟悉国家工程建设相关法律法规 (2) 掌握工程材料的基本知识 (3) 了解施工图识读的基本知识 (4) 了解工程施工工艺和方法 (5) 熟悉工程项目管理的基本知识

项次	分类	专业知识
2	基础知识	（6）了解建筑力学的基本知识 （7）熟悉工程预算的基本知识 （8）掌握物资管理的基本知识 （9）熟悉抽样统计分析的基本知识
3	岗位知识	（10）熟悉与本岗位相关的标准和管理规定 （11）熟悉建筑材料市场调查分析的内容和方法 （12）熟悉工程招投标和合同管理的基本知识 （13）掌握建筑材料验收、存储、供应的基本知识 （14）掌握建筑材料成本核算的内容和方法

第三节　材料员实习流程

材料员实习流程：材料计划→材料采购→材料验收→材料存储（入库）→材料发放（出库）→材料使用管理→材料统计核算。

根据材料管理工作的要求，材料员岗位分为采购和保管两个岗位。

一、材料管理计划

1. 材料、设备管理制度

（1）学习国家、行业、公司材料管理制度

贯彻落实国家有关材料管理的法律、法规、政策及公司有关管理规定。

（2）制定有针对性的本工程的材料管理制度

根据国家、公司相关材料规章制度，结合工程特点、施工组织设计等，编制针对性强、可操作的材料管理规章制度。

2. 材料计划

材料计划管理就是运用计划手段组织、指导、监督、调节材料的采购、供应、储备、使用等一系列工作的总称。

编制材料、设备配置管理计划是保证施工生产所需各种材料适时、有序、保质、保量进入施工现场的重要依据，也是平衡资金，保证相应资金使用效率的重要依据。施工企业常用的材料计划，是按照计划的用途和执行时间编制的年季月的材料需用量计划、申请计划、供应计划、加工订货计划和采购计划。

编制计划的流程：搜集编制材料计划的依据→整理和汇总→编制材料计划→材料计划会审（由部门领导参加）→材料计划修改→材料计划批准→实施。

（1）搜集材料计划编制依据

1）材料需用计划应根据施工图纸、施工组织设计、施工预算、工料分析进行编制。

2）月度材料要料计划应根据材料需用计划、施工图纸、施工进度和施工方案进行编制，在保证工程进度、质量的前提下，努力降低成本。

3）加工订货要料计划应根据技术资料、图集资料及加工周期进行编制。

4）采购计划应根据项目月度材料要料计划进行编制；材料计划在实施中常受到内部或外部的各种因素制约，如工程设计变更、施工进度计划提前或推迟，应及时做出材料调整计划，避免造成损失。

（2）计算需用量

确定材料需用量是编制材料计划的重要环节，是搞好材料平衡、解决供求矛盾的关键。确定需用量常采用直接计算法和间接计算法。

1）直接计算法，就是用直接资料计算材料需要量的方法，常用定额计算法，其计算公式如下：

计划需要量＝计划任务量×材料消耗定额

2）间接计算法，就是运用一定的比例、系数和经验来估算材料需用量的方法。此方法的计算结果往往不够准确，在执行中要加强检查分析，及时进行调整。

（3）确定实际用量，编制材料需用计划

根据各工程项目计算的需用量，进一步核算实际需用量。

（4）编制材料申请计划

需要上级（如集团公司）供应材料，应编制申请计划，材料申请量的计算公式如下：

材料申请量＝实际需用量＋计划储备量－期初库存量

（5）编制材料供应计划

供应计划是材料计划的实施计划，材料供应部门根据用量单位提报的申请计划及各种资源渠道的供货情况、储备情况，进行总需用量与总供应量的平衡，并在此基础上编制对各用料单位或项目的供应计划，并明确供应措施，如利用库存、市场采购、加工订货等。

（6）编制材料采购计划

材料采购计划是在各工程项目材料需用量计划的基础上制订的，必须符合建筑产品生产的需要，一般是按材料分类，确定各种材料采购的数量计划。具体内容见表 7-5。

表 7-5 采购申请计划表

填报单位：

序号	物资名称	型号规格	单位	采购数量	备注

主管审批： 时间： 年 月 日

1）各单位施工、预算人员根据下月施工要求，在每月 28 日前提出要料计划，于 28 日报材料部门。

2）根据要料计划，材料部门结合库存情况、存放条件、供应周期、使用时间、市场供需状况，按供应方式分别处理：

① 甲方供应的材料，编制材料要料计划，列明材料名称、品种、规格、数量、交货期限、质量要求，经领导批准后及时交甲方；

② 由本单位采购供应的材料，编制材料采购计划，列明材料名称、品种、规格、数量、交货期限、质量要求，经领导批准后及时交采购人员。

（7）材料计划审批

材料计划经会审、修改完成后，经主管领导签字审批通过后方可进行后续工作。

二、材料采购

1．收集材料、设备的价格信息，参与供应单位的评价、选择

（1）收集价格信息

材料员根据材料计划，收集材料的质量要求、性能等各项指标，然后根据掌握材料指标进行价格的询价。有条件者可选定样品，根据样品去询价。

（2）收集供应商的基本资料

需收集供应商的基本资料具体内容如下：

1）公司名称、地址、电话、负责人、联系人。

2）公司概况，如资本额、成立日期、营业额等。

3）营业执照、公司资质。

4）人力资源状况。

5）主要产品及原材料。

6）其他必要事项。

（3）考察材料供应商

实施采购前，应优先对《合格供应商名册》上的合格供应商进行考察，通过市场调查，了解供方产品质量、企业信息、售后服务等详细情况，初步确定质量可靠、价格合理的供应商作为候选方，并做好《调查记录表》；会同技术管理人员组成供应商调查小组，对供应商实施调查评价，并填写《供应商调查表》。

（4）供应商的评价

供应商的评价主要从以下几个方面进行：

1）质量是否符合工程需要。

2）价格（付款、运输方式）。

3）交货期是否及时。

4）服务是否满足工程要求。

5）技术审核：各种技术资料是否齐全，标准执行的情况。

供方评价表见表 7-6。

表 7-6　供方评价表

<table>
<tr><td>供方名称</td><td colspan="3"></td><td>类　型</td><td></td></tr>
<tr><td>地　　址</td><td colspan="3"></td><td>邮　编</td><td></td></tr>
<tr><td>注册资本</td><td colspan="3"></td><td>执照号</td><td></td></tr>
<tr><td>法人代表</td><td colspan="3"></td><td>电　话</td><td></td></tr>
<tr><td>采 购 产 品 名 称</td><td>型号/规格</td><td>供货情况</td><td colspan="2">检验结果</td><td>检验员</td></tr>
<tr><td></td><td></td><td></td><td colspan="2"></td><td></td></tr>
<tr><td colspan="6">满足产品要求评价（对生产类型厂的关键设备、工艺、工序等能力的评价）</td></tr>
<tr><td colspan="6"></td></tr>
<tr><td>评价人
意见</td><td colspan="5">签字：</td></tr>
<tr><td>工程部
意见</td><td colspan="5">签字：</td></tr>
</table>

2．材料、设备的选购

材料员根据审批的材料计划，对比所选购材料价格、质量等信息，参考供应单位的评价，最终确定材料供应商。

1）选购的方针：计划合理，三比一算，优选厂家，高质价廉，供货及时。

2）对主要材料可先共同选定样品，并进行封样，采购时严格实行看样订货制，确保货、样一致。

3）三比一算：比质量、比价格、比运距、算成本，综合考虑价格、交货期、质保能力，在合格分承包方名单中选定最合适的分承包方采购。

3．参与采购合同的管理

材料员根据材料采购计划与合格分承包方签订合同。材料采购合同需按《合同法》的要求，采用国家规范合同文本。

采购建筑材料和通用设备的购销合同，分为约首、合同条款和约尾三部分。约首主要写明采购方和供货方单位名称、合同编号和签订地点。约尾是双方当事人就条款内容达成一致后，最终签字盖章使合同生效的有关内容，包括签字的法定代表人或委托代理人姓名、开户银行和账号、合同的有效起止日期等。双方在合同中权利和义务，均由条款部分来约定。国内物资购销合同的示范文本规定，条款部分包括以下几方面内容：

1）合同标的：包括产品的名称、品种、商标、型号、规格、等级、花色、生产厂家、订购数量、合同金额、供货时间及每次供应数量等。

2）质量要求的技术标准、供货方对质量负责的条件和期限。

3）交（提）货地点、方式。

4）运输方式及到站、港和费用的负担责任。

5）合理损耗及计算方法。

6）包装标准、包装物的供应与回收。

7）验收标准、方法及提出异议的期限。

8）随机备品、配件工具数量及供应办法。

9）结算方式及期限。

10）如需提供担保，另立合同担保书作为合同附件。

11）违约责任。

12）解决合同争议的方法。

13）其他约定事项。

三、材料验收

1．进场材料、设备的验收

工地所需的材料经采购员采购回场后，应进行材料的验收。

1）材料进场应逐车逐件验收，确保进场材料数量、质量，夜间收料不得由其他管理人员、护厂人员、分包队伍代收。

2）各单位应明确材料验收的程序、方法，根据材料属性和相关规定采取称重、检尺、量方、点数、换算等方法进行材料验收并做好验收原始记录。

3）施工现场应根据需要配备各种计量器具，并按照计量部门要求检验、保养，保证在用计量器具处于合格状态。

4）质量验收一般包括外观验收和技术验收，通过验收确认材料的表观质量、外部尺寸、物理性能、化学成分、内部组织结构等性能符合图纸和相关规范要求，并按照规范要求取样复试，复试合格后方可投入使用。

5）进场的主要材料，供方必须提供生产许可证、产品合格证、质量保证书或质量试验报告单，上述资料必须盖有生产单位或供方的公章并标明出厂日期、生产标号、规格、型号，进场材料与提交资料在规格、型号、编号必须保持一致。

6）验收结果的处理：

① 质量合格，资料齐全，可及时登入材料台账，发料使用；

② 质量不合格，拒收，并单独存放；

③ 已进场的材料，发现质量问题或资料不全，应不发料、不使用，会同材料采购人员、技术质量人员一同复验确认，及时与供方协商，按合同约定处理。

7）材料经数量、质量验收后，按实收数开具收料单，并及时办理采购验收单，及时登账。

进货检验记录见表 7-7。

表 7-7 进货检验记录

序号	物资名称	型号/规格	数量	检验结果	检验员

2. 主要材料的验收

（1）水泥的验收

1）车到现场时，材料人员须及时到场进行验收。

2）核对凭证。以出厂质量保证书为凭（如无出厂质量保证书，不验收），验查单据上水泥品种、强度等级与水泥袋上印的标志是否一致，不一致的应分开码放，待进一步查清；检查水泥出厂日期是否超出规定时间，超过的要另行处理；遇有两个货单的，应详细验收，分别码放，防止品种不同而混杂使用。

3）上车清点一遍，并与随车码单核对无误后，允许卸车。

4）旁站监督卸车入库，码垛整齐（一般每垛 10 袋）后，再逐袋分别清点一遍。

5）对每车袋装水泥进行重量抽检[每袋重（50±1）kg]。

6）以上各步骤均检验无误，即由仓库保管员电脑制单（或填制验收入库单），且验收签字手续须齐全。

7）随即标注“待检”标识，并通知试验员取样送检。

（2）砂、石料的验收

1）车到现场时，材料人员须及时到场进行验收。

2）检验随车码单，核对车牌号，并上车对质量进行初验，一般先目测：

① 砂：颗粒坚硬洁净，一般要求中粗砂，细砂除特殊需用外，一般不用。黏土、泥灰、粉末等不超过 3%～5%。

② 石：颗粒级配应理想，粒形以近似立方块的为好。针片状颗粒不得超过 25%，在大于 C30 混凝土中，不得超过 15%，并填写《外观检验记录表》。

3）目测外观质量后，两位验收人员须将车内砂石铲平整，用备好的钢筋计量尺，在车厢内至少 3 点不同的部位，进行垂直检尺，并按车厢内径进行长、宽检尺，且要进行复检，计算体积，在卸车后，应检查车厢内是否方直（正），有无凹凸部位。

4）质量手续、外观、数量检尺计算无误后，即由仓库保管员电脑制单（填制验收入库单），且验收签字手续须齐全。

5）随即标注“待检”标识，并通知试验员取样送检。

（3）砖的验收

1）车到现场时，材料人员须及时到场进行验收。

2）检验质保书、合格证等是否符合要求，并将车厢打开做外观验收。检查砖的外形、颜色及声音。砖的外形要方正，尺寸正确、棱角整齐，不得有弯曲和杂质造成凹凸，颜色要纯正，不得有锈色、焦黑色的过火砖，或淡黄色、敲之哑的欠火砖。

3）将车上码放整齐的砖进行清点一遍，并与随车码单核对无误后，旁站监督卸车、定量码垛，再清点一遍。

4）以上各步骤均点验无误后，即由仓库保管员电脑制单（或填制验收入库单）。

5）随即标注“待检”标识，并通知试验员取样送检。

（4）钢材的验收

1）车到现场，材料人员须及时到场进行验收，必要时项目部应提前通知相关人员监督验收。

2）检验随车码单、质检报告。

3）质量外观验收：由验收人员通过眼看、手摸或使用简单工具，如钢刷等，检查钢材表面是否有缺陷，其具体鉴别方法参见国家相关标准规定。并填写《外观检验记录表》。

4）数量验收：线材验收需由验收人员随车过重车磅和空车磅。圆钢、螺纹钢、型钢、管材验收：需有验收人员分别对同一批钢材进行点件（根）检尺理论换算计量。用游标卡尺量出直径，必须符合国家规定或合同要求，超出规范一律拒收；验收人员清点数与随车货单需吻合。

5）所送材料必须是合同所指定的品牌，质保书必须与炉牌号一致，方可签收。

6）以上各步骤均点验无误后，即由仓库保管员电脑制单（或填制验收入库单）。

7）随即标注“待检”标识，并通知试验员取样送检。

3．材料、设备的抽样复检

有复试要求的材料，必须按材料复试计划送检复试，复试的结果在得到第三方检测机构对送检材料确认合格后，经监理工程师签认同意后方可使用。并在《建设工程材料采购验收检验使用综合台账》予以记录。未经复试不得投入使用。

（1）材料设备抽样的一般规定

材料员配合取样员做好抽样、取样、送检、复试工作，参与施工现场材料检测委托、取样复试的全过程。

1）取样检测的材料样品必须具备真实性和代表性。

2）取样人员应在试样或其包装上做出标识，并标明工程名称、取样部位、取样日期、样品名称和样品数量。

3）施工现场送检材料样品，在得到第三方检测机构确认合格后方可使用，严禁先使用后复试。

4）取样人员负责施工现场混凝土、砂浆、保温材料等现场成型试件的制作、养护和保管等工作。

5）取样人员负责做好施工现场养护室日常管理工作。

（2）见证取样和送检制度

见证取样和送检制度是指在监理单位或建设单位见证下，对进入施工现场的有关建筑材料，由施工单位专职材料试验人员在现场取样或制作试件后，送至符合资质资格管理要求的实验室进行试验的一个程序。

取样，是按照有关技术标准、规范的规定，从检验（或检测）对象中抽取实验样品的过程；送检，是指取样后将样品从现场移交有检测资格的单位承检的过程。取样和送检是工程质量检测的首要环节，其真实性和代表性直接影响到监测数据的公正性。

1）见证取样的数量：涉及结构安全的试块、试件和材料，见证取样和送样的比例，不得低于有关技术标准中规定应取样数量的 30%。

2）见证取样的范围：

按规定下列试块、试件和材料必须实施见证取样和送检：

① 用于承重结构的混凝土试块；

② 用于承重墙体的砌筑砂浆试块；

③ 用于承重结构的钢筋及连接接头试件；

④ 用于承重墙的砖和混凝土小型砌块；

⑤ 用于拌制混凝土和砌筑砂浆的水泥；

⑥ 用于承重结构的混凝土中使用的掺加剂；

⑦ 地下、屋面、厕浴间使用的防水材料；

⑧国家规定必须实行见证取样和送检的其他试块、试件和材料。

3）见证取样和送检的程序：

① 取样。

施工单位：材料取样和试件制作。

见证人人员：对材料取样和试件制作见证；在试件或其包装上作标记；填写《见证记录》。

② 送检。取样后将试件从现场移交给试验单位的过程。

③ 收件。

④ 试验报告。试验报告的五点要求：试验报告应电脑打印；试验报告采用省统一用表；试验报告签名一定要手签；试验报告应有“有见证检验”专用章统一格式；注明见证人的姓名。

⑤ 报告领取。

第一种情况：检验结果合格，由施工单位领取报告，办理签收登记。

第二种情况：检验结果不合格，试验单位通知见证人上报质量安全监督机构。由见证人领取试验报告。

在见证取样和送检试验报告中，试验室应在报告备注栏中注明见证人，加盖有“有见证检验”专用章，不得再加盖“仅对来样负责”的印章，一旦发生试验不合格情况，应立即通知监督该工程的建设工程质量安全监督机构和见证单位，有出现试验不合格而需要按有关规定重新加倍取样复试时，还需按见证取样送检程序来执行。

未注明见证人和无“有见证检验”专用章的试验报告，不得作为质量保证资料和竣工验收资料。

（3）常用材料取样复试要求

1）水泥取样要求：

① 混凝土结构工程用水泥按同一生产厂家、同一强度等级、同一品种、同一批号且连续进场的水泥，袋装不超过200t为一批，散装不超过500 t为一批，每批抽样不少于一次。

② 当在使用中对水泥质量有怀疑或水泥出厂超过三个月（快硬硅酸盐水泥超过一个月时），应进行复验，并按复验结果使用。虽未过期但已受潮结块的水泥，使用时必须重新试验确定实际强度等级。

2）预拌混凝土取样要求：预拌混凝土（商品混凝土），除应在预拌混凝土厂内规定留置试块外，混凝土运到施工现场后，还应根据《预拌混凝土》（GB/T 14902—2012）规定取样：

① 用于交货检验的混凝土试样应在交货地点采取。交货检验的混凝土试样的采取及坍落度试验应在混凝土运送到交货地点时开始算起 20 min 内完成，强度试件的制作应在40 min内完成。

② 一般在同一盘或同一车混凝土中的约1/4处、1/2处和3/4处之间分别取样，从第一次取样到最后一次取样不宜超过15 min。

③ 每个试样量满足混凝土质量检验项目所需用量的1.5倍，且不于少0.02 m^3。

④ 用于交货检验的混凝土强度试样，每 100 m^3 相同配合比的混凝土取样不得少于一次；一个工作班拌制的相同配合比的混凝土不足100 m^3 时，取样也不得少于一次；当在一个分项工程中连续供应相同配合比的混凝土量大于 1 000 m^3 时，其交货检验的试样，每200 m^3 混凝土取样不得少于一次。

⑤ 对于预拌混凝土拌合物的质量，每车应目测检查；混凝土坍落度检验的试样，每100 m^3 相同配合比的混凝土取样检验不得少于一次，当一个工作班相同配合比的混凝土不足100 m^3 时也不得少于一次。

3）建筑用钢取样要求：对外观质量进行验收，钢筋交货时其长度允许偏差为±50 mm；对钢材的质保书进行验收（包括质保书上与实物挂牌的炉批号是否一致）；并按要求取样对钢材进行复试，同一牌号，同一炉罐号，同一规格钢筋，每批重量通常不大于 60 t，超过 60 t 的部分，每增加 40 t，增加一个拉伸试验试样和一个弯曲试验试样。判定其是否合格。

每批钢筋的检验项目取样方法应符合表 7-8 的规定。

表 7-8 每批钢筋的检验项目取样方法

序号	检验项目	取样数量	取样方法
1	化学成分（熔炼成分）	1	GB/T 1499.2—2007
2	拉伸	2	任选两根钢筋切取，L（切取长度）≥10 d+200
3	弯曲	2	1. 任选两根钢筋切取，当钢筋直径≤28 mm 时，$L≥5d+150$； 2. 当钢筋直径>28 mm 时，$L=1.55×(a+d)+140$，当 d 为 28 mm 至 40 mm 时，a 取 4d；当 d>40 mm 时，a 取 5 d； 注：d 为取样钢筋的直径；单位为 mm
4	反向弯曲	1	按照 GB/T 2975 规定或供需双方协议
5	疲劳试验	供需双方协议	供需双方协议
6	尺寸	逐支	逐支
7	表面	逐支	逐支
8	重量偏差	5	截取不同钢筋，其长度≥50 cm
9	晶粒度	2	任选两根钢筋切取

4．材料、半成品合格、不合格、待检、待定的标识

施工现场材料标识，应按照项目工程师制订的《状态标识规定表》进行挂牌标识。标识应有材料名称、规格型号、状态（待检，已检待定，合格，不合格）、进货日期。

1）检验状态标识的内容：已检验和试验合格，在标识中注明“合格”；属不合格，在标识中注明“不合格”；已检验和试验尚未出结果，在标识中注明“待确定”；未经检验和试验的，在标识中注明“未检”。

2）检验状态标识的规定：材料进场后，按照材料验收规范要求，需要进行复试的材料，进行复试，将复试结果上报并进行标识记录。

3）各类进场物资标识应根据性能、状态，按类别做出统一设计和规定，并由各分部的物资部门实施。仓库保管员应按照程序文件规定对物资进行标识，而未经检验和标识的，不得发放和投入使用，且必须重新检验和标识。

4）现场标识要有专人负责维护，材料负责人应督促检查，确保标识的准确、有序、完好。原材料标示卡如图 7-3 所示。

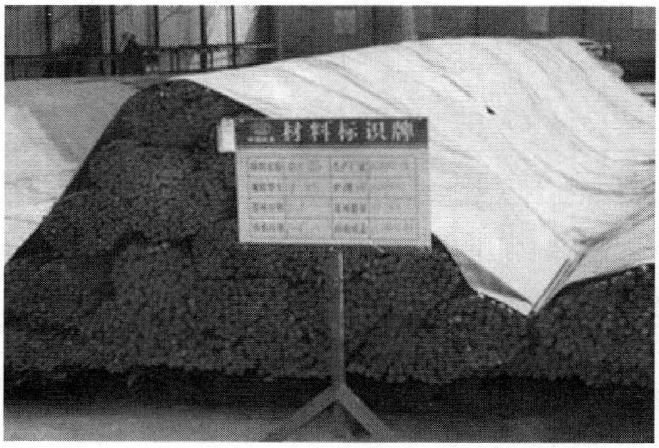

图 7-3　原材料标示卡

四、材料入库

工地所需的材料经验收合格后，及时办理入库。

1）材料验收时应以收到的《材料清单》所列材料名称、数量进行验收入库，并对入库材料的质量进行检查，验收数量超过申请数量者以退回多余数量为原则，但必要时经领导审批核准后可以追加采购手续入库。

2）材料的验收入库应当在材料进场时当场进行，并开具《入库单》，在材料的《入库单》上应详细地填写入库材料的名称、数量、规格、型号、品牌、入库时间、经手人等信息。且应在《入库单》上注明采购单号码，以便领导复核，如因数量、品质、规格有不符之处应采用暂时入库的形式，开具材料暂时入库白条，待完全符合或补齐时再行开具材料《入库单》，同时收回入库白条，不得先开具材料《入库单》后补货。

3）所有材料入库，必须严格验收，在保证其质量合格的基础上实测数量，根据不同材料物件的特性，采取点数、丈量、过磅、量方等方法进行数量的验收，禁止估约。

4）对大宗材料、高档材料、特殊材料等要及时索要“三证”（产品合格证、质量保证书、出厂检测报告），产品质量检验报告须加盖红章。对不合格材料的退货也应在入库单中用红笔进行标注，并详细的填写退货的数目、日期及原因。

5）入库单一式三联。一联交于财务，以便于核查材料入库时数量和购买时数量有无差异；一联交于采购人员，并和材料的发票一起作为材料款的报销凭证；最后一联应由仓库保管人员留档备查。

6）因材料数量较大或因包装关系，一时无法将材料验收的，可以先根据包装的个数、重量或数量、包装情形等做预备验收，待认真清理后再行正式验收，必要时在出库中再行对照后验收。

7）材料入库后，各级主管领导或部门认为有必要时，可对入库材料进行复验，如发现与入库情况不符的，将追究相关人员责任，造成损失的，由责任人员赔偿。

8）对于不能入库的材料，如周转架料、钢材、木材、砂、石、砌块、土建用的装饰材料等物资材料的进场验收，必须由仓库保管员和使用该材料的施工班组指定人员双方共同参与点验并在送货单上签字，每批供货完成后据送货单一次性开出限额领料单拨料给施工班组。

五、材料的储存

材料员要参与施工组织的设计，合理建议施工现场材料的堆放场地、仓库，严格按材料存放平面布置图存放材料。

1．存放场地的布置应遵循的原则

1）堆料场所尽可能靠近使用地点及施工垂直运输机械能起吊的位置。

2）堆料场所及仓库的选择要避免影响正式工程施工作业。

3）尽量选择运输便利、装卸方便、地势较高、结构牢固、远离水源、高压线的场地，做到平整坚实，有排水措施。材料仓库要做到牢固、严密，有防雨、防潮、防火、防盗措施，特种化工材料还要有防污染、防火、防爆措施，并且做到方便材料出入库。

2．施工现场材料存放要求

（1）钢材及金属材料

1）按规格、型号、产地分别挂牌堆放，码放垫底不小于 0.25 m，高垛应栽桩，堆放整齐，做到一头齐、一条线，并做好防潮、防酸、防碱措施，避免锈蚀。

2）有色金属、钢板、镀锌管应存在仓库或料棚内，不得露天存放。

3）成品、半成品、剩余材料、下脚料应分类码放，不得混堆。

（2）木材

1）应在干燥、平坦、坚实的场地上堆放，垛基不低于 40 cm，垛高不高于 3 m，以便防腐防潮。

2）应按材质、规格、等级、长短、新旧分类，按照一头齐堆放，板材堆垛应有斜坡，木方应密排留坡封顶，含水量较大的应留空隙，以便通风，避免暴晒导致开裂、翘曲。

3）远离危险品仓库、有明火的地方，并有严禁烟火的标志和消防设备，防止起火。

4）拆除的木模板、木方、竹胶板、木胶板应随时整理，分别码放。

5）合理使用木材，严禁优材劣用、长材短用、大材小用，提倡以旧代新、以钢代木，提高材料利用率。

（3）水泥

1）袋装水泥存放要高于室外地面 0.3 m，四周离墙 0.4 m，堆放高度一般不高于 10 袋，码垛要牢固，防止倒塌，按不同品种、不同标号、不同出厂日期分别堆放，水泥库一般设两个门，以便先进先出，仓库内应保持干燥，屋顶及外墙不得漏水。

2）散装水泥应用罐式密封舱保管，地面要硬化、做防潮处理，严禁不同品种、不同强度混装。

3）水泥的储存时间不能太长，出厂后超过 3 个月未用的水泥，要及时抽样检查，经试验后按重新确定的强度等级使用。

4）水泥应避免与石灰、石膏以及其他易于飞扬的粒状材料同存，以防混杂影响质量。包装如有损坏，应及时更换以避免散失。

5）水泥库房要经常保持清洁，落地灰及时清理、收集、灌装，并应另行收存使用。根据使用情况安排好进料和发料衔接，每批之间应留出通道，严格遵守先进先发原则，防止出现长时间不动的死角。

（4）砂石

1）应按平面布置图在工程使用地点或搅拌现场附近堆放，按堆挂牌，标明规格、数量，地面要平整坚实，并砌筑至少 50 cm 高度的围墙，避免与其他垃圾、杂物混杂，防止脏物污水。

2）堆放要成堆，避免成片，以防人踏、车辗造成损失。

3）平时须经常清理归堆，分规格堆放，并督促班组清底使用。

（5）砖、砌块

1）按现场平面布置图，一般应码放于垂直运输设备附近，便于起吊。基础墙、低层墙的砖可沿墙周围码放。不同品种规格的砖应分开码放整齐。

2）堆垛按体积大小，定量成丁、定量成垛，砖、砌块应成丁、成行，码放高度不得超过 1.5 m。垛与垛之间留出间隔，便于收发、盘点数量。

3）堆放地基面应坚实平整、易排水，避免倒塌。

4）使用中注意清底，用一垛清一垛，断砖要充分利用。

5）石灰、灰膏必须砌筑灰池，防止车轧人踩，污染现场。

（6）易燃、易爆、危险品

氧气、乙炔、油品、化学原料、油漆、稀料等物品要及时入库，专库专管，桶装及瓶装物品应减少不必要的倒置，油料仓库必须有防止泄漏和防止污染措施，有明显的警示标志。

（7）五金、玻璃、塑料、水暖、装饰材料

应设专门小型仓库存放，地面平整，干燥通风，货架成排、成行，按照“轻物上架、重物进门、取用方便”的原则，按材料类别、品种、规格、型号分别存放，并挂牌标示。

（8）周转工具

1）周转工具应随拆、随整修、随保养，并码放整齐；加速周转工具的周转，及时进出场，避免长期闲置。

2）钢架管按长短分类，一头齐码放。

3）钢支撑、钢架板码放成方，堆垛高度不超过 1.8 m。

4）各种扣件、小配件应集中堆放，并设置围挡。

3．施工现场危险品仓库管理

1）危险品库的仓库保管员必须经过专业培训，取得合格证持证上岗。

2）危险物品必须通风干燥，在适当温度的条件下储存和保管，仓库室内温度最高不可超过 35℃，一般易燃易爆物品应低于 30℃保存，达不到要求应采取降温措施，并根据危险品特性专库分储，对防腐蚀、剧毒品，要实行双人双锁，专人保管。

3）装卸危险物品时专人负责监督装卸，注意标识，堆放稳妥，不得损坏包装容器。

4）严禁将火种带入危险品仓库，严格执行仓库区域动火制度。

4．参与回收和处置剩余及不合格材料、设备

材料员要加强现场管理，杜绝材料的损失、浪费。工程结束后，在施工员的指挥下，各施工队对余料、废旧材边角料进行收集，交由仓库保管员，由仓库保管员对余料、废旧材料边角料编写《物资处理审批表》（表 7-9），经项目经理或公司部门领导认可签字后方可处理。不得将材料成品丢弃或直接作价处理。仓库保管员及施工员要经常组织有关人员把可二次利用的边角余料清理出来，不准作为废钢铁出售，力求达到物尽其用。

表 7-9 物资处理审批表

日期：

序号	物资名称	数量	金额	处理原因	处理意见

审批人： （签 字）

六、材料出库

任何材料的使用都必须办理材料的领用手续，施工现场材料一律凭单发放，做到发料数量准确、质量完好、迅速及时，对有使用期规定的材料，应按先进先出的原则发放。

1）领料人与仓库保管员办理领料手续：领料人根据当日工程所需要的材料向仓库保管员申请领料，仓库保管员开具相应材料出库单，双方在出库单上签字。

2）出库单一式三联：存根一联、财务（大项目应设置项目部财务科）一联、领料人一联。

3）仓库保管员需做好材料台账，日清月结，做到账物相符，时刻掌握库存情况；认真核对各项工程的材料用量，并就当前库存情况及时提供各种材料数量的补给信息，以便迅速采购补充，不影响工程进度。现场材料员应在每月底核对一次库存，定期清点盘库，发现有盈亏、损坏、变质情况，应查明原因，上报领导办理调整手续，做到账、卡、物三相符。

4）调往项目以外其他部门或其他项目的材料，经单位领导同意后，及时办理调拨手续，按调拨单发放。

5）材料使用限额领料制度：限额领料是为了成本控制避免浪费而产生的，其同领料单的区别在于多了一项“定额”。在领料时，仓库发料人员可以根据“定额”栏的数量来确定是否发料，如果要领的料累计已超过定额，仓库就不能发料。《限额领料单》是施工队随任务单同时签发的领取材料的凭证，是根据施工任务和施工的材料定额填写的。领料

的限额是班组为完成规定的工程任务所能消耗材料的最高数量标准，是评价班组完成施工任务情况的一项重要指标。

① 限额领料的依据：

a. 预算部门提供的材料预算及施工任务书。

b. 项目部提供的施工任务书、工程量及施工任务书。

c. 项目部提供技术措施、各种配料表及施工任务书。

② 限额领料单的签发：

a. 仓库保管员根据项目部编制的施工任务书和施工图纸，按单位工程或分部工程签发《限额领料单》（表 7-10）。施工队分次领用时，做好分次领用记录并签字，但总量不得超过限额量。

表 7-10　限额领料单

年　　月　　日

<table>
<tr><td>单位工程</td><td colspan="2"></td><td colspan="2">施工预算工程量</td><td colspan="2"></td><td colspan="2">任务单编号</td><td colspan="2"></td></tr>
<tr><td>分项工程</td><td colspan="2"></td><td colspan="2">实际工程量</td><td colspan="2"></td><td colspan="2">执行班组</td><td colspan="2"></td></tr>
<tr><td>材料名称</td><td>规格</td><td>单位</td><td>施工定额</td><td>计划用量</td><td>实际用量</td><td>计划单价</td><td>金额</td><td>级配</td><td>节约</td><td>超用</td></tr>
<tr><td></td><td></td><td></td><td></td><td></td><td></td><td></td><td></td><td></td><td></td><td></td></tr>
<tr><td></td><td></td><td></td><td></td><td></td><td></td><td></td><td></td><td></td><td></td><td></td></tr>
</table>

b. 在材料领发过程中，双方办理领发料（出库）手续，填写《领料单》，注明用料单位，材料名称、规格、数量及领用日期，双方需签字认可。

c. 建立材料使用台账，记录使用和节约（超耗）状况。单项工程完工后如有材料节超，需由施工队、施工员、造价员、材料员共同分析原因，写出文字性说明交项目经理审核签字并由项目部资料员存档。

d. 如遇工程变更或调整施工队工作量，需调整限额领料单时，由施工队或施工员以书面形式上报项目部，并由项目部施工员填写《补充限额领料单》，项目经理审核同意后，仓库保管员再根据《补充限额领料单》发料。

e. 《限额领料单》一式三份，要注明工程部位、领用施工队、材料名称、规格、材质、数量、单位、金额等，施工队与仓库保管员各一份，一份留底。

f. 单项工程结束后，施工队应办理剩余材料退料手续。

g. 周转料具的使用，尽量按工作量的大小将周转料具承包给施工队，以防止周转料具的丢失、掩埋、乱割乱锯，本着长料长用、短料短用原则，不得将整料随意锯短锯小。

七、材料使用管理

1. 施工现场材料管理要求

1）施工现场材料要做到存放整齐，露天存放材料无扬尘，无废弃材料，采用分区、分段划分责任区责任人的方法，并设标识，做到管理有序。

2）施工现场、建筑物内、材料堆放区、模板堆放区、大型工具堆放区、材料加工区要设专人随时清理，做到“工完料净场地清”，废料集中堆放。

3）建筑物内原则上不准存放材料，若施工现场确实狭小，必须存放时，需经各单位材料管理部门、安全部门批准。建筑物内严禁存放易燃、易爆物品。

4）施工现场必须设置垃圾站及废料包装物堆放处，生产垃圾、生活垃圾分类堆放，垃圾尽早外运，清运须由有资质单位进行，施工现场废料应尽快处理。

5）加强护厂管理，严格材料出门手续（出门证），防止现场材料丢失。

6）施工现场要做好节能工作，积极采用节水、节电器具和节水、节电措施。

2. 周转材料的使用管理

周转材料是指反复使用而又基本保持原有形态的材料，如混凝土构件所需的模板和支设模板所需的脚手架及其附件。周转材料一般是通过自行采购或租赁方式使用。

（1）周转材料的管理方式

由于周转工具易损耗、易丢失、费用高、周转频率高、使用时间较长，故在使用时，不管是自行采购的，还是租赁的周转工具，都要以租赁或承包的方式进行管理。

1）租赁式的管理：是指总承包方将周转工具以租赁的方式出租给使用周转工具的分包商或施工班组，对其收取租赁费用。周转性材料要做好进场时的验收和交接、现场使用的管理及退场时鉴定和交接。

2）费用承包管理的方式：是指以单位工程为基础，按照预定的期限和一定方法测定一个适当的费用额度交由承包者使用，实行节奖超罚的管理。

3）实物量承包管理：是指项目班子或施工队根据使用方案按定额数量对班组配备周转材料，规定损耗率，由班组承包使用，实行节奖超罚的管理办法。实物量承包是费用承包的深入和继续，是保证费用承包目标值的实现和避免费用出现断层的管理措施。

（2）周转材料的领用及退库管理

1）周转材料由各作业队指定专人进行领用及退库，发料由项目设备物资部周转材料管理员负责。

2）领用周转材料时应对所领用材料实物进行核实，架管尺寸、扣件是否完好、模板是否变形及孔洞数量进行现场鉴定，并办理好交接手续。

3）要做好接收时的质量、数量、规格等的验收记录单，租赁双方签字确认并存档保存，在归返周转性材料时应进行现场鉴定交接签字确认，对赔偿部分的要签订协议，并存档。

（3）周转材料现场使用管理

1）周转材料在搬运和使用中要轻拿轻放，严禁高空抛落、野蛮拆卸、钻孔、胡乱堆放，清理时要使用机具，严禁重锤敲打。

2）脚手架管应避免切割，如确实需要，应将需切割量及切割方案报项目主管部门核实审批后方可进行，切割时尽量按 1.5 m 以上整数长度规格加工使用。

3）拆除的周转性材料应及时清除灰浆，对变形损坏的模板及架管应及时修理校正，并及时地归返到项目部的周转性仓库。

4）钢模板应分类堆放，码放整齐，底面保持平整，对长期闲置的周转性材料涂抹润滑油防止生锈。

5）各作业队队长为周转材料管理第一责任人，对辖下的所有周转材料负责，各作业队材料管理员对辖下的周转材料要建立台账，每月必须到项目部周转库对账。

6）负责做好周转材料的现场文明施工管理，保证临时闲置的应分类堆放整齐、标识明确，符合文明施工规范要求。

八、材料核算

材料核算就是以货币或实物数量的形式，对建筑企业材料管理工作中的采购、供应、储备、消耗等各项业务活动进行记录、计算、比较和分析，从而提高材料供应管理水平的活动。

1．材料采购的核算

材料采购的核算是以材料采购预算成本为基础，与实际采购成本相比较，核算其成本降低或超耗程度。

2．材料消耗量的核算

现场材料使用过程的管理，主要是按单位工程定额供应和班组耗用材料的限额领用进行管理。前者是按预算定额对在建工程实行定额供应材料；后者是在分部分项工程中以施工定额对施工队伍的限额领料。检查材料消耗情况主要是用材料的实际消耗量与定额消耗量进行对比，反映材料节约或浪费情况。

3．材料供应的核算

材料供应核算是组织材料供应的依据，是根据施工生产进度计划、材料消耗定额等编制的。施工生产进度计划确定了一定时期内应完成的工程量，而材料供应量是根据工程量乘以材料消耗量定额，并考虑库存、合理储备、综合利用等因素，经平衡后确定的。按质、按量、按时配套供应各种材料，是保证施工生产进行的基本条件之一。检查考核材料供应计划的执行情况，主要是检查材料的收入执行情况，它反映了材料对生产的保证程度。检查材料收入的执行情况，就是将一定时期内材料实际收入量与计划收入量作对比，以反映计划完成情况。

4．周转材料的核算

由于周转材料可多次反复使用到施工过程中，故其价值的转移方式是分多次转移，称为摊销。

周转材料的核算以其价值量核算为主要内容，核算周转材料的费用收入与支出的差异和摊销。

1）周转材料实行内部租赁制，以租费的形式反映消耗情况，按“谁租用谁负担”的原则，核算其项目成本。

2）按周转材料租赁办法和租赁合同，由出租方与项目经理部按月结算租赁费。租赁费按租用的数量、时间和内部租赁单价计入项目成本。

3）周转材料在调入移出时，项目经理部都必须加强计量验收制度，如有短缺、损坏，一律按原价赔偿，计入项目成本（短损数＝进场数－退场数）。

4）租用周转材料的进退场运费，按其实际发生数，由调入项目负担。

5）对 U 形卡、扣件等零件除执行租赁制外，考虑到其比较容易散失的因素，故按规定实行定额预提摊耗，摊耗数计入项目成本，相应减少次月租赁基数及租费。单位工程竣工，必须进行盘点，盘点后的实物数与前期逐月按控制订额摊耗后的数量差，按实调整清算计入成本。

6）实行租赁制的周转材料，一般不再分配负担周转材料差价。

5．材料储备的核算

为防止材料的挤压或储备不足，保证生产需要，加速资金周转，材料员应经常检查材料储备定额的执行情况，分析库存情况。检查材料储备定额的执行情况，是将实际储备材料数量、金额与储备定额数量、金额对比，当实际储备数量超过最高储备定额时，说明材料有超储挤压；反之，说明材料储备不足。

6．严格区分材料、低值易耗品、周转材料，正确核算材料费

（1）材料

材料指施工过程中，大多消失或变更其原有物质形态、构成工程实体的原材料、辅助材料、零件、半成品，其价值一次转入工程成本。

为了加强材料管理和正确组织材料核算，正确反映各种材料在工程或产品中的比重，必须对材料进行合理的分类。共分 14 大类：钢材，木材，水泥，地材，建材，油漆化工材料，五金材料，水暖材料，电器材料，装饰材料，结构件，其他材料，十三类低值易耗材料，十四类周转料具。

（2）低值易耗品

低值易耗品指施工过程中，能够用于若干生产周期、不构成工程实体、价值逐渐转移、使用时间较短或价值较小的各种工具、器具、仪器、管理用具、劳保用品等。

（3）周转材料

周转材料指施工过程中，能够多次使用仍保持其原有物质形态，有助于产品形成，但不构成工程实体的材料或工具，其价值逐渐转移于工程成本中。如钢模板、木模板、脚手架等。

7．材料结算

1）建设单位供货的，及时与建设单位办理材料结算，套价要准确，按总值计取采购保管费。

采购保管费根据建设单位与施工单位在工程施工合同中关于采购保管费专门约定执行。

2）向分包队伍供货，要做到供货手续齐全，及时开具材料调拨单（转账准确、不漏项），双方认可签章后转财务。

8．内部材料调拨

双方确认数量后，可按协商价办理调拨，禁止转移成本。

9．材料盘点报耗

（1）材料盘点

每月 25—26 日进行盘点，盘点工作应实事求是，不得虚报、漏盘、瞒报；不得延误时间，否则将影响公司的成本核算。每年年底按照公司安排进行年终盘点报损。

（2）材料耗用

1）耗用材料按预算价格计价。

2）区别对象划清成本项目，按工程用料、临时设施用料、非生产性其他用料（费用性开支）分别在不同栏报耗。

3）按形象进度如实报耗，未形成工程实体的材料、半成品，不得报耗。

各单位要认真做好各类材料统计工作，及时上报各项材料统计报表。统计数字要做到真实、准确、可靠。各种统计台账、原始记录齐全，账物相符。

第四节　材料资料表格的编制

材料资料表格的编制主要包括收料单、材料验收记录台账、验收单、调拨单、加工改制单、材料正式台账（卡片账）。

一、收料单

收料单见表 7-11。

表 7-11　收料单

单位名称：　　　　　　　　　　　　　　　　　　　　No.

工程名称：　　　　　　　　　　年　月　日

物资编码	物资名称	规格型号	单位	数量			备注
				件数	单件数量	合计数量	
供应单位						运输车号	

材料员：　　　　　　　　　　复核人：　　　　　　　　　　送货人：

进场材料经验收合格后，给供货商出具一式三联、预先编号的收料单，填写时要注明工程名称、收料日期、材料名称、单位、规格型号、重量、数量及送料单位、运输车号，如是甲供材可单独注明，材料员（收料人）签字后，第一联存查，第二联登记验收记录台账，第三联为供货商结算依据。

二、材料验收记录台账

材料验收记录台账见表 7-12。

表 7-12　材料验收记录台账

________________________公司

材 料 验 收 记 录

材料	物资编号	
	物资名称	
	规格	
	单位	

单位名称：　　　　　　　工程名称：

验收日期	凭单		收入数量	合计数量	供方	车号	验收情况	随货证件	检验报告	采购单价
	字	号								

验收人：

根据收料单按品种、规格及时登记材料验收记录台账，验收期末反映累计实收数量。

发票账单等结算凭证已到、结算完毕的，根据返回的收料单，在“备注”栏做标识说明；月末，发票账单等结算凭证未到的，暂估入账。

材料验收记录台账的作用：

1）反映材料验收的过程，需填写工程名称、材料名称、规格、单位、收料日期、收料单单号、收入数量、合计数量、供方、车号、验收情况、随货证件、检验报告。

2）月末材料暂估的依据。

三、验收单

验收单见表 7-13。

表 7-13 验收单

<table>
<tr><td>单位名称</td><td></td><td colspan="4" rowspan="2">验 收 单</td><td rowspan="3">发票</td><td colspan="2" rowspan="2">号码</td></tr>
<tr><td>工程名称</td><td></td></tr>
<tr><td>供应单位</td><td></td><td colspan="4">签发日期 年 月 日</td><td colspan="2">份数</td></tr>
<tr><td rowspan="2">物资编码</td><td rowspan="2">物资名称</td><td rowspan="2">规格型号</td><td rowspan="2">单位</td><td rowspan="2">数量</td><td colspan="2">采购价格</td><td colspan="2">预算价格</td></tr>
<tr><td>单价</td><td>金 额</td><td>单价</td><td>金 额</td></tr>
<tr><td></td><td></td><td></td><td></td><td></td><td></td><td></td><td></td><td></td></tr>
<tr><td></td><td></td><td></td><td></td><td></td><td></td><td></td><td></td><td></td></tr>
<tr><td></td><td></td><td></td><td></td><td></td><td></td><td></td><td></td><td></td></tr>
<tr><td></td><td></td><td></td><td></td><td></td><td></td><td></td><td></td><td></td></tr>
<tr><td>备 注</td><td colspan="4"></td><td>合计</td><td></td><td>合计</td><td></td></tr>
</table>

负责人： 稽核： 验收人： 采购员： 制单人：

1）验收单是一种连续编号的结算凭证，由专职采购员负责开具，填写时注明收料单位、收料地点、供应单位、发票或提单号码及份数、材料名称、规格、包装情况、单位、数量、采购价格、预算价格，备注栏可注明对应的收料单号。

2）收料人核对收料单、发票无误后，在验收单“验收”处签字认可。

3）要求同一张验收单只登记一类材料，严禁混类使用，便于材料人员记账、财务人员审核。

4）经财务人员稽核、负责人把关后，第二联由收料人负责登记材料正式台账，第三联、第四联随发票转财务部门。

5）收料人将返回的收料单在“材料验收记录台账”做标识，表明该收料单已结算完毕。

四、发料单

发料单见表 7-14。

表 7-14　发料单

单位名称：　　　　发　料　单　　　　No：

工程名称：　　　　年　月　日　　　　领料单位：

物资编码	物资名称	规格型号	单位	数量	单价	金额	备注

复核人：　　　　发料人：　　　　领料人：

发料单是一种连续编号的领料凭证，材料员根据施工用料计划，填制发料单，仓库保管员和领料人员共同核查材料品种、规格、数量、质量，核对无误后，双方在发料单上签字，证明领料手续完成。领料单一般为两联，一联存根，二联材料人员记账。

五、调拨单

调拨单见表 7-15。

表 7-15　调拨单

<table>
<tr><td rowspan="3">调入单位</td><td>所属单位</td><td></td><td colspan="3">料具调拨单</td><td rowspan="3">调出单位</td><td>所属单位</td><td></td></tr>
<tr><td>工程名称</td><td></td><td colspan="3" rowspan="2">签发日期　年　月　日</td><td>工程名称</td><td></td></tr>
<tr><td>地点</td><td></td><td>地点</td><td></td></tr>
<tr><td colspan="2">物资编码</td><td>物资名称</td><td>规格型号</td><td>单位</td><td>数量</td><td>单 价</td><td colspan="2">金　额</td></tr>
<tr><td colspan="2"></td><td></td><td></td><td></td><td></td><td></td><td colspan="2"></td></tr>
<tr><td colspan="2">备　注</td><td colspan="4"></td><td>合计</td><td colspan="2"></td></tr>
</table>

稽核：　　　负责人：　　　收料人：　　　发料人：　　　制单人：

调拨单是一种连续编号的调拨结算凭证，用于公司范围内各项目部之间、项目部与二级单位之间、各二级单位之间、项目部各单位工程之间的材料调拨，也用于与分包队伍之间的材料转账。填写时注明拨出单位、拨入单位、时间、材料名称、规格、单位、数量、单价、金额等，经稽核、收料、运输、负责人、发料、制单等双方人员签章后完成。调拨单一式五联，一连存根，二联发料单位记账，三联收入单位记账，四联拨入单位财务记账，五联拨出单位记账。材料员必须每月及时与分包队伍办理转账手续，采用预算价格，双方签章认可后转财务，付款时扣除材料款。

六、加工改制单

用两种或两种以上库存材料加工（或改制）成一种库存材料、低值易耗品、周转工具时，应使用加工改制单，减少加工使用的材料的库存数量，同时增加加工（或改制）完成的材料的库存数量或低值易耗品、周转工具的账面数量。

七、材料正式台账

材料正式台账见表 7-16。

表 7-16 材料正式台账

<table>
<tr><td colspan="9" rowspan="4">____________________公司
材料正式台账</td><td rowspan="6">材料</td><td>类 别</td><td></td></tr>
<tr><td>物资编码</td><td></td></tr>
<tr><td>物资名称</td><td></td></tr>
<tr><td>规 格</td><td></td></tr>
<tr><td colspan="9" rowspan="2">工程名称（存放地点）：</td><td>单 位</td><td></td></tr>
<tr><td>计划单价</td><td></td></tr>
<tr><td colspan="2">年</td><td colspan="2">凭单</td><td rowspan="2">摘要</td><td colspan="2">收入</td><td colspan="2">发出</td><td colspan="2">结存</td><td rowspan="2">稽核员盖章</td></tr>
<tr><td>月</td><td>日</td><td>字</td><td>号</td><td>数量</td><td>稽核</td><td>数量</td><td>稽核</td><td>数量</td><td>金额</td></tr>
<tr><td></td><td></td><td></td><td></td><td></td><td></td><td></td><td></td><td></td><td colspan="2"></td><td></td></tr>
<tr><td></td><td></td><td></td><td></td><td></td><td></td><td></td><td></td><td></td><td colspan="2"></td><td></td></tr>
<tr><td></td><td></td><td></td><td></td><td></td><td></td><td></td><td></td><td></td><td colspan="2"></td><td></td></tr>
</table>

仓库保管员：

材料正式台账，包括材料的类别、名称、规格、单位、预算价格、凭证的时间及单号、收入、发出、结存，经会计稽核签章后生效。

1. 收入的数量

1）对于发票账单与材料同时到达的，根据验收单（二联）的数量填写；已记账的凭证，应加标记，防止重复登账。同时，在“材料验收记录台账” 的“备注”栏作标识说明，表明结算完毕。

2）对于材料已到现场，月末发票账单等结算凭证未到、货款尚未支付（含甲方供料），根据“材料验收记录台账”按预算价格暂估入账（反映未结算的累计数），以做到账账相符、账物相符。月末暂估，下月月初红字原数冲回。

3）公司内部之间、项目部各单位工程之间的材料调拨，及时开具调拨单，按调拨单（三联）的数量填写。

2．发出的数量

1）公司内部之间、项目部各单位工程之间的材料调拨及与分包队伍之间的材料调拨，及时开具调拨单，按调拨单（二联）的数量填写。

2）根据领料单，结合盘点，按项目进度如实报耗。

3．结存的数量

月初余额＋收入－发出＝期末余额

4．摘要

填写材料收入、调出相关单位名称，或填写材料收入、发出的原因（工程耗用、临设耗用、本月暂估、月初冲暂估）。

第五节　材料员的组织管理协调

一、工程进度控制

材料员在工程进度控制方面，主要是保证材料保质保量的如期进场。重点是控制好材料的进场时间，一方面严格按照材料计划中进场时间进货；另一方面主动到现场巡视并与施工员等相关人员进行沟通交流，落实材料的数量、进场时间、存放地点等是否有变动，若有变动，及时按程序进行调整变更。

需要由建设单位认可、选定的材料，认真做好材料供应计划并提前上报建设单位，提前订货，确保材料的供应保证工程的连续施工。物资材料计划应有明确的材料数量、规格和进场时间，现场材料储备应有一定的库存量，以保证工程进度提前或节假日运输困难时工程对物资的需要，确保现场施工正常进行。

做好应急预案，处理好因材料问题造成的工程进度的延误。

二、工程质量控制

材料（包括原材料、成品、半成品、构配件）是工程施工的物质条件，材料质量是保证工程施工质量的必要条件之一，实施材料的质量控制应抓好以下环节：

1．材料质量控制

（1）材料采购

承包商采购应综合考虑工程特点、施工合同、材料的适用范围和施工要求、材料的性能、价格等，选择采购质量合格的材料。采购材料应根据施工进度提前安排，项目经理部或企业应建立常用材料的供应商信息库并及时追踪市场。材料员要在材料采购合同中质量条款中明确质量指标，以确保质量合格。

（2）材料检验

材料质量检验的目的是事先通过一系列的检测手段，将所取得的材料数据与其质量标准相比较，借以判断材料质量的可靠性，能否用于工程。建设单位供应的材料同样应进行质量检验，检验方法有书面检验、外观检验、理化检验和无损检验四种，根据材料信息的保证资料的具体情况，其质量检验程序分免检、抽检和全部检查三种。抽样理化检验是建筑材料常见的质量检验方式，应按照国家有关规定的取样方法及试验项目进行检验，并对其质量做出评定。

（3）材料的仓储和使用

运至现场或在现场生产加工的材料经过检验后，应重视对其的仓储和使用管理，避免因材料变质或误用造成质量问题，如水泥的受潮结块、钢筋的锈蚀、不同直径钢筋的混用等。为此，一方面承包商应合理调度，避免现场材料大量积压；另一方面应坚持对材料按不同类别排放、挂牌标志，并在使用材料时现场检查督导。

2．建筑设备的控制

建筑设备应从设备选择采购、设备运输、设备检查、设备安装和设备调试方面考虑。

（1）设备选择采购

除参考前面材料采购外，还应指派相关专业人员专门负责，大型设备如无定型产品还需联系厂家定制；有的设备还需相应政府部门审批。在有设备供应分包商时，应特别注意设备供应分包合同的管理。

（2）设备运输

设备生产厂家距工程项目施工地点有远有近，因此应重视对运输过程中的设备保护，合同中一般约定其责任范围。一般要求设备供应商负责运至工地；若施工单位自行运输，可通过运输投保转移风险。

（3）设备检查验收

承包商对运至现场的设备会同有关人员开箱检查，主要检查设备外观、部件、配件数量、书面资料等是否合格齐全，同时注意开箱时避免破坏设备。

（4）设备安装

设备安装应符合有关技术要求和质量标准。由于设备安装通常以土建工程为先导，并时有交叉作业，所以应特别注意两者的交叉作业；设备安装通常进行专业分包，所以选择合适的分包单位和对其有效的管理就显得非常重要。

（5）设备调试

设备调试是设备正常运转并保证其质量的必经环节，应按照要求和一定步骤顺序进行，对调试结果分析以判断前边工作的效果。

三、工程成本控制

材料费是项目成本控制的重点，也是成本预测的难点。根据施工图、投标文件及建设单位的要求，材料员需对本工程所需的所有物资按市场价格确定计划采购费用，对市场价格的确定：一要凭借多年积累的物资信息；二要依据造价管理部门颁发的物资市场信息价；三要与特殊物资（如设计、建设单位指定或型号性能有特殊要求的物资）的生产厂家、经销商取得直接联系，确保物美价廉，材料价格预测准确，杜绝由于在投标过程中造成的材料报价偏低后无理向建设单位追加费用的现象发生。

同时，更要杜绝不合格产品或是性能品牌达不到设计、建设单位要求的物资进入施工现场。材料采购由材料部门组织专业人员进驻现场实行统一采购，按照材料采购招议标制度、材料采购制度执行，凭借积累的广泛全面的市场信息来保证物资采购的效率和质量，同时也充分发挥规模采购的优惠条件，保证优质优价，也避免了个别采购人员的“暗箱操作”。对关键设备和材料的采购，向建设单位详细汇报考核生产厂家的情况和报价情况，经建设单位审核、确定后方可开始采购。

四、合同管理

施工项目合同管理是对工程项目施工过程中所发生的或所涉及的一切经济、技术合同的签订、履行、变更、索赔、解除、解决争议、终止与评价的全过程进行的管理工作。

施工项目合同管理的内容如下：

1）建立健全施工项目合同管理制度，包括合同归口管理制度，考核制度，合同用章管理制度，合同台账、统计及归档制度等。

2）经常对合同管理人员、项目经理及有关人员进行合同法律知识教育，提高合同业务人员法律意识和专业素质。

3）在谈判签约阶段，重点是了解对方的信誉，核实其法人资格及其他有关情况和资料；监督双方依照法律程序签订合同，避免出现无效合同、不完善合同，预防合同纠纷发生；组织配合有关部门做好施工项目合同的鉴证、公证工作，并在规定时间内送交合同管理机关等有关部门备案。

4）合同履约阶段，主要的日常工作是经常检查合同以及有关法规的执行情况，并进行统计分析，如统计合同份数、合同金额、纠纷次数，分析违约原因、变更和索赔情况、合同履约率等，以便及时发现问题、解决问题；做好有关合同履行中的调解、诉讼、仲裁等工作，协调好企业与各方面、各有关单位的经济协作关系。

5）专人整理保管合同、附件、工程洽商资料、补充协议、变更记录及与建设单位及其委托的监理工程师之间的来往函件等文件，随时备查；合同期满，工程竣工结算后，将全部合同文件整理归档。

其他内容参见本章第三节二、材料采购“3.”的内容。

五、职业健康安全与环境管理

根据安全规范要求，及时配备足够的安全所需材料设备。如“三宝”：安全网、安全带、安全帽，以及消防器材。

六、材料员与项目部内部其他岗位的协调

1. 与施工员的协调

材料员与施工员经常沟通，落实材料进场时间、卸货地点；发生变更调整，及时进行协商处理。

2. 与质量员的协调

1）材料员负责材料和设备的采购，质量员参与材料和设备的质量控制，以及材料供应商的考核。

2）材料员负责进场材料的抽样复验，质量员监督实施。

3. 与资料员的协调

材料设备进场后，材料员收集合格证和出厂检验报告报送资料员，需要复试的材料经复试合格后，将复试报告送交资料员，由资料员整理归档。

第六节　岗位实务问答

【问】主体结构常用建筑材料的检验标准有哪些？

【答】《烧结普通砖》（GB/T 5101—2003）

《烧结多孔砖》（GB 13544—2011）

《混凝土小型空心砌块》（GB 8239—1997）

《轻集料混凝土小型空心砌块》（GB/T 15229—2011）

《蒸压加气混凝土砌块》（GB/T 11968—2006）

《硅酸盐水泥、普通硅酸盐水泥》（GB 175—2007）

《砌筑水泥》（GB/T 3183—2003）

《中热硅酸盐水泥、低热硅酸盐水泥、低热矿渣硅酸盐水泥》（GB 200—2003）

《低碳钢热轧圆盘条》（GB/T 701—2008）

《钢筋混凝土用钢　第 2 部分：热轧带肋钢筋》（GB 1499—2007）

《钢筋混凝土用钢　第 1 部分：热轧光圆钢筋》（GB 1499.1—2008）

《碳素结构钢》（GB 700—2006）

《冷轧带肋钢筋》（GB 13788—2008）

《冷轧扭钢筋》（JG 190—2008）

《低合金高强度结构钢》（GB/T 1591—2008）

《合金结构钢》（GB/T 3077—2012）

《预应力混凝土用钢丝》（GB/T 5223—2002）

【问】主体结构常见材料及其等级是如何标识的？

【答】1．水泥

常用水泥品种、强度等级见表 7-17。

表 7-17 常用水泥品种、强度等级

序号	名称	简称	表示符号	强度等级
1	硅酸盐水泥	硅酸盐水泥	P.Ⅰ、P.Ⅱ	42.5、42.5 R、52.5、52.5R、62.5、62.5R
2	普通硅酸盐水泥	普硅水泥	P.O	42.5、42.5R、52.5、52.5R
3	矿渣硅酸盐水泥	矿渣水泥	P.S.A、P.S.B	32.5、32.5R、42.5、42.5R、52.5、52.5R
4	火山灰质硅酸盐水泥	火山灰水泥	P.P	
5	粉煤灰硅酸盐水泥	粉煤灰水泥	P.F	
6	复合硅酸盐水泥	复合水泥	P.C	
备注	水泥可散装或袋装，水泥袋上应清楚标注：执行标准、水泥品种、代号、强度等级、生产单位名称、生产许可证标志（QS）及编号、出厂编号、包装日期、净含量。包装袋两侧根据水泥品种采用不同颜色印刷水泥名称和强度等级，硅酸盐水泥和普通硅酸盐水泥采用红色；矿渣硅酸盐水泥采用绿色；火山灰质硅酸盐水泥、粉煤灰硅酸盐水泥和复合硅酸盐水泥采用黑色或蓝色			

2．钢筋

钢筋混凝土结构用钢主要品种有热轧钢筋、预应力混凝土用热处理钢筋、预应力混凝土用钢丝和钢绞线。热轧钢筋是建筑工程用量最大的品种，常用热轧钢筋品种、强度标准值见表 7-18。

表 7-18 常用热轧钢筋品种、强度标准值

表面形状	牌号	常用符号	屈服强度 R_d/MPa	抗拉强度 R_m/MPa
光圆	HPB300		≥300	≥420
带肋	HRB335		≥335	≥455
	HRBF335	—		
	HRB400		≥400	≥540
	HRBF400	—		
	HRB500 HRBF500	—	≥500	≥630

3．砂石

砂分为天然砂和人工砂，天然砂包括河砂、湖砂、山砂和淡化海砂；人工砂是经出土处理的机制砂、混合砂的统称。砂根据粗细程度可分为粗砂、中砂和细砂。砂是普通混凝土中最常用的细骨料，细骨料是指粒径在 4.75 mm 以下的骨料。

普通混凝土中常用的粗骨料（粒径大于 5 mm 的骨料）有碎石和卵石。由天然岩石或卵石经破碎、筛分而得的粗骨料，称为碎石或碎卵石。

4．砌体材料

砌体材料分为砖、砌块与石块三大类。

1）砖又可分为烧结普通砖、蒸压砖、烧结多孔砖和烧结空心砖，其中最常用的为烧结普通砖，根据抗压强度分为 MU30、MU25、MU20、MU15、MU10 5 个强度等级。

2）砌块按使用的原材料分为粉煤灰硅酸盐砌块、煤矸石混凝土砌块、普通混凝土砌块、蒸压加气混凝土砌块等。其中后两种是最常用的。普通混凝土小型空心砌块强度分为 MU20、MU15、MU10、MU7.5、MU5、MU3.5 6 个强度等级；蒸压加气混凝土砌块根据抗压强度分为 A3.5、A5.0、A7.5、A10.0 4 个等级。

3）石块有毛石和料石两类。毛石（中部厚度≥150 mm）分为乱毛石和平毛石。乱毛石指形状不规则的石块；平毛石指形状不规则，但有两个平面大致平行的石块。料石按其加工面的平整度分为细料石、粗料石和毛料石，其宽度、厚度均≥200 mm。根据强度等级分为 MU100、MU80、MU60、MU50、MU40、MU30、MU20、MU15 和 MU10 9 个等级。

5．砂浆

砂浆一般有水泥、砂子、灰膏、水等构成，分为水泥砂浆和混合砂浆。水泥砂浆是由水泥和砂子按一定比例混合搅拌而成的，它可以配制强度较高的砂浆，一般应用于基础、长期受水浸泡的地下室和承受较大外力的砌体。混合砂浆一般由水泥、石灰膏、砂子拌和而成，一般用于地面以上的砌体。砂浆根据强度分为 M20、M15、M10、M7.5、M5、M2.5 6 个等级。

6．混凝土

普通混凝土根据混凝土立方体抗压标准强度分为 C15、C20、C25、C30、C35、C40、C45、C50、C55、C60、C65、C70、C75 和 C80，共 14 个等级。

根据混凝土的耐久性还可分为抗渗混凝土、抗冻混凝土等。抗渗混凝土根据抗渗等级分为 P4、P6、P8、P10、P12 5 个等级；抗冻混凝土根据抗冻等级分为 F10、F15、F25、F50、F100、F150、F200、F250 和 F300，共 9 个等级。

【问】简述材料库存量概念，说明核算主要材料库存量的原则

【答】1．库存量

库存量是指在某一时点上，存在企业的成品仓库中暂未售出产品的实物数量。

2. 在核算产品库存量时要遵循的原则

1）产品库存必须是处于“实际库存”状态的产品。有的产品虽已结束了生产过程，但还没有验收合格并办理入库手续，不能作为产品库存统计。有的产品已经售出，但按提货制要求还没有办妥货款结算手续的，按送货制要求未办理承运手续的，仍应作为本企业的产品库存量统计，而不能作为产品销售量统计。

2）计入产品库存量的产品，必须是本企业有权销售的产品，对于已经销售并已办妥各项手续，但尚未提货的产品，本企业无权支配，这种产品虽然仍存在本企业仓库中，但不应统计为库存量。凡企业有权销售的产品，不论存放在什么地方，均应统计。

3）产品库存不能出现负数，如果产品还没有入库就已售出，应将售出的这部分产品补填入库和出库凭证，并相应计入产品产量中。

第七节　案　例

【案例】

某施工单位承接办公楼工程，建筑面积 1.4 万 m^2，建筑层数地上 11 层，地下 1 层，基础类型为桩基筏式承台板，结构形式为现浇剪力墙，混凝土采用商品混凝土，强度等级有 C25、C30、C35、C40，钢筋采用 HRB355 级。根据要求，该工程实行工程监理。

【问题】

（1）对进场材料质量管理的基本要求是什么？

（2）承包商对进场材料如何向监理报验？

（3）对该工程的钢筋工程验收要点有哪些？

【参考答案】

（1）建筑结构材料质量管理的基本要求：

1）材料进场时，应提供材质证明，并根据供料计划和有关标准进行现场质量验证和记录。质量验证包括材料品种、型号、规格、数量、外观检查和见证抽样，进行物理、化学性能实验。验证结果报监理工程师审批。

2）现场验证不合格的材料不得使用或按有关标准规定降级使用。

3）对于项目采购的物资，建设单位的验证不能代替项目对采购物资的质量责任，而建设单位采购的物资，项目的验证不能取代建设单位对其采购物资的质量责任。

4）物资进场验证不齐或对其质量有怀疑时，要单独堆放该部分物资，待资料齐全和复验合格后，方可使用。

5）严禁以劣充好，偷工减料。

6）要严格按施工组织平面布置图进行现场堆料，不得乱堆乱放。检验与未检验物资应标明分开码放，防止非预期使用。

（2）施工单位运进材料时，应向项目监理机构提交《工程材料报审表》，同时附有材料出厂合格证、技术说明书、按规定要求进行送检的检验报告，经监理工程师审查并确认其质量合格后，方准使用。

（3）钢筋分项工程验收要点：

1）合理组织材料供应，确保施工正常进行。

2）按施工图检查纵向受力钢筋，检查钢筋品种、直径、数量、位置、间距、形状和尺寸。

3）检查混凝土保护层厚度，构造钢筋和埋件等是否符合要求。

4）检查钢筋接头：如绑扎搭接，要检查搭接长度，接头位置和数量（错开长度，接头百分率）；焊接接头或机械连接，要检查外观质量，取样试件力学性能实验是否达到要求，接头位置（相互错开）、数量（接头百分率）。

5）做好钢筋隐藏工程验收记录。

参考文献

[1] 中国建设教育协会，苏州二建建筑集团有限公司. 建筑与市政工程施工现场专业人员职业标准（JGJ/T 250—2011）[S]. 北京：中国建筑工业出版社，2011.

[2] 中华人民共和国建设部. 建筑工程施工质量验收统一标准（GB 50300—2001）[S]. 北京：中国建筑工业出版社，2001.

[3] 中国建筑股份有限公司. 建筑施工手册（第五版）[M]. 北京：中国建筑工业出版社，2012.

[4] 丛培经，等. 建设工程项目管理规范（GB/T 50326—2006）[S]. 北京：中国建筑工业出版社，2006.

[5] 山东省建设厅. 山东省建筑工程施工技术资料管理规程（DBJ 14—023—2004）[S]. 2004.

[6] 周东明，周少瀛，朱玉伦. 建筑工程资料管理[M]. 徐州：中国矿业大学出版社，2010.

[7] 中建八局一公司. 混凝土结构工程施工技术标准（ZJQ08—SGJB 204—2003）[S]. 2003.